U0259528

天津市重点出版扶持项目

"十四五"国家重点出版物出版规划项目

大运河上的遗产智慧（京津冀段）丛书　　丛书主编 刘宇

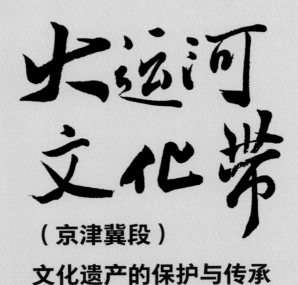

大运河文化带

（京津冀段）

文化遗产的保护与传承

Protection and Inheritance of
the Cultural Heritage of
the Grand Canal Cultural Belt
(Beijing–Tianjin–Hebei Section)

刘宇 周雅琴 师宽 王阁岚 著

天津大学出版社

TIANJIN UNIVERSITY PRESS

图书在版编目（CIP）数据

大运河文化带（京津冀段）文化遗产的保护与传承 /
刘宇等著 . —天津：天津大学出版社，2022.12

（大运河上的遗产智慧（京津冀段）丛书 / 刘宇主编）

天津市重点出版扶持项目 "十四五"国家重点出版物
出版规划项目

ISBN 978-7-5618-7387-8

Ⅰ . ①大… Ⅱ . ①刘… Ⅲ . ①大运河 – 文化遗产 – 保
护 – 研究 – 华北地区 Ⅳ . ① K928.42

中国版本图书馆 CIP 数据核字（2022）第 258664 号

大运河文化带（京津冀段）文化遗产的保护与传承

DAYUNHE WENHUADAI (JINGJINJI DUAN) WENHUA YICHAN DE BAOHU YU CHUANCHENG

出版发行	天津大学出版社
组稿团队	韩振平工作室
责任编辑	朱玉红 董微
策划编辑	朱玉红 韩振平 李金花
美术编辑	周雅琴
编辑热线	022-27404717

韩振平工作室
官方公众号

地　址	天津市卫津路 92 号天津大学内（邮编：300072）
电　话	发行部 022-27403647
网　址	www.tjupress.com.cn
印　刷	廊坊市瑞德印刷有限公司
经　销	全国各地新华书店
开　本	787mm × 1092mm 1/16
印　张	21.75
字　数	500 千
版　次	2022 年 12 月第 1 版
印　次	2022 年 12 月第 1 次
定　价	168.00 元

Preface
前　言

大运河位于中国中东部地区，是世界上建造时间最早、使用历史最久、空间跨度最大的人工运河，2014 年 6 月被列入《世界遗产名录》。大运河流淌了 2 500 多年，全长 3 200 多千米，构成了复杂的大型带状水利遗产群，形成了独具特色的运河流域文化和活态文化景观遗产。

大运河地跨北京、天津、河北、山东、江苏、浙江、河南和安徽 8 个省级行政区，连通海河、黄河、淮河、长江和钱塘江五大水系。大运河开凿伊始，在物资运输、经济商贸、水利灌溉、军事安全等诸多方面发挥了重要作用，逐步发展为中国古代重要的漕运水道和经济命脉。大运河把沿途各个独立的区域融通为一个生态体系，并在这个体系内形成了相对统一的具有共性的人文环境，在历史上促进了大半个中国纵向与横向的经济交流与文化融合，加速了中国文化的整体演进。

进入后申遗时代，社会各界都对大运河的研究投入了极大的关注与热情。2019 年 2 月，中共中央办公厅、国务院办公厅印发了《大运河文化保护传承利用规划纲要》，从顶层设计赋能大运河文化带建设，大运河文化保护传承利用迎来宝贵的历史机遇。此外，随着京津冀协同发展、长江经济带建设等重大国家战略的深入实施，从文化传播的国际影响力角度，大运河也起到衔接贯通"一带""一路"两大板块、建设繁荣运河经济文化带的重要作用。

大运河的兴衰与社会发展息息相关。其核心价值跨越了南北地域的传统界限，与河道周边的省、市、县、乡紧密地交织在一起，时至今日仍在深刻地影响着流域内居民的生产生活。大运河流经的区域受自然和文化双重要素的影响，在物质与非物质文化遗产的相互作用下，逐步形成政治、文化和经济一体的文化带大格局。20 世纪 70 年代以来，

由于自然环境因素的影响，加之海运、陆运和空运等运输形式的快速发展，大运河南北段发展的不平衡性逐步凸显。大运河北段，特别是京津冀段河道的航运功能逐渐衰退，出现了大量河道干涸与废弃的情况。大运河两岸仍然存在着大量的文化遗产和历史文化名城名镇名村，更有众多的村落、会馆、庙宇、码头、桥梁、堤坝和园林，这些都充分体现出运河对地域空间形态的影响，由此衍生出来的大量非物质文化遗产也体现出与运河密切相关的特点。大运河多元融汇了多民族的优秀文化，深刻影响了中华文化广博、厚重、包容、共融等特征的形成与发展。

"大运河上的遗产智慧（京津冀段）丛书"入选"十四五"国家重点出版物出版规划项目，丛书之一《大运河文化带（京津冀段）文化遗产的保护与传承》即本书的出版得到天津市重点出版扶持项目的支持与资助。本书以国家社会科学基金艺术学项目"大运河文化带（京津冀段）文化遗产群保护与传承路径研究"的成果内容为基础。全书由丛书主编刘宇进行统筹把关，第一章至第六章由作者团队刘宇、周雅琴、师宽、王阁岚撰写完成，周雅琴负责全书的内容校对以及设计工作。

作者团队历时 6 年对大运河沿线，特别是大运河京津冀段进行了大量田野调研，对众多文化遗产要素进行了全面的信息调查，收集了大量大运河京津冀段沿线文化遗产点的第一手文献资料、图文影像和勘测数据，并对其历史成因、文化源流、保护价值等进行梳理归纳和分类比较，以大运河活态特征衍生出的文化遗产特点为研究要素，提出遗产群保护与发展的"活态"理念。

在研究过程中，研究团队在文化遗产保护方面坚持"科学规划、突出保护、古为今用、强化传承、优化布局、合

理利用"的原则，以大运河京津冀段文化遗产群的整体性研究为切入点，确定以遗产现状价值、历史价值、社会文化价值、科技价值、艺术审美价值、景观环境价值、经济利用价值 7 个方面作为重要的评价指标，对典型的物质文化遗产和非物质文化遗产进行考证分析，挖掘典型遗产的稀缺性和独特性，为文化遗产的进一步保护利用提供依据。

研究团队从创新视角出发，研究遗产群中物质文化遗产与非物质文化遗产的潜在关联，注重大运河京津冀段两种遗产形态与大运河流经区域的历史沿革、民间智慧、生活生产方式的密切联系，促进大运河文化带在发展中双遗产的相互融合与有效转化。

研究团队关注大运河京津冀段文化遗产整体风貌的控制，以及运河遗产与不同地理区位空间形态、不同文化圈层结合的特征，从文化遗产群发展的广泛性、动态性和关联性入手，分析大运河不同层级的环境空间形态与精神文化属性之间的联动关系。

研究团队研究运河流经区域不同层级文化景观空间的优化机制，通过设计来优化、打造辨识度较高的、具有空间功能多样性的文化遗产群综合景观；注重借鉴世界文化遗产中运河保护与开发的经验，充分发挥文化原点的辐射功能，立足时代发展，用开放的资源观念和文化产业的驱动力激活大运河京津冀段在文化和经济上的聚集效应，催生新的社会资源；借助文化旅游产业提升京津冀三地跨区域文化遗产保护与利用的多元协同水平，为文化遗产保护提供科学的理论支撑、评价体系和可持续发展策略，引发人们对大运河文化遗产活化、复兴和可持续利用的关注与思考；将大运河文化遗产资源的优势有效转化为区域高质量发展的优势，从而实现大运河文化的传递、传播与传承。

刘宇

2022 年 12 月 6 日

Contents

目 录

第一章　　大运河京津冀段的边界划分

　　2006 年，中国大运河申遗项目启动，至 2014 年申遗成功，我国大运河的影响力从中国扩展至全球。大运河是世界上开凿时间最早、里程最长的人工运河，就以其重要组成部分京杭大运河来说，它的长度是巴拿马运河（1914年竣工）长度的 20 多倍，是苏伊士运河（1869 年竣工）长度的 10 多倍。作为如此大规模的水利工程，大运河具有极强的文化属性。河道的不断拓展从物理环境上把若干小水系统筹到运河整体的大水系之中，在文化层面上将沿线多元的物质遗产和人文形态融会成一个大的文化体系，使运河及其周围环境形成了独特的自然和人文风貌。

　　进入后申遗时代，大运河文化带所承载的物质、非物质文化遗产的保护、传承与利用显得尤为重要，吸引了政府、学术机构以及社会其他方面的广泛关注，在多方积极努力下，大运河的治理和文化遗产保护取得了一定成效。但大运河北方段，特别是京津冀段，一直存在遗产点零散、缺乏系统转化以及孤立式开发活力不足等问题。这就需要整个大运河沿线的众多城市参与进来，共同协作，重新发掘和定义大运河文化带在不同维度、不同深度的多元价值。京津冀三地所处的地理区位、政治关系赋予了三地运河特殊的整体性，故本书将三地的运河作为一个整体进行研究。

京津冀地区地处华北平原北部，北靠燕山山脉，西倚太行山山脉，东临渤海湾。在京津冀地区，地势较高的区域在北部，较平坦的区域在南部和东部，整体呈现西北地势高、东南地势低的特殊形态。京津冀地区的河流水系为滦河水系与海河水系，分布在京津冀地区北部、西部、西南部3个方向，流域呈扇形。这个地区河运、陆运发达，战略地位十分重要。

一、大运河北京段边界

大运河北京段规划范围为长约80千米的大运河遗产河道以及面积约为77.8平方千米的北京市域范围内的大运河遗产保护带，涉及通州区、朝阳区、东城区、西城区、海淀区等。

通惠河始于北京东便门大通桥，终于通州张家湾，在通州北关闸与北运河交汇。地处华北平原西北边缘的通惠河位于永定河和潮白河洪积冲积扇脊部，在大运河中地势较高。大运河最北端的通惠河完工于元至元三十年（1293年）。其申遗点为河两端的通惠河北京旧城段和通惠河通州段。

通惠河北京旧城段指什刹海和通往什刹海的玉河故道。玉河是明代被围入皇城的通惠河的一部分河道，河道宽度为30~40米。玉河被划入皇城内，导致包含什刹海在内的一段通惠河失去航运功能。玉河故道是北京中心城区内唯一的古河道遗址，现存情况良好且面向公众开放。玉河故道沿岸有许多遗址，其中就有位于通惠河北京旧城段的澄清上、中、下闸，这些闸是为了方便船只进出什刹海而调节通惠河水位而设的。在澄清上闸的东边有一座万宁桥，其始建于元代，横跨通惠河（图1-1）。该桥原本是一座木桥，后改成了单孔石拱桥，护岸上置镇水兽（图1-2）。澄清中闸南边为东不压桥，其始建于元代以前，桥体为西南—东北走向，形态是中间窄两头宽，侧面呈弧形，现为遗址状态，桥两侧的引桥保存相对完整。

通惠河通州段是大运河在北京通州境内的一段河道。该河段西起永通桥，向东到达通州北关闸后汇入北运河，长约5千米，是元代至明代初期通州至北京城区漕运的主要通道。明清时期，京城的用水量增加，导致通惠河通州段水量不足，通惠河航运功能大大减弱。通州段运河西起端点永通桥也称八里桥，位于交通要塞，是兵家必争之地。著名的通州八景之一"长桥映月"指的就是这里。

张家湾有"大运河第一码头"的美称。张家湾距通州城区仅约8千米，位于北运河、凉水河、萧太后河与通惠河的交汇处，是交通要塞，在古时是大运河最北边的码头，游人络绎不绝，往来客商都会在此地歇脚。19世纪末期，此段河道主要是城市排水行洪的水道，现部分河道改为城市景观河道。

图1-1 横跨通惠河的万宁桥

图1-2 万宁桥镇水兽

二、大运河天津段边界

大运河天津段规划范围为天津段运河河道及河道外侧延展出的宽500米的范围，面积约为133.9平方千米，包含大运河遗产保护范围和建设控制区。北运河位于海河流域北部，从通州北关闸起向南流，于天津三岔河口汇入海河，与历史上的"沽水""潞水""白河""运粮河"实为同一河段。此段申遗点为北运河、南运河天津三岔河口段，其是北运河最南端部分与南运河最北端部分的连接段。

天津境内大运河全长约195千米，包括北运河和南运河两个区段。被列入申遗河段的运河长度为71千米。北运河北起筐儿港减河与北运河连接处，南至天津三岔河口狮子林桥，长

约48千米。南运河申遗区段北起天津三岔河口狮子林桥，南至西青区杨柳青镇，长约23千米。13世纪末至19世纪，在元、明、清3代的大部分时间，北京均为都城，往北京运送的粮食无论是通过河运还是海运都必须通过天津三岔河口转运，这极大地促进了天津地区的发展，大运河成为天津城市早期发展的摇篮。20世纪初期，天津市在三岔河口实施了裁弯取直工程，填平了过于弯曲的一段河道后，三岔河口的位置在现狮子林桥附近发生了一定的位移，形成现在的三岔河口格局（图1-3）。

大运河天津段有许多物质文化遗产，如运河河道、船闸、桥梁、堤坝等水利工程设施，以及地下遗存、历代沉船等。在三岔河口码头附近有座始建于元代的天后宫，其原名天妃宫，

图 1-3 天津三岔河口

俗称娘娘宫，是天津市内最古老的建筑群之一，附近则是中国现存建成年代最早的妈祖庙之一。这里是古时人们奉祀妈祖、酬神的地方，也是水工、船夫娱乐聚会的场所。随着时代的发展，天后宫成为天津民俗文化的发祥地和城市发展的历史见证（图1-4、图1-5）。

南运河在天津的标志性起点是静海马厂减河与南运河交汇处的九宣闸。该闸由清代淮军兴建，他们引水垦田，洗碱种稻，开辟了天津南部农业的先河。南运河曲折蜿蜒，自九宣闸到十一堡长49千米，有上百个村庄镶嵌于两岸。这些村庄多在明永乐年间屯田移民时成村，以村民姓氏加"官屯"命名。

图 1-4　天津天后宫外景

图 1-5　天津天后宫内景

南运河沿线具有代表性的村庄西双塘村目前是"中国十大最有魅力乡村"之一，其在1939年和1963年两次被洪水淹没。独流镇为千年运河重镇，旧时这里漕运船只往来如梭，它是重要的水旱码头和扼守京津冀的水陆交通咽喉。杨柳青古镇的文化底蕴与南运河密不可分。该镇是天津市西青区的繁华之地，也是中国北方的历史名镇。

三、大运河河北段边界

廊坊、沧州、衡水、邢台及邯郸境内的运河共同构成大运河河北段。

大运河廊坊段全长20.38千米，流经香河县（安平、淑阳、钳屯及五百户）。

大运河沧州段从吴桥县第六屯村南至青县李又屯村北。该段运河流经吴桥、东光、南皮、泊头、沧州市区、沧县、青县，长度约为250千米。

大运河衡水段作为海河流域漳卫南运河系中的一段，位于衡水市东部与沧州、德州的交界处。从衡水市故城县南部辛堤村开始，该段运河流经故城（75.2千米）、景县（73.2千米）和阜城（30.65千米）。阜城霞口镇、码头镇，景县安陵镇，故城郑口镇和建国镇内的河段为重点河段。该段运河至阜城张华雨村入沧州境内，总长为179.05千米。

大运河邢台段从临西尖冢开始，流经临西和清河两县边界直至清河渡口驿。该段运河属于河北、山东两省的交界流域，长58千米，流域面积为69.7平方千米。

大运河邯郸段为大运河中段的重要部分，流域面积为701.5平方千米，长度为141.8千米。

大运河河北段申遗点为南运河沧州—衡水—德州段，为沧州东光县连镇谢家坝与德州武城县四女寺枢纽三角洲北缘之间的一段，长约95千米，是南运河弯道技术的典型代表区段。这段运河多处运用了"三湾抵一闸"的弯道代闸技术，是中国大运河的重要组成部分。漕运结束后，南运河依旧具有通航功能，到了20世纪80年代，由于航运中断，南运河开始作为区域防洪排水河道。河槽断面为U形，河床上口宽48~84米，槽深5~6米。

大运河河北段文物遗存较为丰富，有9处遗存被列为全国重点文物保护单位，如沧州东光县连镇谢家坝（图1-6）以及衡水景县华家口夯土险工，这是南运河仅存的两处人工夯土大坝，采用了独特的建造技术。这两座大坝的筑堤材料中都有糯米汁，这体现了人民群众的智慧，并为学者们研究中国近代漕运水利设施中的夯筑工艺提供了重要的资料。

沧州沧县捷地分洪闸（图1-7）也是大运

图 1-6　沧州东光县连镇谢家坝

图 1-7　沧州沧县捷地分洪闸

河河北段的重要遗产点之一。作为南运河的主要分洪河道，沧州捷地减河开挖于1490年，曾名减水河、砖河。捷地减河设有捷地分洪闸，其作用是分泄南运河在汛期时的一部分洪水。捷地分洪闸于明末淤废，在民国时期及中华人民共和国成立初期曾被重新开挖、扩建，至今仍在使用。

大运河河北段沿线的文物遗存中有26处已经被列为不同等级的文物保护单位，例如建于1404年的泊头清真寺。这座清真寺位于泊头市清真街的最南端，具有宏大的建筑规模、深厚的历史底蕴以及极高的审美价值，堪称华北第一清真寺。它是一个木结构古建筑群，将阿拉伯建筑风格与中国建筑特点相融合，集书法、雕刻、彩绘等于一体（图1-8）。

民间流传着这样一句话，"沧州狮子景州塔，东光县的铁菩萨"，这里"东光县的铁菩萨"指的就是铁佛寺里的佛像。铁佛寺原来被

图1-8 泊头清真寺

称为"普照寺"，寺里的铁佛体形硕大，民国时期直系军阀吴佩孚为其题名"铁佛寺"。随着时代的变迁，铁佛寺饱经沧桑，为河北省重点文物保护单位。在大运河河北段的遗产点中，比较知名的还有被列为全国重点文物保护单位的沧州旧城遗址。沧州旧城遗址并不在现今的沧州市内，而是在距沧州市区约 20 千米的旧州镇。它是华北地区现存不多的、保存较为完好的古城之一，"沧州狮子"所指的沧州铁狮子（图 1-9）就在其中。沧州地区其余古建筑遗址还有钱库庙、密云寺碑、石雷石馆、毛公甘泉古井、皇宫台和城墙等，它们对研究中国冶铁史、佛教史等具有重要意义。

图 1-9　沧州铁狮子

第二章　　　　　遗产分类与价值评析

　　为更好地对运河文化遗产进行价值挖掘和深入研究，本章首先梳理了"遗产""遗存"等一系列概念，之后在传统研究方法的基础上引入定量与定性相结合的方法，以层次分析法为主要方法，建构价值评价体系，对京津冀大运河沿线的文化遗产点进行综合评估分级；通过对运河遗产3种分类方法相关文献的梳理，根据实际情况对大运河京津冀段沿线文化遗产点及其相关内容进行整理并将其划分为4类，按照水利水工、古建筑、工业及近现代遗产、遗址这4个类别，详细梳理出共计155个遗产点并对其进行评估。

　　本章以笔者对大运河京津冀段沿线的深入调研和层次分析法的相关理论为基础，将大运河沿线物质文化遗产的一级价值指标划分为7项，即遗产现状价值、历史价值、社会文化价值、科技价值、艺术审美价值、景观环境价值和经济利用价值，并对其定义、内涵和意义分别进行详细的阐述；同时，完成对每项一级价值指标下的二级指标的细分，共计23项。此外，这一章对指标及权重的确定、评价体系及分值的划分、打分评定的注意事项及过程、最终的评价结果都做了翔实的记载和论述，完成了对大运河京津冀段沿线物质文化遗产点的评价和分级，为后续大运河遗产价值的深入发掘奠定基础。

第一节 大运河京津冀段文化遗产群分布

纵贯南北、跨越历史的大运河文化带属于我国三大文化遗产长廊之一。伴随着2 500多年的历史冲刷与重塑，中华儿女的智慧在这条运河上凝结成无数物质与非物质文化遗产，如星落银河般汇聚成巨型线性文化遗产群，共同铸就了大运河的文化瑰宝。对大运河文化遗产群的研究对于推动运河及其沿线城镇、村落文化遗产的传承与保护、整体治理与协同发展，激发其沿线城镇、村落的内在潜力，促进相关产业的振兴具有重大意义。

一、遗产与世界遗产

为何中国大运河在今天对我们依旧如此重要？为何其会被列入《世界遗产名录》？要回答这些问题，首先要对遗产的相关概念进行辨析和说明。

"遗产"一词来源于拉丁语，意思是"父亲留下的财富"，其引申意义为家族留给个人的私人财产，由此可见这个词语在早期出现时主要用于在法律层面清晰界定财物的产权归属。到了近现代，遗产除了有"由祖先传递的财富"的意思之外，还有"国家的文化财产"的意思。原来仅限于家庭范围的"遗产"一词被扩展到了国家宏观层面。当财产的价值由微观向宏观进行转变时，"遗产"一词的含义不仅在应用对象方面由小到大地从家庭向国家层面扩展，更由外向内地从物质层面向精神内涵层面不断深化。

在《一种正当其时的思想——法国对遗产的认识过程》一文中，作者、法国历史学家皮埃尔·诺拉将遗产直接定义为"历史的见证"以及"整个社会的共同继承物"。在日常用语中，有一些词语如遗存、遗迹、古迹、景点等在使用时容易与遗产相混淆。遗存包含遗物和遗迹两类。遗物主要指古代或死者遗留下来的东西，如古代人类遗留下来的各种生产工具、武器、日用器具及装饰品等。遗迹是指古代或旧时代的事物遗留下来的痕迹，如历史遗迹、古代村落的遗迹。文化遗存的范围较为广泛，包括各个历史时期人类活动遗留下来的物质和非物质的文化史迹。古迹则从属于文物的范畴，如南京十三陵、莫高窟壁画等古代留存下来的物质遗存。这些物质遗存能够在科学、文化、艺术、历史等方面代表或体现人类文明发展特点。"景点"一词的解释是由若干相互关联的景物所构成、具有相对独立性和完整性，并具有审美特征的基本境域单元，如圆明园、拙政园、黄果树瀑布等。不论是人工构建的还是自然形成的，也不管是否具有历史价值，只要是相对独立和完整并具有审美特征的景物，我们都可以称之为景点。我们在参观较复杂的建筑景点时还会使用"建筑群"这个概念。这一概念是指从历史、艺术或科学角度看，在建筑式样、分布均匀程度或与环境景色结合方面具有普遍价值的一组建筑。

从上述概念中可以看出，"遗产"一词与其他常用易混淆词既有关联，也有自己特有的意义。在本书"大运河遗产"语境下，"遗产"包含在"古迹"内，而"遗存"则包含"遗迹"并从属于"遗产"，"景点""建筑群"则需根据其年代、价值来判断是否属于"遗产"这一概念范畴。需要特别提到的是，根据《国际古迹遗址理事会章程》（1978 年），"古迹""遗址"及"建筑群"等不应包括：存放在古迹内的博物馆藏品；博物馆保存的，或考古、历史遗址博物馆展出的考古藏品；露天博物馆等。但上述这些都可归入"遗产"范围内。

"世界遗产"是指被联合国教科文组织（UNESCO）和世界遗产委员会确认的人类罕见的、目前无法被替代的财富，是全人类公认的具有突出意义和普遍价值的文物古迹及自然景观（图 2-1 至图 2-4）。其一般分为文化遗产、自然遗产、文化与自然双重遗产三大类。文化遗产如我国的长城、布达拉宫、云冈石窟，印度的泰姬陵，捷克斯洛伐克的克鲁姆洛夫历史中心等；自然遗产如我国的新疆天山、俄罗斯的贝加尔湖、美国的大沼泽地国家公园、意大利的伊奥利亚群岛等；文化与自然双重遗产如我国的武夷山、希腊的阿索斯山、英国的圣基尔达群岛等。

至此，我们已经明确了"遗产"的概念、含义、范畴，本书中的"大运河遗产"采用的是广义的概念，即"大运河及其相关空间历史遗产的总和"。大运河所涵盖的遗产内容极为丰富，客观上决定了其蕴含巨大的价值，对其

进行的分门别类的梳理和研究工作既重要又繁杂。大运河作为世界文化遗产具有文化、历史、艺术等多方面价值，这些价值相较于某些单体文化遗产所具有的价值要丰富得多，它反映了我国社会关系的变化和人民生活的变迁，是我国历史发展进程的缩影（图 2-5、图 2-6）。

大运河的申遗缘起于 2005 年世界遗产中心将运河遗产拓展为《世界遗产名录》项目。在 2006 年全国"两会"（即全国人民代表大会和中国人民政治协商会议）上，全国政协委员提案呼吁将大运河申报为世界遗产，当年年末京杭大运河被列入《中国世界文化遗产预备名单》。经过我国政府及各界专家、学者的不懈努力，2014 年 6 月在卡塔尔首都多哈举行的联合国教科文组织第 38 届世界遗产大会上，流经我国 8 个省、直辖市，含支流长度达 3 200 多千米的世界上人工修建的最广阔、最古老的大运河被正式列入《世界遗产名录》，成为我国第 46 项世界遗产和第 32 项世界文化遗产。

二、文化遗产与文化遗产群

世界遗产分为三大类，第一类是文化遗产，文化遗产是本书对大运河遗产所要重点论述的内容。根据学界现有研究，文化遗产概念的形成和发展大致可分为两个重要的过程。在第一个过程中，其概念从传统的可移动的古物、文物等逐渐扩展到不可移动的建筑类文物，进而延伸到历史村镇或城市的文化遗产，最终形

图 2-1　中国云冈石窟

图 2-2　捷克斯洛伐克克鲁姆洛夫历史中心（远景）

图 2-3　意大利伊奥利亚群岛

图 2-4　中国武夷山

图 2-5　大运河杭州段风光

图 2-6　大运河北京段风光

成了整体的物质文化遗产观的概念。在第二个过程中，人们从仅关注物质文化遗产发展到对非物质文化遗产的关注，这一过程反映了人类对物质的和非物质的文化遗产形式的双重关注。

根据不同过程阶段形成的特点，我们可以了解到文化遗产包含"文化"和"遗产"两方面含义。"文化"一词作为"文化遗产"概念中的核心，主要体现在对文化遗产进行保护和研究的过程中，相关人员不仅应重视遗产的本体，更应关注与之关联的文化所反映的遗产本质、价值与意义。故此，本书对大运河的调查研究也更多地从"文化"入手，更好地发掘和传承历史遗留下来的民族文化。

2005 年，《国务院关于加强文化遗产保护的通知》要求进一步加强文化遗产保护。我国决定从 2006 年起，每年 6 月的第 2 个星期六为"文化遗产日"。在该文件中，"文化遗产"一词首次正式出现。该文件指出："文化遗产包括物质文化遗产和非物质文化遗产。"文化遗产保护从此有了有力的依据，在此之前，我国法律文件中使用的都是"文物"一词，虽然二者意思接近，但其概念还是有区别的。

《中华人民共和国文物保护法》（以下简称《文物保护法》）规定，在中华人民共和国境内，下列文物受国家保护：

（1）具有历史、艺术、科学价值的古文化遗址、古墓葬、古建筑、石窟寺和石刻、壁画；

（2）与重大历史事件、革命运动或者著名人物有关的以及具有重要纪念意义、教育意义或者史料价值的近代现代重要史迹、实物、代表性建筑；

（3）历史上各时代珍贵的艺术品、工艺美术品；

（4）历史上各时代重要的文献资料以及具有历史、艺术、科学价值的手稿和图书资料等；

（5）反映历史上各时代、各民族社会制度、社会生产、社会生活的代表性实物。

根据以上内容我们可以看出，"文物"更多指狭义上的有形的物质部分。而本书所提到的文化遗产指代的内容则更加全面，多指人类与自然的共同印记。姜师立在《中国大运河遗产》一书中将大运河文化遗产分为水工遗存、附属遗存、相关遗产。水工遗存指的是大运河湖泊遗产以及水工遗产；附属遗存指的是大运河配套设施和管理设施；相关遗产包括相关古建筑群、历史文化街区、中国大运河综合遗存。俞孔坚等在《京杭大运河国家遗产与生态廊道》一书中将大运河文化遗产分为古建筑、古墓葬、古遗址、石刻、水利水工、近现代史迹及其他。古建筑包括大运河沿线的寺庙、教堂、会馆、故居、书院、古塔、城楼等建筑类遗产；古墓葬主要指名人墓葬、墓群；古遗址指各类古代遗址，包括城池遗址、炮台遗址、码头遗址、寺庙遗址等；石刻指大运河沿线遗存的各类碑刻，包括墓碑、摩崖石刻、纪念碑、石牌坊、砖刻等；水利水工包括码头、闸坝、桥梁等与运河直接关联的遗产等；近现代史迹指近现代的各种纪念物，包括各种旧址、革命纪念碑、近代名人故居、近现代工业遗产等。

以上两位学者都从自己的角度对大运河文化遗产进行了分类，大量使用诸如"附属""配套""直接关联"等词语，对道、桥、坝、闸、涵洞、码头、工业设施等遗产点之间的相互影响关系做了大量的论述。这些存在于不同的独立文化遗产点之间的联系形成了文化遗产群的概念。

我国有"方以类聚，物以群分"的说法。"遗产群"较为通俗的解释为"具有某种相似特征的遗产点构成的集合"。日本学者在21世纪初就将"地区聚集的文化遗产"称为"文化遗产群"。综合前人的经验，本书以"文化遗产群"概念作为重要的理论依据，将大运河的遗产点划分为水利水工、古建筑、工业及近现代遗产、遗址这四大类，从地理区域、行政区划、文化关联、历史流变等角度，对大运河京津冀段的各类遗产点的现状、价值、存在的问题、面临的机遇，以及各遗产点之间、各遗产点与其周边环境之间的关系进行深度分析。

三、文化遗产的保护与利用

大运河京津冀段文化遗产群的保护与利用极为重要。从文化遗产的保护与利用现状可以看出，我国的文化遗产保护从最初的"点"状保护逐步发展为整体的区域性保护，但在实践层面，相关人员缺乏对文化遗产点及其关联性要素的整体认知。在开发和保护的视域下，研究者对文化遗产资源的关注主要集中在遗产点及其周边区域，研究空间单一且范围较小，缺少对较大地理范围内文化遗产群的整体研究。出现上述问题的主要原因是研究者缺乏对文化遗产资源关联性的整体认知。现阶段我国对文化遗产的保护更侧重对资源的整体保护与利用，以文化遗产点为核心，注重对周边资源的统筹利用与开发，以遗产点的价值要素为引领带动周边资源协同发展。20世纪90年代，联合国教科文组织世界遗产委员会提出了"系列遗产"的保护理念。该理念主张针对隶属于特定历史的文化遗产群进行整体性研究与保护。一些离散的但是有同一人文或自然特征的遗产单体，如果它们在整体上具有"突出的普遍价值"，那么就可以合而为一，成为"系列遗产"。这一类型的遗产同时也是联合国教科文组织倡导申报世界遗产的类型。

对大运河京津冀段文化遗产群的保护与利用既要符合我国文化遗产保护与利用的实际要求，又要学习国际上相关的优秀经验，顺应时代的发展趋势，不断纵向挖掘和横向扩展，推动我国文化遗产保护事业的繁荣发展，力争做到在保护中传承、在利用中发展，使文化遗产在保有自身独特价值的同时，更好地融入社会的综合发展中。

四、文化遗产的相关拓展概念

文化遗产的类型有很多，部分学者将每个独立的文化遗产看作单独的遗产点，以遗产点的不同集合方式和形态特征为依据对它们进行相关的概念划分。文化线路、遗产廊道、文化带多呈线状；遗产区域多呈面状；而历史地段的概念则兼顾点、线、面等形态。一定数量的遗产点集合在一定的空间尺度上，跨越行政或地理边界，且形成了具有连续性、整体性、系统性的网状结构形态时，则一般被称作遗产群。

1.文化线路

"文化线路"这一概念起源于欧洲，由欧盟委员会提出，欧洲文化线路委员会、联合国教科文组织世界遗产委员会和国际古迹遗址理事会（ICOMOS）先后对其进行了定义。欧洲文化线路委员会强调文化线路应该有特定的主题，符合普遍价值观，能够助力文化旅游的可持续发展；联合国教科文组织世界遗产委员会在《实施〈保护世界文化与自然遗产公约〉的操作指南》中提到文化线路，着重强调了其跨地区交流、整体的文化意义、动态性以及历史功能4个维度；ICOMOS将文化线路定义为任何交流线路，无论是陆路的、水路的还是其他

类型的，能明确边界并为满足特定的目标而具有自身特定的动态的和历史的功能特征的线路。

"文化线路"这一概念于2005年由俞孔坚等学者引入我国，从被引进、深入发展到成熟经过了10余年，如今"文化线路"这一概念及其理论在文化遗产保护中的应用越来越广泛。我国被人们熟知的文化线路有滇越铁路文化线路、海上丝绸之路文化线路、茶马古道文化线路、长征文化线路等。

2.遗产廊道

"遗产廊道"的概念从美国的"绿道"（green way）发展而来。其将遗产保护由点状的保护扩展至线性的保护，将历史城镇或者更大的区域囊括到保护范围中。1984年，美国第一次指定伊利诺伊-密歇根运河（图2-7、图2-8）为国家遗产廊道，后来黑石河峡谷也被认定为国家遗产廊道。遗产廊道的特征主要有以下4个。

（1）遗产廊道的保护方式具有独特性。遗产廊道独特的线性景观特征决定了其保护方式的独特性。遗产的保护不再局限于某个点，廊道内部通常包含许多遗产点。

（2）遗产廊道的保护内容具有多样性。因为遗产廊道是由许多遗产点构成的线性景观文化带，所以其包含了文化资源和自然资源、有形资源和无形资源等各种不同类型的资源。

（3）遗产廊道的尺度具有灵活性。遗产廊道不一定以明确的行政区域边界作为其边界。廊道区域可以是由同一个历史活动或鲜明的地域文化联系在一起的，也可以是由遗产景观等资源构成的。

（4）遗产廊道的元素具有生态性。多数遗产廊道都是建立在河流、山脉、湖泊或者沼泽等自然资源基础之上的。生态性也反映了遗产廊道的绿道特性，体现了该区域的独特性。

3.文化带

"文化带"一词是在 2005 年国际古迹遗址理事会第 15 届大会发布的《西安宣言——保护历史建筑、古遗址和历史地区的环境》（以下简称《西安宣言》）中被提出的。《西安宣言》中的理论成果是在对古遗址周边环境保护及联合国教科文组织世界遗产委员会的"文化线路"和"系列遗产"理念进行融合的基础上得出的。我国为人熟知的文化带有长城文化带、丝绸之路文化带、茶马古道文化带和大运河文化带。这些文化带分别属于不同领域，具有不同特点。4 条线性的文化带犹如 4 条璀璨的珍珠项链串起了无数重要的文化遗产点。

长城文化带是一条含有丰富的物质文化与非物质文化的大遗址类文化遗产带，其空间分布以长城的建筑体系为中心，向两边辐射并延伸，经由交通线路扩展至更远的区域。长城主导着军事防御，长城文化带也就自然地从防御体系和地域划分的角度，将长城以外的游牧区域和长城以内的农耕区域划分开。

丝绸之路文化带包含游牧、农耕、海洋文化，分为陆上丝绸之路文化带与海上丝绸之路文化带。丝绸之路是亚欧大陆商品贸易和文化交流的核心交通带。中西方的文化与文明在贸易往来中于丝绸之路文化带上不断交流、碰撞与融合。

图 2-7　美国伊利诺伊运河

图 2-8　美国密歇根运河

"茶马古道"这一概念最初是由号称"茶马六君子"的木霁弘、陈保亚、徐涌涛、王晓松、李旭、李林于 1990 年在川藏滇三地交界地带进行考察后提出的。茶马古道文化带是不同民族、地区的物质文化交流推动下形成的陆路交通网络带。从属性上来看，茶马古道是以畜力和人力运输以茶叶、盐等为主的商品的贸易通道。茶马古道始于唐代，兴盛于明清并随着近代交通的发展而逐渐衰落。茶马古道文化带是沿线各民族生活智慧的结晶，是中华文明的有机组成部分。

大运河文化带相较于其他文化带，在 4 个方面存在独特性。一是大运河文化带基于大运河形成，而大运河是人类对自然地貌进行人工改造形成的，是人类对原有自然地貌进行大尺度改造的杰出作品。二是其具有线性廊道特性，整体呈现为一个具有一定宽度和复杂度的巨型线状系统。大运河由京杭大运河、隋唐大运河、浙东运河 3 部分构成，全长约 3 200 千米，其中京杭大运河全长 1 794 千米。其遗产种类丰富且涵盖面广，涉及文化、生态、经济等诸领域。三是其本身具有活态性，大运河历史悠久（自春秋时期开凿以来至今已有 2 500 余年历史），现如今仍在航运、灌溉和防洪等方面发挥着重要作用。四是其体现出融合性，大运河流经地域广，覆盖的文化形态众多，促进了沿线的融合发展。大运河文化带的提出是为了保护与大运河有关的各类物质文化遗产、非物质文化遗产及由二者互相影响所形成的生态系统。

对大运河进行保护与研究有助于逐步恢复和改善其日益衰退的交通功能，并适当改善其沿线城镇的民生。

4.遗产区域

"遗产区域"通常又称"国家遗产区域"。这一概念是由美国国会提出的，集合了自然、文化和历史等方面的资源，能够反映区域内的地理环境和人类活动方式，从而映射一个国家的发展情况。国家遗产区域主要有两个特点：一是尺度变化大，其可以是单个城市，也可以是跨越不同行政区域或是地理边界的新的遗产区域。二是时间跨度大，它可以映射出一个国家或区域的发展历程。美国最早的国家遗产区域在马萨诸塞州、纽约州和宾夕法尼亚州。美国针对这些国家遗产区域进行的保护不仅仅限于国家层面的做法，还包括其他区域的协同策略，并且延伸到了各个管理层次。截至 2019 年年底，美国共有 55 个国家遗产区域。

5.历史地段

"历史地段"一词来源于 1987 年通过的《华盛顿宪章》（即《保护历史城镇与城区宪章》）。《华盛顿宪章》对"历史地段"给出了相对完善的定义，指出"历史地段"是"城镇中具有历史意义的大小地区，包括城镇的古老中心区或其他保存着历史风貌的地区"。我国在 2005 年颁布了《历史文化名城保护规划规范》，该规范对历史地段做出了具体阐述，即"保留遗存较为丰富，能够比较完整、真实地反映一定历史时期传统风貌或民族、地方特色，存有较多文物古迹、近现代史迹和历史建筑，并具有一定规模的地区"。

五、大运河南北流域遗产对比

以点、线、面等不同形式互相影响而交织成的文化遗产群以混合且多元的形态组成了大运河文化带。伴随着社会经济的发展，大运河在使用功能、河道形态等方面都发生了巨大的变化，这种变化同时也深刻地影响着大运河文化带上各类遗产点的使用、保护、修缮与更新。自 2006 年大运河申遗工作开始，到 2014 年大运河申遗成功，社会各界对其的热情被唤起，人们对大运河沿线各类遗产点的研究的热度也逐年上升。

从总体上看，京杭大运河河道长、流域范围广，河道经过历次改道后，整体形态呈"人"字形。大运河文化带上的遗产类型丰富，有古建筑、水利水工、石刻、古墓葬、工业及近现代遗产等。南北方大运河的文化遗产不论是在种类、保护现状方面还是在开发程度方面都存在极大的差异。

对于大运河的南北分界，目前学术界没有统一的认定，我们通常以秦岭—淮河一线和大运河的交点淮安为界，将大运河分为南段和北段。从对遗产点的调查研究和开发利用方面来看，大运河南段和北段存在着极大的不平衡性。

在保护与利用方面，南段要明显优于北段。根据目前的调查，从文化遗产点的数量上看，大运河南段远多于北段（表 2-1、表 2-2）。造成这种现状的原因主要有以下几个。

在地理风貌上，大运河流经的区域广袤，南北方地理环境差异极大。北段所在区域以平原及小丘陵地貌为主，南段所在区域多为丘陵地貌，以水乡为主。在水文地貌上，我国的河网密度从北至南逐渐增大，大运河北段的流域面积及支流数量均明显小于南段。黄河以北的大运河河段的河网密度为 0.5~0.69 千米 / 平方千米，黄河以南至徐州境内的大运河河段的河网密度为 0.7~1 千米 / 平方千米，中运河和里运河河段的河网密度为 2~5 千米 / 平方千米，江南运河河段的河网密度最高为 59 千米 / 平方千米。在河道的入海口数量上，南段也比北段多。伴随气候变化和人工开挖，大运河北段及其支流常出现缺水、枯水等情况，较为严重地影响了运河的使用，也让部分遗产点被忽略和废弃。

在气候上，我国以秦岭—淮河一线为分界线，南北方温度存在差异。因为气候温暖、降雨充沛，南方逐步发展成鱼米之乡。隋末以后，河洛关中已经不能满足朝廷的粮食需求，大运河南段的太湖流域则是农业高产区，"苏常熟，天下足""湖广熟，天下足"的说法延续了数个朝代，也使得南粮北运成为大运河的主要功能之一。

表 2-1　大运河南段和北段文化遗产点分布总数情况

河段	大运河北段	大运河南段	大运河全流域
遗产点数量 / 个	303	1 399	1 702
占总数的比例 /%	17.80	82.20	100

表 2-2　大运河南段和北段文化遗产点分布占比情况

文化遗产点分类	大运河北段 遗产点数量 / 个	占北段 遗产总数的比例 /%	大运河南段 遗产点数量 / 个	占南段 遗产总数的比例 /%
古建筑	100	33.0	765	54.7
遗址	75	24.8	243	17.4
水利水工	88	29.0	76	5.4
工业及近现代遗产	40	13.2	315	22.5

　　在历史上，中原人口多次南迁，中原的社会文化与南方文化相融合，这又加速了南方的发展、繁荣。这在经济方面体现得最为明显，苏州、杭州、嘉兴、无锡等地更是在明清时期成为国家的钱袋子，即使在今天，其经济发展水平也居于全国前列。

　　历史上人口的几次南迁，加之南宋对运河的治理，到明清时期，江浙一带基本成了整个国家的钱粮仓库，经济繁荣和远离政治中心等因素促进了南方文化的发展。南方出的状元远多于北方，以致出现了南北分卷制度。大运河南段地区因为拥有良好的经济和教育环境，人们对文化遗产的关注和投入明显更多，文化遗产的保护理念和开发手段更先进。同时，立足当下文旅时代的开发建设也变相促进了大运河南段的保护和开发（图 2-9）。而在大运河北段地区，早期由于常年战乱和人口的几次南迁，社会经济发展相对滞后。中华人民共和国成立后，大运河北段地区经济仍以传统农业、重工业为主，整体经济发展水平较低，产业结构有待调整。与南方相比，北方对大运河文化遗产的重视、研究和开发的程度都不够，而大运河北段常年枯水导致的运河断航和滨河环境恶化又进一步加剧了大运河北段的恶化（图 2-10）。

　　正因如此，借鉴大运河南段的研究、保护与开发的喜人成果，借助大运河申遗成功后的社会效应，借力政府政策的推动，大运河北段的保护与开发得到更多关注。借助"运河热度"，笔者聚焦大运河北段，尤其是京津冀段文化遗产的典型性研究，挖掘大运河北段的保护与开发陷入困境的更深层次原因，通过区域性联动，探索其遗产保护与复兴策略。

图 2-9　大运河杭州拱宸桥段

图 2-10　大运河河北段东光沉船遗址

第二节 大运河京津冀段文化遗产资源分布

一、京津冀地区与大运河的渊源

从地理区域上看，北京市、天津市与河北省长期处于一个整体大区域内，三者既相互独立又密不可分，故在研究时不能硬性地将大运河京津冀段进行简单的地理拆分，而是需将其作为一个整体大区域进行统筹考虑和调查研究。这一段运河水域及周边的文化遗产群在大运河全流域中发挥着举足轻重的作用，这不仅仅因为其位于大运河尽端，更是由于自古以来京津冀地区在政治、文化及地理位置等众多方面均占据重要地位。

自上古时代起，京津冀地区就是我国古人类活动和繁衍的重要区域，其所在的太行山沿线拥有良好的自然环境。从史前文明可以看出，人类活动的区域逐步由山区向平原地区过渡，并且与京津冀三地有着密切的文化渊源。进入封建社会后，燕赵文化与京畿文化成为三地的文化基础。其中文化的一脉性在建筑遗产中有重要体现，如北京现有故宫、颐和园、天坛、圆明园等大量皇家建筑遗产；天津作为北京的门户，现有天后宫、文昌阁、石家大院等建筑遗产；环抱京津的河北省现存的建筑遗产有避暑山庄、清东陵、清西陵等。京津冀地区悠久的人类活动史留下了大量文化遗产。据统计，截至 2022 年，京津冀地区拥有 8 处世界文化遗产、13 处国家级风景名胜区、8 个国家历史文化名城，全国重点文物保护单位的数量占全国总量的 10% 以上。

从春秋战国时期一直到隋唐时期，华北地区被黄河、淮河、海河穿流而过，水系发达，加之历史上黄河频繁改道，华北地区有很多湖泊，再加上降雨量大，给华北平原城市的发展带来了不小的阻碍。在早期，华北地区的城镇空间没有大规模向外扩展的趋势，整体空间分布较为稳定。在金代后期，华北平原有了更加适宜农耕的条件。随着农耕的发展，大运河的商贸运输也繁荣起来，使直沽（今天津）、沧州等运河沿线地区得到了发展。除此之外，海河许多支流上的水运也促进了沿线城镇的繁荣。

元朝建立后，定都大都（今北京）。元大都北方政治、经济、文化和军事中心的地位逐步稳固。到明成祖朱棣迁都北京后，北京"东环沧海之波，西枕太行之麓"，在全国的地位得到了空前提高。中华人民共和国成立后，北京作为首都，其政治地位举足轻重。

天津的兴起在很大程度上得益于大运河重要枢纽和渤海湾入海口的重要作用。元代，朝廷在津设有直沽盐运司，明成祖时，朝廷设天津卫，到了明朝晚期，天津发展成了水陆交通要塞和商贸与军事重镇。但到了清代初期，天津才真正被当作一座城市来发展，清雍正九年（1731 年）天津升为天津府。在 1937 年（抗日战争全面爆发前），天津已经成为中国北方最大的工商业中心，尤其是在工业经济体系方面，其完备程度仅次于上海。到了 1949 年，天津已经是北方最大的金融商贸城市。天津商业的发展和租界商贸的发展有关，如被人们熟知的天津最早的商业群发祥地——劝业场。20 世纪 70 年代，海鸥手表、飞鸽自行车都是"天津制造的骄傲"。改革开放以来，传统工业城市天津以其全方位的开放和发展，成为京津冀、环渤海区域经济发展的重要一极。但是，如今的大运河天津段已经失去了往日的繁荣，河运的优势被海运和陆路运输替代，有些河段甚至出现了断流的情况。

河北省的地理区位优势明显。它环抱京、津两座历史名城，又东临渤海湾，西倚太行山，并与山西省交界，南连山东、河南两省，北部与内蒙古高原接壤。河北境内有绵延的长城、广袤的华北平原、富饶的渤海沿岸、完善的路网交通体系。其发达的交通系统打通了北京、天津与全国其他地区的交通运输网络，同时由于邻接京津，又成了两座特大型城市在人才、市场和资源方面的"储备库"。

尽管京津冀三地从区域地理上看几乎是糅裹在一起的，但三者也有各自的特点，这造就了大运河北京段、天津段和河北段的不同特点，使三地大运河文化带的保护开发具有不同的优势，为它们在大运河的后申遗时代的发展带来很多机遇，同时也使三地的大运河文化遗产群保护面临着不同的困境。对大运河文化带内的现有遗产点进行调研和梳理，发掘其潜在价值，寻找其与周边地区协同发展的新方向，是三地

走出现有运河遗产开发不足的困境的重要路径。通过对物质文化遗产资源进行调研与整理，笔者发现大运河京津冀段整体上存在系统化普查缺乏、保护力度不足、资源开发乏力、整体化管理不足这四大类问题。目前，三地大运河开发困境形成的原因较为复杂，总结如下。

首先，在大运河水运能力方面，由于京津冀地区的降雨量不足，部分河段常年保持在低水位甚至枯竭，大量通航河道被迫改道或被弃用；加上近代以来海运及公路、铁路运输的不断完善，大运河京津冀段的航运功能逐渐丧失。往昔伴随运河航运而兴盛的两岸市镇也不再似往日繁华，如天津的杨柳青古镇。元代，大运河的改道使杨柳青镇成为河道交汇、船只转运的重要枢纽，城镇人口与贸易规模都逐渐扩大。到了清代，杨柳青古镇有 2 万多人口，庙宇、寺院达 30 多座，可见杨柳青古镇的文化和经济都很繁荣。随着近代大运河京津冀段漕运的终止、多处河道的废弃，杨柳青镇不再像当初那样繁华、热闹。

其次，近年来北方整体经济的发展与长三角、珠三角地区有一定差距，京津冀三地在经济上彼此也有差距，这使得三地在运河维护、治理方面的财政支出、人员管理水平、社会资源配置等存在较大差异。有的地方对运河局部河道、遗产点不管不问，导致它们几近废弃；有的地方对大运河遗产点缺乏合理的保护政策，有保护性破坏的情况；还有的地方为了满足其

他需求，对大运河的治理采取一刀切的手段，如草率地用混凝土对滨水堤岸进行硬化，对沿岸进行整体地坪取齐，以供房地产开发之用，或彻底改变河道断面，彻底改变运河景观风貌等。中华人民共和国成立初期，我国对文化遗产保护的重视力度不够，与大运河相关的行政管理和研究多是各部门从自己的角度出发的，各部门并未充分考虑大运河这一依托水资源的线性文化遗产的整体性。部分河段及遗产点的风貌、特征被改变。这些都对大运河京津冀段文化遗产的整体风貌造成了较大的影响。

2014年6月22日，中国大运河申遗成功，目前大运河项目已进入后申遗时期，社会各方面对大运河进行研究、保护与开发的热度不断提升，对京津冀区域与大运河文化带之间的各类问题的研究逐渐展开。地方政府也担负起了更多的保护与开发责任，对大运河京津冀段沿线及其周边的遗产点的研究力度也大大增强，具体表现在以下几方面。

第一，依据《保护世界文化和自然遗产公约》（以下简称《世界遗产公约》）的相关要求，我国对已列入《世界遗产名录》的遗产点进行深入研究，努力保持大运河文化遗产的原真性，同时构建完备的监测、档案系统；对尚未被列入《世界遗产名录》的、可能存在的其他遗产点进行更深入的挖掘、保护和修缮，对有特殊价值的项目给予财政方面的优先支持，力求通过基础调查研究，使大运河京津冀段的文脉记忆最大限度地得到留存与延续，为后续更深入的研究与其他方面的开发打好基础。

第二，积极稳妥地搞好开发和利用。大运河作为活态遗产，其功能主要有航运、输水、改善生态和发展旅游等。对大运河的保护需要积极争取各个层面的支持，同时相关部门需要做好生态保护、水源涵养工作，使大运河碧波荡漾的风貌重新呈现，尽早实现大运河的全线通航。

第三，培育京津冀段运河文化旅游品牌。大运河京津冀段蕴藏着丰富的文化元素，蕴含着巨大的文化价值。提高京津冀区域经济文化水平的重要任务就是唤醒京津冀这片大地承载的燕赵文化和京畿文化记忆。文化记忆唤醒有利于相关人员对大运河京津冀段文化旅游资源的深入挖掘，从而将其打造成与沿线文旅产业等地方产业密切相关的线性资源，提升大运河的整体知名度和影响力。

第四，着力建设大运河京津冀段生态经济带。京津冀地区是国家政治、文化中心所在地和我国北方经济的重要核心区，应集聚八方力量争取使大运河生态经济带纳入国家重要战略布局，并且要发挥领头羊作用，与沿河其他省市携手把大运河生态经济带建设成连接京津冀经济圈和长三角经济圈的纽带。

二、大运河北京段物质文化遗产概况

在大运河京津冀段的物质文化遗产中，北京地区遗产数量占比较大，占三地物质文化遗产总量的41%。通州作为北运河的起点所在地意义重大，它位于北京的东部，自元朝定都大都后，忽必烈命郭守敬（当时的水利专家）主持开凿了通惠河。此后，元大都漕运的发展得到了极大的促进，南方许多漕运船只直接抵达通州，通州运河上常常是"舳舻千里"。漕运的发展带动了商业的发展，通州形成许多货栈及市场，如明嘉靖年间通州城便有粮食市。因通州毗邻都城，运河还赋予了其重要的政治和军事地位。许多官员、赶考考生、外交使臣都会在此地由水路换陆路进京。如通州的张家湾就是南方物资转运入京的重要枢纽，带动了周边商业的繁荣。大运河北京段物质文化遗产概况见章末二维码内表1。

大运河北京段现存的物质文化遗产以桥、闸、河道为主，大运河的相关设施、管理机构所在地也是大运河文化带的重要组成部分，如粮仓。元朝时，朝廷为了将南方的粮食运进大都而开凿通惠河。当时，从南方北上的漕运船只可通过通惠河直接进入都城内的积水潭。明成祖朱棣迁都北京后，不准漕运船只进入都城，大通桥附近的护城河沿线变成了漕船停泊的码头。大批粮食通过运河运来，粮仓变得不可或缺，其中南新仓就是大运河南粮北运的终点。南新仓俗称"东门仓"，位于北京东四十条，至今已有600多年的历史，现存9座仓廒，是北京现存规模最大、保存最完整的皇家粮仓，也是我国古代漕运、仓储的重要实物史料（图2-11、图2-12）。

图 2-11　北京南新仓古粮仓

图 2-12　北京南新仓街区

三、大运河天津段物质文化遗产概况

在大运河京津冀段的物质文化遗产中，天津地区的物质文化遗产数量占三地总量的39%，且这些遗产大多分布在三岔河口周围。南运河与北运河在天津三岔河口交汇，最终经海河流入渤海。海河的地理位置十分重要，是连接海运和内河航运的重要纽带，故大运河天津段的文化遗产也受其影响。由于天津的海上航运十分发达，著名的天后宫便坐落于三岔河口西岸。天后宫始建于元代后期，是一座供奉海上女神妈祖的道教宫观，是中国三大妈祖庙（天津天后宫、福建湄洲岛妈祖庙、台湾朝天宫）之一。古时，每逢漕运船只平安抵达三岔河口，船夫们便在天后宫前广场举行酬神赛会，热闹非凡。明清以来，天后宫一带一直是天津最繁华的街区，也是城市发展的历史见证。大运河天津段物质文化遗产概况详见章末二维码内表2。

天津近代重要物质文化遗产的数量在大运河天津段遗产总量中的占比最大，约为27%。天津现存的近代重要物质文化遗产以工业遗产为主，这与天津这座城市所具有的深厚的工业发展历史底蕴有密切的关系。天津的工业遗产沿大运河和海河呈线性分布，主要有福聚兴机器厂旧址（图2-13）、棉三纺纱厂等。其中，由棉三纺纱厂改造而成的创意产业项目——棉三创意街区（图2-14）采用了集商业、休闲、

办公、居住、餐饮、娱乐等功能于一体的模式。该项目充分体现了工业遗产的区位价值和商业价值，在保留原有建筑元素与历史印记的基础上，对具有较高工业遗产价值的工业厂区进行了全面更新，最终将原有的只有单一生产功能的空间转换为集商业、服务业、文化产业于一体的创意产业区。

四、大运河河北段物质文化遗产概况

大运河河北段最早开凿于东汉末年。在大运河京津冀段的物质文化遗产中，河北段的文化遗产数量较少。大运河河北段拥有各类文化遗存70多处，其中包含遗址8处，墓葬、墓群15处，码头、渡口11处。由考古发现的沉船点的位置可以推断出，元代以后河北境内的大运河基本没有改道，沿岸还有大量的明清瓷片。考古人员在调研青县的李窑时，发现了大量专门供北京修建城墙和皇家陵墓使用的古砖，这证明当时大运河既是输送粮食的要道，也是运送其他物品的通道。在大运河河北段中，闸、坝、码头遗产的价值十分突出，邢台的油坊码头和廊坊的红庙码头、尖冢码头等都保存得非常完整。其中，油坊码头（图2-15）是大运河河北段仅存的砖砌码头，目前，码头附近的油坊车间还在使用（图2-16）。在明代，油坊码头是大运河上重要的水陆码头和物资集散交流中心。到了民国初年，油坊码头漕运船只络绎不绝，商贾云

图 2-13　天津福聚兴机器厂旧址

图 2-14　天津棉三创意街区

图 2-15　邢台油坊码头（运粮码头）

图 2-16　邢台油坊镇的油坊车间

集。货物被运到这里后，再经水运或陆运运往其他地方，油坊镇也因此有过一时的繁荣。大运河河北段物质文化遗产概况见章末二维码内表3。

五、大运河京津冀段沿线的非物质文化遗产概况

除了物质文化遗产，大运河沿线还拥有大量的非物质文化遗产，它们同样是我国社会文化智慧的瑰宝，对其进行保护与研究非常重要。对大运河沿线留存的非物质文化遗产的保护需要遵循真实性、整体性和传承性原则。2011年起开始施行的《中华人民共和国非物质文化遗产法》在总则第二条中明确定义我国非物质文化遗产为"各族人民世代相传并视为其文化遗产组成部分的各种传统文化表现形式，以及与传统文化表现形式相关的实物和场所"。

我国文化部门以《中华人民共和国非物质文化遗产法》为依据，建立国、省、市、县四级非物质文化遗产名录。本书根据上述名录将部分与大运河京津冀段相关的非物质文化遗产进行统计，形成分类表格（表2-3），用于展示它们的遗产类型、所在地区、等级以及在名录中的公布时间和批次。从表2-3中可以看到，这些与大运河京津冀段相关的非物质文化遗产在名录中的公布时间大多较为靠前，从侧面也反映出其较早受到国家相关部门的重视。

这些项目通过不同方式与其所在的大运河沿线地区的生产、生活、文化产生极为密切的联系，可分为以下几类。

（1）大运河沿岸生活场景所衍生的文化遗产，如大运河上的船工号子。

（2）由大运河漕运助推产生的社会风俗、礼仪、节庆等。

（3）大运河沿线城乡丰富的文化活动，形成并传承发展的表演艺术类型，如相声、京剧、京韵大鼓、津门法鼓（图2-17、图2-18）等。

（4）源于大运河的漕运发展或与沿岸人们的生产生活需求有密切联系的传统手工艺，如荣宝斋木版水印工艺（图2-19、图2-20）、泊头的铸造工艺等。

（5）源于大运河沿岸地区或依附于沿岸宗教信仰的中华传统体育、杂技或其他有代表性的游艺类项目。

在后续章节里，我们将在以上研究类别中提取典型非物质文化遗产进行更深入的解读和剖析。

表 2-3　大运河京津冀段非物质文化遗产明细表

编码	遗产类型	遗产名称	所在地区	等级	公布时间、批次
1	传统戏剧	京剧	北京	国家级	（2006）第一批
2		评剧	天津	国家级	（2006）第一批
3	传统技艺	景泰蓝制作技艺	北京	国家级	（2006）第一批
4		剪刀锻制技艺（王麻子剪刀锻制技艺）	北京	国家级	（2008）第二批
5		木版水印技艺	北京	国家级	（2006）第一批
6		花茶制作技艺	北京	国家级	（2008）第二批（2011）第三批
7		烤鸭技艺	北京	国家级	（2008）第二批
8		传统面食制作技艺（天津"狗不理"包子制作技艺）	天津	国家级	（2011）第三批
9		生铁冶铸技艺（干模铸造技艺）	河北	国家级	（2008）第二批
10	传统体育、游艺与杂技	天桥中幡	北京	国家级	（2006）第一批
11		抖空竹	北京	国家级	（2006）第一批
12		口技	北京	国家级	（2011）第三批
13		戏法	天津	国家级	（2011）第三批
14		吴桥杂技	河北	国家级	（2006）第一批
15		沧州武术	河北	国家级	（2006）第一批
16	曲艺	北京评书	北京	国家级	（2008）第二批
17		京韵大鼓	北京、天津	国家级	（2008）第二批
18		相声	北京、天津	国家级	（2008）第二批
19		天津时调	天津	国家级	（2006）第一批
20	传统美术	杨柳青木版年画	天津	国家级	（2006）第一批
21		玉雕（北京玉雕）	北京	国家级	（2008）第二批
22		泥塑（天津泥人张）	天津	国家级	（2006）第一批
23		灯彩（北京灯彩）	北京	国家级	（2008）第二批
24	传统音乐	锣鼓艺术（汉沽飞镲）	天津	国家级	（2008）第二批
25		智化寺京音乐	北京	国家级	（2006）第一批
26		津门法鼓	天津	国家级	（2008）第二批（2014）第四批
27	传统舞蹈	京西太平鼓	北京	国家级	（2006）第一批（2008）第二批
28	民俗	妈祖祭典（天津皇会）	天津	国家级	（2008）第二批
29		妈祖祭典（葛沽宝辇会）	天津	国家级	（2014）第四批
30	民间音乐	通州运河船工号子	北京	市级	（2006）第一批

图 2-17　津门法鼓仪式用具　　　　　　　　　　图 2-18　津门法鼓表演

图 2-19　荣宝斋木版水印图片 1（组图）

图 2-20　荣宝斋木版水印图片 2

第三节 大运河京津冀段文化遗产群价值组成要素

对于文化遗产价值的评估，《中国文物古迹保护准则》指出，文物古迹的价值包括历史价值、艺术价值、科学价值以及社会价值和文化价值。文化景观、文化线路、运河遗产等还可能涉及相关自然要素的价值。

《文物保护法》第三条指出：古文化遗址、古墓葬、古建筑、石窟寺、石刻、壁画、近代现代重要史迹和代表性建筑等不可移动文物，根据它们的历史、艺术、科学价值，可以分别确定为全国重点文物保护单位，省级文物保护单位，市、县级文物保护单位。历史上各时代重要实物、艺术品、文献、手稿、图书资料、代表性实物等可移动文物，分为珍贵文物和一般文物；珍贵文物分为一级文物、二级文物、三级文物。

近年来，部分学者认为上述价值分类对于当前种类繁多的文化遗产来说还不够全面，因此在现有基础上对文化遗产价值进行分类描述，增加了经济价值和情感价值。还有一部分学者以文化遗产的不同功能为依据，将其价值分为影响价值、信息价值、资源组合价值与时间价值，这4方面的价值是各自独立的。综合学者们的理论成果，结合《实施〈世界遗产公约〉操作指南》《文物保护法》和大运河京津冀段文化遗产点的自身特点，本书将大运河文化遗产的价值分为遗产现状价值、历史价值、社会文化价值、科学技术价值、艺术审美价值、景观环境价值、经济利用价值7类。

一、遗产现状价值

遗产现状价值指文化遗产整体的完整度和当前的保护状况。文化遗产整体的完整度主要指现存实物所表现出的完整程度，包括其主体结构和表面材质的保存状态，一般多用于古建筑、遗址、文物等物质文化遗产。可以说，文化遗产本身就具有独特价值，因为它是人类文明的印记。《世界遗产公约》中指出，任何一项遗产的毁灭和消失都将影响世界遗产的多样性。人类可持续发展的重要条件之一就是保持遗产完整真实的状态，从某种角度上讲，文化遗产整体的完整度这一指标是其他指标不可替代的。

本书提到的依据文化遗产现状价值进行的分类和评判主要依据的是《文物保护法》提到的文物保护等级以及文化遗产的保护现状。本书将文物保护分为国家保护、省级保护、市县级保护3个等级。俞孔坚在《京杭大运河国家遗产与生态廊道》一书中依据《文物保护法》将大运河文化遗产分为国家级（全国重点文物保护单位）保护单位、省级保护单位、市级保护单位和县级保护单位、未被列入的保护单位，其中未被列入的保护单位又分有相应机构维护管理、无人管理、保护状况不明、保护状况不详4类情况。在评价标准上，文化遗产整体的保护程度及文物保护等级与文物现状价值呈正相关关系，文化遗产整体的保护程度越高，其现状价值也就越高，反之就越低。

二、历史价值

历史价值是指文化遗产作为历史见证的价值，其首次出现于1933年国际现代建筑协会颁布的《城市规划大纲》（即《雅典宪章》）的"有历史价值的建筑和地区保护"的论述中。《雅典宪章》将此前针对历史建筑单体的保护扩展到对其周边环境的整体保护。作为历史见证的"时间凝聚物"，一处文化遗产所包含的历史事件、历史人物以及特定历史时期下社会的政治、经济、文化、军事特征等内容都可以反映其历史价值，也因为文化遗产包含这些内容，因此常被赋予教育意义，用来激发人们的民族自豪感、认同感与爱国热情。每处文化遗产呈现给人类的都是最鲜活、最生动的历史文献资料（图2-21至图2-25）。研究文化遗产的过程就是一个回顾历史的过程，在某种程度上更具客观性和科学性。因此，历史价值相对于文化遗产的其他价值来说，既是一种基础价值，也是一种核心价值。

图2-21 意大利罗马圣天使城堡

图2-22 意大利庞贝古城遗址

图2-23 波兰维利奇卡盐矿内部教堂

图2-24 波兰维利奇卡盐矿采矿通道

图 2-25　无锡运河旁的南禅寺

可用于衡量文化遗产历史价值的因素有很多，如相关历史人物与历史事件、建成时间、承载的反映社会发展进程的历史信息等。文化遗产的历史价值与这些影响因素呈正相关关系。例如，文化遗产的建成时间越长，对历史反映的程度越高，其历史价值就越高，如北京南新仓承载着大量与社会发展进程相关的历史信息，具有很高的历史价值。清末，由于官僚贪腐等现象的存在，粮仓中的粮食越来越少，许多粮仓处于空仓状态，仓廒数量也随之大大减少；到了民国时期，军阀混战，大量的仓廒被改建为军火库。南新仓见证了元、明、清 3 个朝代南粮北运的历史、京都漕运的历史。文化遗产是记录历史的铁证，对于我们了解其所处时代的历史有着重要的参考价值，是我们研究历史发展轨迹的珍贵资料。

三、社会文化价值

文化遗产的社会文化价值是由社会价值和文化价值组成的，该提法首次出现在 1979 年通过的《巴拉宪章》中。《巴拉宪章》引入以价值为基础的文化遗产管理框架，将遗产价值分为美学价值、历史价值、科技价值、社会价值 4 个方面的价值，其中社会价值所反映的就是人与地方的情感联系。社会价值是指文物古迹在知识的记录和传播、文化精神的传承、社会凝聚力的产生等方面所具有的社会效益和价值。文化价值则主要指以下 3 个方面的价值：① 文物古迹因体现民族文化、地区文化、宗教文化的多样性特征所具有的价值；② 文物古迹的自然、景观、环境等要素因被赋予了文化内涵所具有的价值；

③ 与文物古迹相关的非物质文化遗产所具有的价值。社会价值包含记忆、情感、教育等方面的内容；文化价值则包含文化多样性、文化传统的延续及非物质文化遗产要素等相关内容。

在本书中，为对大运河文化遗产点进行量化测评，考虑到测评模型的可操作性，将社会价值和文化价值合并为社会文化价值。其将作为对大运河文化遗产点进行测评的一个一级价值点。社会文化价值的最大特点是与基层广大群众的生产和生活实际紧密相关，其本身就是在一个较长的时期内由基层群众所创造的，故社会文化价值是具有地域、民族或群体特征，并对社会群体施加广泛影响的各种文化现象和文化活动的价值的总称。另外，顾名思义，文化遗产是"文化"＋"遗产"，故文化遗产的社会文化价值体现在物质和精神两个方面。从物质层面来看，文化遗产的社会文化价值主要指考古和文化研究领域的可挖掘的潜在价值，因此对它的评估就是衡量在这两个领域可挖掘出的文化遗产的价值的高低。从精神层面来看，文化遗产可以寄托人类的情感，影响着人们的精神世界和社会行为，蕴藏着公民对国家和民族的归属感与认同感。

文化遗产的社会文化价值对于我们的精神世界来说是一种丰富的源泉，已经逐渐成为文化遗产保护中的一种新观念。文化遗产社会文化价值精神层面的评估方法是文献资料查阅和田野调查。文化遗产的社会文化价值的精神评估相对于物质评估来说要更复杂，因为文化是无形的、复杂的、多面的，如社会情感寄托、宣传教育、文化认知等。例如，张家湾城墙修建于倭寇活跃的明朝。朝廷因担心倭寇沿运河北上袭扰京城，为保卫京城和守卫漕运命脉，耗费3个月在漕运枢纽和水陆交通要地张家湾修筑城墙，这属于张家湾文化遗产的社会文化价值中物质层面的部分。张家湾城墙在明清时期保存完好，但在抗日战争时期被日军拆毁，中华人民共和国成立后残余城墙也逐渐损毁，现如今只剩南城垣遗址。虽然受损严重，但是张家湾城墙遗址在精神层面仍然存在社会文化价值，这是因为通过张家湾城墙遗址，人们能够回顾历史，从而激发自身的爱国主义情怀和民族责任感，并且可以通过进一步挖掘，回溯早期张家湾的建设、兴起原因以及当时的社会、经济、文化形态。当了解到其物质和精神两方面特殊的社会文化价值后，人们对张家湾城墙遗址的保护意识和热情也将随之提升。

四、科学技术价值

文化遗产中所蕴含的科学技术价值是指文化遗产的科技发展水平和相关知识在其产生、使用、存在和发展过程中的价值，具体表现在两个方面。一是遗产的建造技术的价值，这是文化遗产本身具备和展现出来的，如选址和总体布局、建筑设计、选材和材料加工、施工组织等多个方面的价值。二是遗产作为历史上某种科学技术活动发生的空间场所，具有见证活动、事件发生或进行过程的价值。通过对具体的文化遗产进行研究，我们可以发现其所处时代的科学技术水平，这对研究当时社会的整体情况具有重要的参考价值。

北京万宁桥（图 2-26）桥梁建造技术就是大运河文化遗产科学技术价值的重要体现之一。万宁桥位于地安门外大街，因为位于故宫的后门之外，因此也叫"后门桥"。其名"万宁"取"万事安宁"之意。在元代，万宁桥不仅是积水潭附近重要的跨河交通枢纽，而且具有制水的重要功能，属于澄清上闸的一部分，是一座闸桥合一的石拱桥。当时，万宁桥周边的繁华商业在很大程度上带动了积水潭附近商业和文化的发展。万宁桥的科学技术价值主要表现在其自身结构上。其属于单孔厚拱桥，这种类型拱桥的最大特点就是有厚重的桥墩和桥拱，但是其桥面比较平坦，坡度不大。由于桥拱厚重，所以桥身在承重方面表现突出，河水的冲刷一般不会对其构成威胁。这与北方地区人们的主要出行方式有关，人们出行和运输货物以陆路为主，这就需要桥梁具备较强的承载能力，桥体就要做得厚重敦实一些。它既是桥梁可供通行，又是水闸可以制水，从其双重功能可见当时建桥技术的高超。

图 2-26　北京万宁桥

五、艺术审美价值

被提名列入《世界遗产名录》的文化遗产项目的价值标准中，有一项是"代表一项独特的艺术成就，一种创造性的天才杰作"，由此可见文化遗产的艺术审美价值是十分重要的。而艺术审美价值是在审美活动中被感知和确认的，具体来说，艺术是对美的创造和表现。艺术审美价值包括审美欣赏、情操陶冶、艺术借鉴3部分。它们体现在人们的日常生产劳作中并凝结在物质层面，具体体现在文化遗产的形体、结构、空间构成、视觉景观、独特工艺、材质、色彩等方面。由于文化存在差异性，各民族和地域的人们对艺术审美价值的评估标准有所不同，这种差异会相应地投射到遗产点物质形态的细部上。以绘画为例，东方崇尚感性的写意，而西方则推崇理性的写实，写意与写

实各有独特的美感。人们认知世界、接收信息基本依靠视觉、嗅觉、触觉、听觉等，对文化遗产物质实体的第一印象便是通过本能感知产生的，而更加深层的信息则是人们通过心理层面的感知获得的。对于文化遗产的艺术审美价值，人们主要从空间组织的艺术性、完整性，造型、风格、空间布局、细部装饰的艺术性和文化遗产的地域特色等方面来进行评判。

例如，石家大院因"三雕"而闻名。精美的砖雕、木雕和石雕赋予了环境空间独特的美感（图2-27至图2-29）。砖雕展示出的雕刻纹样、垂花门立柱上3种造型的莲花木雕体现了当时天津商户富足的生活、手工艺匠人高超的技艺。尤其是莲花木雕的3种造型体现出居所主人的3种祝福意愿，是独特的东方寓意式装饰。而台阶上原本只能在皇家或庙宇中使用

图2-27 杨柳青石家大院木雕戏楼

图2-28 杨柳青石家大院砖雕艺术

图2-29 杨柳青石家大院石雕装饰

的纹饰则显示出当时社会的开放程度。这些建筑细部上的装饰图案、设计布局、工艺材料体现出古时匠人精湛的技艺，是当时社会文化经济水平在审美上的反映。文化遗产的装饰、造型及周围的环境设计展示了不同时代的人类文明，反映了不同时代、不同民族的文化特色，人们可以通过视觉上的直观体验了解到不同时代、不同民族和不同地域的人们的思想观念和审美情趣。

六、景观环境价值

景观环境价值主要包括历史环境价值和生态环境价值两方面，它们合为一体、密不可分。本书所指的历史环境价值以 1964 年国际古迹遗址理事会发布的《国际古迹保护与修复宪章》（《威尼斯宪章》）为基本参考。该宪章指出历史文物建筑应与其传统环境一起受到保护，要加强对建筑古迹周边环境原有特征的保护，所以文化遗产的景观环境价值是指其本体连同内外部的环境空间一起构成的整体的价值。文化遗产的历史环境价值体现在建筑内部环境的营造、建筑与周围环境的协调以及相互影响上。对于生态环境价值，有学者用"生态系统服务功能"或"生态系统服务"来指代。目前，国际上常用生态环境经济评价技术对生态环境进行定量评价，从而反映生态环境价值的大小。

文化遗产周边的景观环境与文化遗产本身应被视为一体，它们都具备多重价值。每处文

化遗产的景观环境都是与该处文化遗产一同存在的，它们见证了彼此的历史变化。文化遗产的景观环境也蕴藏着丰富的历史信息，它们对于人们了解文化遗产蕴藏的相关文化有着更深层次和更完整的意义，同时也具有重要的景观功能，为文化遗产锦上添花。由文化遗产的景观环境价值的定义可知，评价一处文化遗产的景观环境价值的标准主要是该处文化遗产本身所处的整体环境是否合理。

大运河天津段的耳闸公园（图 2-30、图 2-31）位于天津市河北区海河沿岸滨水区。该地区拥有耳闸（天津市文物局确定的海河沿线综合改造所涉及的 24 个文物保护单位之一）和恒源毛纺厂遗址（天津历史上第一家纺织企业）两处文化遗产点。耳闸公园内植被覆盖率高，动植物丰富，深厚的文脉底蕴使其具有较高的景观环境价值。耳闸公园成了海河文化带、天津旅游线上的明珠以及天津市民日常休闲的场所。它对丰富当地居民的日常生活、发展文旅经济起到了重要作用，同时也在一定程度上反映了天津这座城市公共休闲空间的发展。

七、经济利用价值

文化遗产的经济利用价值的提法源于荷兰学者阿尤·克莱默（Arjo Klamer），其为鹿特丹伊拉斯姆斯大学的文化经济学教授，他的著作《做正确的事》（Doing the Right Thing）介绍了一种基于价值的经济。他在 20 世纪末开

图 2-30　天津耳闸新闸与旧闸

图 2-31　天津耳闸公园的石舫

始对文化遗产的价值进行研究，后与大卫·索罗斯比（*David Throsby*）一起创立了"文化遗产经济学"，将文化遗产的经济价值单独归类，以进行专门研究，运用数学方法对文化遗产的经济价值进行详细计算。目前，国内各类对文化遗产的研究多集中于工业遗产和文旅开发两方面，对文化遗产进行合理的产业化运作，把其内在价值通过市场经济行为变现，借此实现其经济功能，从而为文化遗产的保护、规划和管理等提供物质支持。这可以更好地促进文化遗产的保护与开发，提高社会公众对遗产保护的参与度，故经济利用价值也是对文化遗产整体价值进行衡量的重要指标之一。

在现阶段，文化遗产的经济利用价值包括文化遗产本身的使用价值、文化遗产的适应能力、文化遗产所在地的区位优势表现出的经济发展潜力3方面。文旅开发及工业遗产再利用是文化遗产的经济利用价值最直观的表现方式。遗产点经过修缮和利用，形成新的功能场所或旅游景点，从而吸引周边地区的人流，助力交通、住宿、餐饮、服务与文创行业发展，带动所在地区的经济发展，提高地方知名度。文化遗产的经济利用价值是通过文化遗产原功能的可持续性、灵活性和空间利用的可能性与适应性来衡量的。

以大运河北京段的什刹海为例。大运河什刹海区域现如今因独特的区位优势与文化属性形成了自己独特的品牌，并发展成著名的旅游

商业区（图2-32、图2-33）。其周边的万宁桥、银锭桥及火神庙等文化遗产景点也都随之得到关注，并互相联动形成了小范围的区域旅游资源。旅游业又促进了其他商业活动的发展，使文化遗产的知名度和经济价值得到提高。在什刹海区域，与京城皇家属性关联的文创衍生品、传统艺术品及手工艺品展卖和餐饮休闲等多种业态聚集，产生了某种集群效应，又进一步增强了整个区域的品牌影响力。由此可见，通过与旅游、文创等各类产业进行深度联动，文化遗产点产生经济价值的方式灵活，效果持续，品牌效应价值巨大。

图 2-32　北京什刹海景区局部

图 2-33　北京什刹海烟袋斜街上的小店

第四节 大运河京津冀段文化遗产分类方法

大运河沿线有众多的历史名城，如北京、天津、沧州、淮安、扬州、无锡、苏州、杭州等，拥有众多的文化遗产，如南新仓、天后宫、郑口挑水坝、南旺枢纽、龙王庙行宫等。因大运河沿线文化遗产具有丰富性、复杂性，为了便于研究，本书以遗产点与运河的关系作为研究视角，将大运河的文化遗产分类方法归纳为3种，分别是保护等级分类法、类型分类法和功能分类法。

一、保护等级分类法

保护等级分类法主要源于《文物保护法》，通过区别不同文化遗产的重要程度，清晰划分文化遗产的保护等级，多用于历史古迹、名人故居、古建筑遗址等的分类。《文物保护法》第十三条规定，文物保护单位分为全国重点文物保护单位、省级文物保护单位、市级和县级文物保护单位。根据大运河沿线文化遗产保护的实际情况，结合《文物保护法》的分级标准，本书将大运河沿线的文化遗产分为国家级文物保护单位、省级文物保护单位、市县级文物保护单位、非文物保护单位，其中非文物保护单位又分为有相应机构或个人维护、无人管理、保护状况不明等情况。

保护等级分类法的意义具体表现在两方面。一方面，其可以有效地促进人们对各类文化遗产的实地调研、科学研究及保护利用，为政府及社会在文化遗产的保护开发方面提供决策依据和理论支撑，为文物保护工作的开展保驾护航。另一方面，其有利于提高全社会对文化遗产的关注度，有利于充分地调动各类社会资源对文化遗产进行协同开发和保护。

二、类型分类法

俞孔坚教授在《京杭大运河国家遗产与生态廊道》一书中首次提出以文化遗产点与运河的关系为出发点，将大运河沿线遗产分为3类，即运河功能相关遗产、运河历史相关遗产、运河空间相关遗产。

运河功能相关遗产在狭义上主要指大运河沿线大量与河道运输功能有直接关联的遗产，如大运河上的闸、坝、桥、码头、渡口等。运河历史相关遗产指那些由大运河的漕运、商贸等历史上的社会活动衍生的文化遗产，包括会馆、寺庙、碑刻等。运河空间相关遗产指与大运河在功能或历史方面虽然没有直接联系，但在地理空间上却与大运河毗邻的物质文化遗产点，一般以3 000米为边界范围。根据以上相关研究，这3类遗产点从广义上说均是大运河文化带中不可分割的一部分。类型分类法将大运河沿线的各个文化遗产点与大运河的关系非常直观地呈现出来，为界定文化遗产点与大运河的所属关系提供了一个参考的标尺。

三、功能分类法

　　功能分类法源于不同文化遗产点对应的社会门类和具体使用功能，以实际功能为评判标准。此法既有利于具有不同职能的社会部门对文化遗产点进行管理和使用，也有利于对其设施的完整程度、先进程度、复杂程度等进行考核判断。有相关研究按功能分类法将大运河文化遗产分为文化遗址、古墓葬、石窟寺、石刻、壁画、近现代史迹及代表性建筑这6类。此种分类法有利于明确文化遗产资源的功能特性，便于发挥文化遗产的最大功能；有利于形成较为统一的策略和法规，提高文化遗产保护的效率与质量；有利于协调不同类型文化遗产的保护成效和开发途径，以便对文化遗产展开更加整体、系统的研究（详见章末二维码中的表4）。

　　结合相关学者的研究，本书对大运河京津冀段沿线的相关文化遗产点的信息进行了收集、调研和整理，并按功能分类法将其划分为水利水工、古建筑、工业及近现代遗产、遗址4类。上一节分析了大运河文化遗产的7种价值，下一节将通过价值评价方法对大运河京津冀段沿线的这4类文化遗产点进行基于7种价值要素的量化评估，并通过评价模型建立综合性评分体系，进而筛选出典型性文化遗产点并对其进行分级，为后续对单个文化遗产点的深入挖掘和研究提供依据。

一、文化遗产价值评价方法的选取

文化遗产的价值评价对于大运河京津冀段文化遗产研究来说十分重要，是文化遗产研究的基础性工作。价值评价通常分定性评价与定量评价两种。由于操作方式的便捷性和高效性，定性评价在早期研究中得到广泛运用。定量评价则因其客观性及精确性在近年来随着各类评价法、评价模型的引入应用得越来越广泛。文化遗产价值定量评价的常用方法有模糊综合评判法、因子分析法和层次分析法（*Analytic Hierarchy Process*，AHP）。模糊综合评判法由于基础资料不充分、时间不足或相关人员不习惯使用数字评价等原因，还需要有更灵活的系统评价方法。因子分析法是将多个实测变量转换为少数几个不相关的综合指标的多元变量统计分析方法。例如，在城市与区域规划研究中，可应用因子分析法设置诸多反映事物本质的线性综合指标，这些线性综合指标往往能反映居民购买力、地区发展水平等这些不能被直接观测的因素。不过，这些指标的得出依赖于信息采集调查表的内容设置和采集到的大量数据信息。

本书的主要研究目的在于通过价值评价，对大运河京津冀段沿线不同类别的文化遗产点进行价值评估，以确定其是否具有典型性并判断其价值高低，以便对单个文化遗产点进行更深入的调查研究。本书以层次分析法为主，局部辅以专家调查法（又称德尔菲法）对大运河京津冀段文化遗产点进行价值评价，并通过以下方法提高评价的客观性和准确性。第一，选择相关研究领域专家，他们应对大运河京津冀段的情况比较熟悉；第二，提供详尽的评价指标说明和被评价对象资料供专家参考；第三，设计较为详细的评分标准；第四，在最终打分前召开多次专家会，针对文化遗产点的资料进行详尽的汇报并进行答疑。

专家调查法是以专家作为索取信息的对象，依靠专家的知识和经验，由专家通过调查研究对问题作出判断、评估和预测的一种方法。

层次分析法最早是由美国学者托马斯·L.萨蒂（*Thomas L. Saaty*）于20世纪70年代提出的。其是通过定性分析与定量分析相结合，将人的非客观思想转化为数据的层次权重的决策分析方法。它将复杂的问题进行有序分解，然后对一定的客观事实进行判断，从而定量地表达各个层次的相对重要性；计算并分析每个层次中所有元素的权重，进而使整个问题得到分析。层次分析法主要针对专家评议的主观局限性，在定性的基础上增加定量评价，使评价结果更客观。20世纪80年代，层次分析法被引入中国，越来越多的学者采用该法对不同领域的问题进行研究，该法在非物质文化遗产旅游价值评价、近现代建筑遗产适应性再利用指标体系和评价标准建立方面都有应用。也有学者将层次分析法与专家调查法结合，以旅游开发为切入点，探讨如何开发工业遗产旅游资源。本书在对大运河京津冀段的典型性文化遗产点展开研究时，应用层次分析法对各个文化遗产点进行详细的价值评价。

二、运用层次分析法对文化遗产点进行价值评价

在具体研究中，层次分析法的应用步骤主要为明确评价指标级别、设置各级指标及其权重、依据指标进行打分和计算，具体如下。

首先，对要进行评分的各类指标依据从属关系进行分级，将其分为一级指标和二级指标，如果研究对象非常复杂，还可依序递进划分出三级、四级指标。依据指标级别确立分级评价体系时，原则是先确定总系统，再确定子系统，依此类推。

其次，确定各级指标及其权重。

确定一级指标：由《中国文物古迹保护准则》可知，历史价值、艺术价值和科学价值是文物古迹的 3 项固有价值。除此之外，对于其余指标，本书通过对国内外已有评价体系中的一级指标进行列表统计，优先采用出现频次高的指标，再结合笔者对大运河的研究情况得出一级指标。

确定二级指标：二级指标的确定方法同一

级指标，只是在与一级指标从属关系下进行。

确定各级指标权重：根据确定好的一级指标和二级指标构成的体系制作权重调查表，参考目前已有的成熟评价体系对各级指标进行权重赋值。

最后，邀请相关领域专家，向其介绍各文化遗产点的情况并对其进行相关专业访谈，由专家依据自己的专业判断对照权重调查表为各文化遗产点的各级指标打分。研究人员回收调查表，对各个指标的得分进行统计和计算，通过量化数据建立评判标准，得到研究对象的最终评价结果。

（一）评价模型层级及指标分值设定

根据笔者对大运河京津冀段文化遗产群价值组成要素的分析和研究，同时结合国内这一领域主流学者的观点，本书将遗产现状价值、历史价值、社会文化价值、科学技术价值、艺术审美价值、景观环境价值、经济利用价值这7项指标确定为构建大运河京津冀段典型性文化遗产评价体系的一级指标。

分析遗产现状价值、历史价值、社会文化价值、科学技术价值、艺术审美价值、景观环境价值、经济利用价值这7项一级指标下各项子指标（二级指标）在已有研究体系中于2016—2019年出现的频次（表2-4），依出现

频次进行优选，再结合研究的具体情况以及评分专家的意见，最终确定一级指标下各项二级指标（表2-5），各级指标的详细情况如下。

（1）遗产现状价值。该一级指标为文化遗产价值评估的第一序位评判标准，包括文化遗产等级、文化遗产整体的保存现状2项二级指标。

（2）历史价值。根据统计分析，对历史价值的二级指标进行排序，依次为相关历史人物与历史事件、建成时间、承载的反映近代社会发展进程的历史信息、对该地历史发展产生影响这4个指标。同时，结合大运河文化遗产的特殊性，另外加入文化关联性和原始功能特殊性，共计6项指标。

表2-4　已有研究体系中二级指标出现的频次（2016—2019年）

一级指标	二级指标	出现频次
遗产现状价值（A）	文化遗产等级	20
	文化遗产整体的保存现状	12
历史价值（B）	相关历史人物与历史事件	17
	建成时间	13
	承载的反映近代社会发展进程的历史信息	9
	对该地历史发展产生影响	5
	建筑类型的真实性	3
	反映历史时代特征	2
	古建筑与历史事件的关联性	2
	历史建筑的完整性	2
	历史信息保存的唯一性	2
	行业历史	2
	建筑类型的稀有性	1
	建造背景	1
	建筑师	1
	知名度	1
	与城市空间结构发展的关联程度	1
	社会历史	1
社会文化价值（C）	社会情感的寄托	8
	宣传教育	5
	文化认知	4
	现代生活影响力	3
	对社会生活的影响力	3
	地域认知	2
	地理地标性	2
	精神地标性	2
	体现特色生活方式或习俗	1
	法律法规	1
	城市形象力	1
	推动当地经济发展	1

一级指标	二级指标	出现次数
科学技术价值（D）	建筑施工水平	11
	建筑材料	9
	建造工艺	5
	建筑结构	5
	建筑设备	5
	结构（构造）特色	2
	可参考借鉴价值	2
	建筑组群保存完好程度	1
艺术审美价值（E）	空间组织的艺术性	9
	建筑造型与风格的艺术性	7
	空间的完整性	5
	建筑地域特色	5
	细部装饰的艺术性	3
	景观美学	2
	工艺性	2
	内部空间的艺术性	1
	建筑工程结构方面的特色	1
	所属的建筑时代及建筑风格在本国或世界建筑史的地位及意义	1
	建筑形体的装饰	1
	独特性	1
	珍稀性	1
	设计手法的特色	1
	观赏性	1
	设计师	1
	体现的设计水平	1
	产业风貌	1
景观环境价值（F）	与周围环境的协调关系	6
	建筑自身的空间环境设计	3
	对周围环境的影响性（标志性）	2
	遗产环境的原真性	2
	文化特色的反映程度	2
	地标作用	2
	城市名片作用	2
	相对位置的重要性	1
	反映建筑整体风貌特点	1
	景观识别	1
	负面污染	1

一级指标	二级指标	出现次数
经济利用价值（G）	对建筑原功能的沿用	5
	建筑增加新功能的可能性与适应性	5
	空间利用	2
	结构利用	2
	可改造开发性	2
	预期收益	1
	存在价值	1
	区位优势	1

表 2-5　一级指标下各项二级指标细则

一级指标	二级指标
遗产现状价值（A）	文化遗产等级（A1）
	文化遗产整体的保存现状（A2）
历史价值（B）	相关历史人物与历史事件（B1）
	建成时间（B2）
	承载的反映近代社会发展进程的历史信息（B3）
	对该地历史发展产生影响（B4）
	文化关联性（B5）
	原始功能特殊性（B6）
社会文化价值（C）	社会情感的寄托（C1）
	宣传教育（C2）
	文化认知（C3）
	对社会生活的影响力（C4）
科学技术价值（D）	文化遗产结构与构造工艺（D1）
	文化遗产施工水平与材料（D2）
	文化遗产设备（D3）
艺术审美价值（E）	空间组织的艺术性（E1）
	文化遗产造型、风格、空间、细部装饰的艺术性（E2）
	空间的完整性（E3）
	文化遗产地域特色（E4）
景观环境价值（F）	与周围环境的协调关系（F1）
	文化遗产自身的空间环境设计（F2）
经济利用价值（G）	文化遗产原功能的可持续性、灵活性（G1）
	空间利用的可能性与适应性（G2）

（3）社会文化价值。根据统计分析，确定社会文化价值的二级指标为社会情感的寄托、宣传教育、文化认知、对社会生活的影响力4项指标。

（4）科学技术价值。根据统计分析，确定科学技术价值的二级指标为文化遗产结构与构造工艺、文化遗产施工水平与材料、文化遗产设备3项指标。

（5）艺术审美价值。根据统计分析，确定艺术审美价值的二级指标为空间组织的艺术性，文化遗产造型、风格、空间、细部装饰的艺术性，空间的完整性，文化遗产地域特色4项指标。

（6）景观环境价值。根据统计分析，确定景观环境价值的二级指标为与周围环境的协调关系、文化遗产自身的空间环境设计2项指标。

（7）经济利用价值。根据统计分析，确定经济利用价值的二级指标为文化遗产原功能的可持续性、灵活性和空间利用的可能性与适应性2项指标。

（二）评分标准与分值的设定

此处以李克特量表的5个回应等级设定评分标准，例如表2-6中文化遗产等级（A1）的评分标准可分为国家级、省级、县市级、乡镇

表 2-6　评价指标分值设定

文化遗产价值评价体系		评分标准	文化遗产得分
遗产现状价值（A）	文化遗产等级（A1）	国家级（4）、省级（3）、县市级（2）、乡镇及以下（1）、无等级（0）	
	文化遗产整体的保存现状（A2）	很完整（4）、较完整（3）、一般完整（2）、完整度较低（1）、非常不完整（0）	
历史价值（B）	相关历史人物与历史事件（B1）	国家级（4）、省级（3）、县市级（2）、乡镇及以下（1）、无等级（0）	
	建成时间（B2）	明以前（4）、明（3）、清（2）、民国（1）、近现代（0）	
	承载的反映近代社会发展进程的历史信息（B3）	丰富（4）、较丰富（3）、一般（2）、不丰富（1）、无（0）	
	对该地历史发展产生影响（B4）	重大影响（4）、较强影响（3）、一般影响（2）、较低影响（1）、无影响（0）	

文化遗产价值评价体系		评分标准	文化遗产得分
历史价值（B）	文化关联性（B5）	强（4）、较强（3）、一般（2）、较弱（1）、无（0）	
	原始功能特殊性（B6）	强（4）、较强（3）、一般（2）、较弱（1）、无（0）	
社会文化价值（C）	社会情感的寄托（C1）	强（4）、较强（3）、一般（2）、较弱（1）、无（0）	
	宣传教育（C2）	强（4）、较强（3）、一般（2）、较弱（1）、无（0）	
	文化认知（C3）	很完整（4）、较完整（3）、一般完整（2）、完整度较低（1）、非常不完整（0）	
	对社会生活的影响力（C4）	强（4）、较强（3）、一般（2）、较弱（1）、无（0）	
科学技术价值（D）	文化遗产结构与构造工艺（D1）	明显高于同类（4）、较高（3）、一般（2）、普通（1）、低于普通水平（0）	
	文化遗产施工水平与材料（D2）	明显高于同类（4）、较高（3）、一般（2）、普通（1）、低于普通水平（0）	
	文化遗产设备（D3）	明显高于同类（4）、较高（3）、一般（2）、普通（1）、低于普通水平（0）	
艺术审美价值（E）	空间组织的艺术性（E1）	很重要（4）、重要（3）、较重要（2）、一般（1）、无关系（0）	
	文化遗产造型、风格、空间、细部装饰的艺术性（E2）	很重要（4）、重要（3）、较重要（2）、一般（1）、无关系（0）	
	空间的完整性（E3）	很重要（4）、重要（3）、较重要（2）、一般（1）、无关系（0）	
	文化遗产地域特色（E4）	强（4）、较强（3）、一般（2）、较弱（1）、无（0）	
景观环境价值（F）	与周围环境的协调关系（F1）	强（4）、较强（3）、一般（2）、较弱（1）、无（0）	
	文化遗产自身的空间环境设计（F2）	强（4）、较强（3）、一般（2）、较弱（1）、无（0）	
经济利用价值（G）	文化遗产原功能的可持续性、灵活性（G1）	强（4）、较强（3）、一般（2）、较弱（1）、无（0）	
	空间利用的可能性与适应性（G2）	强（4）、较强（3）、一般（2）、较弱（1）、无（0）	

及以下、无等级 5 级标准（括号内数值为打分分值）；又比如历史价值里的文化关联性一项，关联性强为 4 分、较强为 3 分、一般为 2 分、较弱为 1 分、无为 0 分。其他指标的处理方式相同。每项一级指标的分数由其所属的二级指标根据分值和权重所确定。通过组织专家对调研形成的各个遗产点的前期资料进行评估打分，再综合上文中提到的 7 项一级指标的分值，计算其综合分值，作为不同遗产点之间综合遗产价值比较的依据。

层级，以便后续能更好地进行差别化研究。

在大运河京津冀段，入选的文化遗产点共有 57 处，其中：3 分以上的文化遗产数量仅有 7 处，整体价值较高，为突出价值遗产点，集中于水利水工和古建筑类；2.8~3 分的遗产点则有 18 处，为重要价值遗产点；2.7~2.8 分的遗产点为一般价值遗产点，共 32 处。下一章将按照这一分级进一步对这些文化遗产点蕴含的价值进行详细阐述。

（三）评价过程与结果呈现

基于上文的一级指标、二级指标、分值和打分方式，考虑大运河文化遗产的复杂性和学科交叉的特点，笔者团队邀请 10 位与大运河遗产相关的不同领域的业内专家，如高校学者、资深从业者、相关领域管理人员，针对笔者团队对大运河京津冀段前期调研的共 154 处文化遗产点的资料，召开数次专家论证会。受邀专家对各文化遗产点进行了背对背打分。

打分结束后，笔者团队根据层次分析法的步骤对 10 位专家的打分样本进行分析，得出的结果为每一处文化遗产点最终的综合价值评价分值。通过和业内专家的座谈和对前期既有研究成果的总结，本书将 2.7 分作为是否将该文化遗产点纳入进一步深入研究范围的分界点，并且依据分值区间进一步对入选的遗产点进行分级，分了 2.7~2.8 分、2.8~3 分、3 分以上 3 个

本章相关表格

第三章　　物质文化遗产的智慧与呈现

本章依据水利水工、古建筑、工业及近现代遗产、遗址的分类及文化遗产点所包含的各种文化价值，特别是其所凝结的文化、建筑、工艺、艺术等诸多方面的民间智慧，结合基于价值评价模型得出的分值，按分值由高到低将大运河京津冀段沿线的典型性文化遗产点分为3个等级，分别为突出价值文化遗产点（7个）、重要价值文化遗产点（14个）、一般价值文化遗产点（32个）。这些文化遗产点尽管等级不同，但都折射出当地文化、经济、社会生活的重要信息，是历代人民汗水心血与聪明才智的凝结，是中华民族文明与智慧的传承。例如，沧州市东光县附近的谢家坝坝体建造工艺极富特色，其所用的糯米灌浆砌筑工艺起源于我国秦代，大量应用于南北朝时期，但是应用于运河堤坝则为首例，其建造工艺技术方面的价值超越了该文化遗产点本身的功能价值。又如沧州铁狮子，除其本身作为有特色的镇水兽与运河产生关联外，它还是唐代以后我国最大的铸铁成品，也是全世界范围内铸造最早、最大的铁狮，对冶铁铸造工艺研究和我国冶金史研究有重要意义。

针对各个文化遗产点的类型和分级，笔者在调研和评价的基础上对这些物质文化遗产点的资料进行进一步的整理和挖掘，包括在当地的深度访谈和对历史资料的跨界挖掘，特别是对上述物质文化遗产点所凝结的劳动人民的心血智慧与多元价值进行归纳总结。这些将为大运河京津冀段沿线文化遗产点的系统保护与深入开发提供重要的依据。

第一节 大运河京津冀段突出价值文化遗产点

一、水利水工类突出价值文化遗产点

（一）谢家坝——糯米大坝

连镇谢家坝位于沧州市东光县连镇南运河东岸。谢家坝为南运河河北段仅存的两处夯土坝之一，坝体由灰土加糯米浆逐层夯筑，夯土以下为毛石垫层，基础由原土打入柏木桩筑成。清末，连镇谢家捐资从南方购进大量糯米，组织人用糯米熬浆加灰土与泥土混合筑堤，故谢家坝被称为"糯米大坝"。堤坝整体稳定性好，筑成后，没有出现过决堤，使用至今。

南运河河北段多弯道，湍急的河水对堤坝不断侵蚀，给堤坝周围的百姓带来了一次又一次的水患灾害，在历史上洪水曾致此处多次决口。谢家坝对防水患起到了重要作用，保护了沿岸居民的生命财产安全，体现了先民的智慧，展现了中国古代人民在漕运水利设施中使用的先进的夯筑工艺，同时其对研究清末的河工技术、南运河水文环境的历史变迁等具有重要意义，价值不可估量。这种筑坝的方法在世界水利水工技术中也是独有的，因此谢家坝被列入第六批全国重点文物保护单位，也是大运河遗产点之一（图3-1至图3-4）。

1.三湾顶一闸

谢家坝因复杂的地势而产生的水位差成为运河开凿的一大难题。古代人民修建的大坝以土坝为主，遇到大的洪水就容易决堤。大坝都是按照工人的经验施工的，一般结合地利而建。在高差较大的河段即便开凿出直线形的河渠，也很难保证水流平缓。我国古代运河的建设者们为了破解这一难题，经过不懈的探索和努力终于发明了"截直道使曲"（即弯道代闸）的办法，顺应地形地势刻意开凿出一条弯曲的河道，通过增加河道的长度来减小河床坡度以调整水位落差，这与在高山上修筑盘山公路以减小山势坡度是同样的道理。看似十分简单的举措，却解决了水位落差大的大难题，堪称运河水利史上的一大创举。这一办法后来在德州到临清一段运河的开凿时也被采用。当代实施的南水北调东线工程就采用了修闸筑坝、分级送水的工程措施，从而解决地形差异带来的问题。这就是大运河的水利建设者发明的"三湾顶一闸"的智慧体现。

2.糯米灌浆砌筑工艺

谢家坝的整个建筑工程采用了糯米灰浆技术。"糯米浆拌灰土"是中国建筑技艺中一项

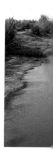

图3-1 谢家坝遗址1

古老、智慧的工艺，在南北朝时期就有应用。糯米浆黏性很强，糯米浆与白灰、黄土按一定比例混合砌成的城墙等建筑非常坚固。糯米砂浆很有可能是世上首种复合类砂浆，混合了有机材料和无机材料，这种砂浆相较于纯石灰浆拥有更强的黏合力和更好的耐水性。人们发现，糯米和其他含淀粉的食物中含有胶淀粉这种物质，这种神秘的成分也许就是糯米砂浆拥有神奇强度的原因。分析研究显示，古代石造建筑砂浆是一种特殊的有机和无机复合材料，无机成分是碳酸钙，而有机成分则是来自糯米汤的胶淀粉。砂浆中的胶淀粉可抑制碳酸钙结晶，从而形成一种紧密的微结构，这就是这种有机和无机复合砂浆有令人满意的黏合度的原因。

考古发现，秦朝修筑长城时，采用加入糯米汁的砂浆砌筑砖石；河南邓州市南北朝时期的画像砖墙是用含有淀粉的材料衬砌的；在河南登封市的少林寺中，于北宋宣和二年（1120年）、明弘治十二年（1499年）和嘉靖四十年（1561年）等不同时代修建的塔，在建造时都采用掺有淀粉的石灰作为胶凝材料。虽说古时很多建筑采用糯米灌浆工艺砌筑，但是用这种工艺砌筑堤坝的，谢家坝还是第一处。

谢家坝的坝体长218米，厚3.6米，高5米。经历了百余年的冲刷，如今谢家坝主体保存基本完好，局部裸露，出现风化现象。2012年，当地政府按照"修旧如旧，不变功能，不改原状"的原则，完全使用原有工艺和材料对谢家坝进行修缮，将糯米熬煮成浆，加入当地的土和石灰混合修筑。修缮时，需要在坝体上钉木楔，以保证新旧坝体能更好地合成一体。然而，整个坝体的坚固程度让修缮人员吃尽了苦头。当年纯粹凭人力修筑完成的谢家坝能够终结河道决口的历史，着实令人赞叹。

纵贯东光县的大运河无疑是历史给我们留下的宝贵财富。东光县全面发掘大运河文化，以运河为核心，大力发展文化旅游产业。古代人民的智慧将大运河的灵魂蕴藏在谢家坝水利工程中，使绿色的生态环境理念在大运河的生

图 3-2　谢家坝遗址 2　　图 3-3　谢家坝遗址 3　　　　图 3-4　谢家坝遗址 4

命长河中延续。大运河、谢家坝所传承的家国情怀、民生理念、中国智慧深沉地滋养着大运河两岸美丽乡村的根与魂。

（二）耳闸——泄洪要塞

天津河北区的北运河与新开河交汇处建有一座分流北运河河水的泄洪闸——耳闸，其作用是连接新开河两岸交通和泄洪。闸口位于河岸边。其始建于清代，后经多次改造，现在的耳闸枢纽由耳闸新闸和旧闸组合而成（图3-5、图3-6）。旧闸因建造年代久远，现仅作为文物古迹和人行桥梁使用。耳闸调节了海河分洪河道新开河的河水量，不仅是海河分洪河道新开河的首闸工程、海河干流中唯一的分口洪门，同时也是天津第一个水利工程。

耳闸旧闸位于天津市河北区李公祠大街尽头、新开河上游河口。由于多条河在这里汇合后流入海河，故此处又称三岔河口。古时，这里在汛期常出现洪涝灾害，明天启年间和清乾隆年间朝廷都曾有过疏浚、开挖河道的动议，但最终都未能实现。直到清光绪年间，时任直隶总督李鸿章向光绪皇帝递呈《堤头建滚水坝折》，提出在天津堤头建滚水大坝、开挖新河，用来分泄上游洪水以疏解水患。后来为了加固大坝，耳闸建造者在建筑工艺方面采用中西技术结合的方式，使用了德国的进口水泥。1919年，天津海河工程局的意大利籍总工程师平爵内拆掉石坝，将其改建成新式水闸。由于水闸

轮廓如同人耳，故称"耳闸"。

耳闸被改建后，其每孔净宽3米的西式涵闸运用了当时十分先进的技术。为方便控制墩间的木制平板闸门，闸的上方特别设置了木制机架桥和人力绞车。闸槛高6米，为增强耳闸的排洪能力，人们对出水口处的河槽进行了淘浚。考虑到汛期北运河水量增加给下墩带来的冲刷损耗，闸墩与两侧进出水口的护墙大量使用石料。目前的开敞式砌石结构节制闸是于1919年在滚水坝基础上反复设计改造而成的。后来，耳闸年久失修，节制闸翼墙虽在1989年得到加固，但多年来受风雨侵蚀，地基沉降与护砌破损的问题影响了旧闸的两岸，经鉴定，耳闸被列为水利病险工程，无法再承担分洪任务。闸室左岸为信息中心办公室，是部分员工的工作地点。但在施工过程中，两岸上坡直墙段出现部分倾斜，左岸办公区院落地面出现塌陷与裂缝，存在严重的安全隐患，一旦出现问题将会导致人员损伤和财产损失；右岸八马路一侧距闸室岸边约5米和7米、平行于闸室岸边的位置出现了两条纵向裂缝，裂缝宽度达3厘米，长约100米。由于右岸八马路一侧是物料运输线路，是重型车进出的必经之路，严重的振动时刻威胁着岸墙的安全。因此，船闸闸室两侧岸墙得到了加固处理，2002年闸门与控制室被拆除，仅留闸桥。2002—2006年耳闸被重建。

耳闸新闸位于天津市新开河耳闸旧闸下游

60 米处，是海河干流中唯一的分洪口门，为二等工程二级建筑物。开敞式水闸使分洪闸口与船闸成为一体。在工程总设计方面，船闸上半部与分洪闸成为一体，闸室与分洪闸相交布置设计。耳闸新闸采用新型建筑材料，整体造型新颖独特，对不同材料进行有机结合。新型的闸门具有闸槛，可利用水重维持稳定。闸门全开时，闸孔高度亦能满足排放漂浮物和冰凌的要求。

耳闸的主要功能为平时挡水防洪、汛期分洪。由于海河流域的自然特点，河道宽窄不均，宣泄不畅，所以在历史上海河流域的洪、涝、旱、碱等灾害频繁发生。发挥汛期分洪、平时挡水

的耳闸枢纽已然经历了100多年的风雨洗礼，为天津的航运和水利建设做出了重要贡献，极具纪念意义。在海河的开发改造过程中，呈船形的耳闸新闸与耳闸旧闸共同组成如今的耳闸公园。它是海河周边建设的第一个也是面积最大的市民公园。2008年北京奥运会天津火炬接力起跑点设于耳闸分园，也体现了耳闸对天津航运、防洪工作的重要意义。目前，耳闸公园主要分为河岸景观区、地质公园展示区、文化休闲活动区及地学文化广场（图3-7）几个部分。整个公园内遍布绿植，为天津北部城区的市民提供了一片城市绿茵。在距它不远的地方还"停靠"着一艘十分漂亮的、名为"天子之渡"的仿明代石舫（图3-8）。石舫设计考究，饱含

图 3-5　耳闸新闸

图 3-6　耳闸旧闸

图 3-7　地学文化广场

图 3-8　耳闸公园石舫

多位专家的心血。石舫的设计灵感源自明朝燕王朱棣率兵渡河南下的历史故事，其通体由石材打造，位于新开河耳闸与慈海桥（即永乐桥）之间的海河东侧，这也正是朱棣渡津登岸之地，有很强的历史纪念意义。

（三）张家湾——大运河第一码头

张家湾镇是通州地区的古镇，距通州城约7.5千米。它得益于通惠河、潞河的开凿，成为大运河北端首屈一指的漕运码头，曾有"万舟骈集"（被誉为通州八景之一）的景象。另外，此处潞河（京杭大运河北运河）、萧太后河、凉水河、通惠河四大支流交汇，形状似张开的手掌，而张家湾恰处掌心，故是京杭大运河北京段水路的重要码头。张家湾通运桥及旧城遗迹等大运河文化遗产如图3-9至图3-12所示。

张家湾的名字源自元代张瑄。元至元二十八年（1291年），张瑄为淮东道宣慰使兼海道都漕运万户府事，当时海运的漕船先由天津驶入，之后转至潞河，在张家湾停靠后，漕粮等再经陆路入京城。张家湾一带紧邻政治文化中心的北京，再加上大运河的开凿和通航，逐渐成为当时的交通枢纽，并进一步发展为具有文化传播、物资存储功能的人口汇集地。张家湾镇作为一座拥有丰富历史文化资源的千年古镇，也是大运河最北端、建设最早的皇家码头。自元代张瑄进行海运试航开始，到1900年河道变迁，再到张家湾镇结束作为码头的历史，已经历经千年的时光变迁。

张家湾镇因商人来往频繁、漕运兴盛、战略地位重要，一度闻名天下，曾获"大运河第一码头"的美誉。张家湾镇是大量南方建筑材料和物资经水路进入皇城的重要码头，其重要的水文化遗产既反映了该区域的早期面貌，又是研究张家湾早期地理状况和水系演变脉络的重要实物。如该镇现存的萧太后河是中国唯一一条以皇太后之名命名的河流，因辽萧太后主持开挖而得名，也是北京最早修建的人工运河。该河地处北京东南部，自西北向东南流，在通州汇入凉水河，是北京成为国都后最早开挖的漕运河，起初用于运送军粮，后来主要用于皇家漕运。河两岸土黄如铜，河底土黑如铁，两岸护坡不易被侵蚀，故有"铜帮铁底运粮河"之喻。

张家湾镇在繁盛时期可称得上日中为市、弦歌相闻、百货云集，南北贸易数量无可计量。无论是从物资种类还是从物资数量上看，都可以看出大运河商运昌盛，对当地的社会经济发展影响很大。张家湾镇现存的通运桥和城墙遗迹就是历史的见证，对当地民俗民风研究和早期水利工程建设研究具有一定参考价值。可随着时间的推移、陆运和海运的兴起，繁荣的运河漕运走向衰败，张家湾镇作为漕运码头逐渐淡出了历史舞台。近年来，为了保护大运河历史文化遗产，随着大运河2013年被列为全国重点文物保护单位，通运桥及张家湾镇城墙遗迹作为大运河北京段沿线文化遗产点也成为北京市重点文物保护单位。

张家湾南门外就是著名的通运桥（又名萧太后桥）。该桥因横跨萧太后河而得名。起初为了输送兵粮，萧太后主持，自燕京开凿运河至此。该桥是宋辽时期运河开凿的重要见证。明万历年间，明神宗将木桥改为石桥，据记载，该桥在清咸丰元年（1851年）有过小修。1959年7月，通运桥被列为通州区保护文物，至今仍在使用。该桥长约43米，宽约10米，贯通南北。两侧护栏共由22根青砂岩石栏组成，其上刻有形态各异的雄狮，雕刻的连珠纹、束腰饰精美无比。桥北端原存有螭首方趺碑记两通，均为汉白玉材质，一碑为敕修通运桥碑，另一碑为敕修福德古庙碑（图3-13、图3-14）。

浮雕是一种绘画和雕刻相辅相成的艺术形式，借助透视手法可将具有三维表现力的事物凝聚在较小空间中。浮雕常用于但不局限于建

图 3-9　张家湾通运桥

图 3-10　张家湾通运桥石狮

图 3-11　张家湾旧城城门

图 3-12　张家湾旧城城墙遗迹局部

图 3-13　张家湾通运桥石碑　　图 3-14　石碑雕刻

筑装饰，其高度浓缩的艺术美大都仅供一面或双面欣赏。通运桥上的浮雕属于特殊的高浮雕，整体更加厚重。这种雕刻手法接近圆雕，对三维形体的塑造更加有力，显得更加深邃，颇具冲击力。

二、古建筑类突出价值文化遗产点

（一）商贾民居石家大院——华北第一宅

石家大院建于 1875 年，原为清末八大家石元士的宅邸，位于天津南运河与杨柳青镇估衣街之间。石家大院是晚清至今我国保存最为完整、建筑范围最为宏大的民宅之一。清道光三年（1823 年），石家先人离世，石家分为四大门，各立堂号，分别是福善堂、正廉堂、天锡堂、尊美堂。四大门各建有一所颇具规模的住宅，后因战乱等原因有 3 门被更改了产权，目前的石家大院为仅存的"尊美堂"的宅邸。1987 年，石家大院被修复，后来作为杨柳青博物馆对公众开放。

石家先人以漕运发家，乘漕船从山东来到天津，并紧临运河建造了石家大院。19 世纪末 20 世纪初，漕运将上海盛行的西方思想传播到了杨柳青，并对传统士绅阶层产生影响，石氏家族也受此影响。"津西第一家""华北第一宅"这些美誉凸显了石家大院在那个时代背景下的极高的社会地位。建筑内部的装饰性和空间形式的艺术性使石家大院在美学和艺术方面的价值都很突出。

1.中西文化在建筑形制上的碰撞

作为漕运与海运的重要交点、最早开埠的城市之一，天津至今存在着大量西式建筑。西方建筑造型对石家大院的建筑形成了很大的影响。在石家大院中，由石元士主持建造的西洋门楼结合了中国传统砖雕和欧洲拱券式建筑的特点，是传统中式东方建筑美学与西式建筑形式的结合。东西方的建筑构造与装饰元素共同构造了新的建筑形态和审美意象，可以看出这是社会文化转变、中西并蓄的文化风潮带来的价值观在建筑物上的体现（图3-15、图3-16）。

2.建筑空间的巧妙布局

石家大院整体为一个三落五进的院落，延续了古老四合院的布局。四合院是我国北方地区比较常见的建筑样式，符合我国北方的气候特点。院落空间宽敞，在夏季可以保证院落内部的空气流通，在冬季又保证了充足阳光的获得，厚厚的墙体可以在冬季阻挡北方的强风，从而达到保暖的目的。可以看出，对于建筑和气候之间的关系，古代人民研究得非常透彻，直至现代，我国部分地区还在采取这种建筑形式。在四合院的基础上，石家大院的每一道门都比上道门位置更高一些，宽度更大一些，意为聚财，防止财富外流。与其他常见的四合院建筑相比，石家大院的合式院落更加精致紧凑，院落中的天井与我国南方建筑中"四水归堂"

的建筑形式十分相似。另外，石家所特有的家族历史背景使其庭院建筑形成了特有的官、商文化融合的特色。其建筑亦折射出石家的商业成就（图3-17、图3-18）。

石家大院建筑空间的秩序性体现在院内布局采用的对称形式上，其在四条平行的南北纵线上有层次递进的院落。石家大院的院落体系大体上是由多个合院串联在一起形成的，通过一个院落的后院可以到达另一个院落的前院。对石家大院整体建筑布局的东西向空间进行比较可知，主人房多置于纵轴线上，其他从属关系人物的居所如佣人居住的房间则置于横轴线上。在该院落中，女儿房全部在院落深处，以减少未出嫁的女儿与外部的接触。这些都反映出石家大院建筑、院落布局的特色。

3.雕刻"三绝"——精美的装饰构件

石家大院的地势被人为处理成北高南低，寓意"步步高升"。从正门到达正房需要通过3道院门，而每道院门都有3级台阶，寓意"连升三级"。这也使人感受到院内建筑的层层递进，预示着家族的兴旺昌盛。

石家大院的石雕、木雕和砖雕堪称"三绝"，砖雕尤其出色。石家大院中的砖雕全部使用了天津当地砖窑烧制的青砖。从功能性和美观性两个角度看，建筑材料浑厚结实，选材不追求精巧纤细，以保持建筑构件的坚固耐用。砖雕主要采用阴刻、浅浮雕、圆雕等雕刻技术。建

图 3-15　石家大院传统建筑形式

图 3-16　石家大院西洋门楼

图 3-17　石家大院庭院

图 3-18　石家大院园林

筑的台阶上都有石雕，图案为回字纹和工字纹。

　　位于甬道上的 3 处垂花门是石家大院内的特色景观，每扇垂花门的立柱上都有使用圆雕技术雕刻的莲花木雕，这些木雕反映出工匠具有极为巧妙的图案构思水平和高超的雕刻技艺。工匠们使用莲花 3 个时期的形态表达 3 种不同的寓意——四季平安、一生圆满以及子孙满堂。从这些精美的雕刻和巧妙的图案可以看出，古代的匠人根据地域特点和地方材料制作出具有不同寓意的石雕、木雕、砖雕，并创作出具有

吉祥含义的众多艺术形象。他们运用这些精致的雕刻对各类建筑进行美化，大大增强了中国古代建筑的艺术表现力（图 3-19 至图 3-21）。

　　石家大院是一处宝贵的北方民居建筑群，不仅具有很强的艺术性，而且还表现出中西融合的特色。

图 3-19　石家大院砖雕

图 3-20　石家大院门洞上的石雕

图 3-21　石家大院木雕装饰

（二）泊头清真寺——华北清真第一寺

泊头清真寺位于沧州泊头市南端，于明永乐二年（1404年）修建。其是四合院形制的建筑群落，位于大运河西岸，面阳向水，坐西朝东，共三进院，每一进都有视觉中心建筑，它们依次坐落于中轴线上。

第一进院落位于正门门楼之后，设有南北讲义堂、牌坊、南北便门、邦克楼等。第二进院落位于邦克楼之后，内有石牌坊、碑刻等，院内点缀有一些绿植，设配殿、花殿阁、汉白玉石桥。与邦克楼相对的是礼拜大殿，其规模宏大，进深9间，面阔9间，整体建筑平面呈"十"字形布局。礼拜大殿历经数百年风雨和战乱摧残，至今依然完整保留着古时的金丝楠木建筑结构。第三进院落位于礼拜大殿之后，需要从北跨院进入。从北讲义堂东侧穿过月亮门就是北跨院，北跨院设有沐浴室、习武堂、厨房、烧水间等房间。第三进院落的主体建筑是六边后窑殿，内饰六边藻井，采用与礼拜大殿连接的构筑结构。泊头清真寺建筑布局空间主次分明、循序渐进，是华北地区保存完整、规模较大、设备齐全的中阿建筑群落。泊头清真寺建筑群协调文化礼制、艺术形式与建筑形制，集雕刻、彩绘、书法于一体，具有重要的历史研究价值（图3-22至图3-26）。

泊头清真寺的建筑艺术多受明永乐年间政治、经济、文化的影响。大运河也在这一时期对沿线区域的发展起到了重要的作用，同时促进了多元文化的融合，推动了建筑和运输业的发展。同时，陆上丝绸之路、海上香料之路（即海上丝绸之路）以及茶马古道、唐蕃古道，衔接了海洋文化、农耕文化、游牧文化，它们冲击了传统的小农经济模式。大运河作为重要的航道，逐渐成为南北衔接、物资往来、文化交流的大动脉。大运河在元朝时改弯取直，穆斯林也不断地来到中原地区，并凭借着过人的商业嗅觉将生活和贸易的重心逐步向大运河两岸转移。他们带来的商贸经济与当地传统的小农经济形成互补。他们开始在大运河沿岸建房、生活。

回民在大运河沿岸频繁的商贸往来推动了经济和水运交通的发展，促使沿线码头成为商品的集散地和商业的聚集区，大大推动了大运河沿岸商业的发展。回民也逐渐成为当地大运河沿岸商业经营的主体。例如泊头本地的船运主要是回民在经营，分"玩船的"和"养船的"两个行当。"玩船的"指的是船员和纤夫，"养船的"指的是船主。养船分为出租船舶并雇工的"养大船"和出租自家船的"养小船"。"养小船"中的一部分摆渡运送过往行人，一部分则为沿河村庄运输肥料。"养大船"的则跑一些长途，北到天津，南到河南。泊头的长途船往南拉的是盐，回路捎的是棉花、煤和瓷器，从天津到德州要航行八九天，到临清要航行半个月，到河南道口镇要航行40多天。1946年，泊头回民中有养船户31家，以石、李、曹、朵、

图 3-22　泊头清真寺鸟瞰全景

图 3-23　泊头清真寺邦克楼

图 3-24　泊头清真寺四挑斗拱

图 3-25　泊头清真寺木构件

图 3-26　泊头清真寺脊兽

穆五姓为主。后来因大运河淤塞严重，穆家迁往天津改行海运。至 1948 年 7 月，泊头有木船231 艘。正是回民对大运河的依赖推动了清真寺在大运河沿线和各个码头的兴建，比如天津金家窑清真寺、杨村清真寺、天穆清真寺等，所以大运河两岸的清真寺也是大运河经济文化兴衰的见证者。

　　泊头清真寺的建筑用材主要是通过大运河运输而来的金丝楠木。泊头清真寺的礼拜大殿布局一改传统的单一模式，依据地形地势发展出独特的形式。建筑采用榫卯结构、勾连搭结构、斗拱结构、藻井结构、梁柱结构等。清真寺的屋顶造型、彩绘装饰、脊兽数量、建筑面宽与纵深、大门类型等体现出汉文化传统建筑的规格制度。清真寺建筑的纹样雕刻汲取砖雕、石雕、木雕、瓦雕、水泥雕等的不同艺术手法，采用传统纹样，如植物纹、博古纹等具有吉祥寓意的纹样符号。清真寺的装饰纹样也对脊饰植物纹进行了创新发展。清真寺建筑的形制变化充分体现出大运河在很长的时期内对汉族文化和少数民族文化交融的促进。

（三）沧州铁狮子及钱库庙——铸铁之巅

该文化遗产点由铁狮子庙和钱库庙组成，两庙相距较近，所以在这里一起进行介绍。沧州铁狮子庙及钱库庙位于河北省沧州旧城遗址公园内。该文化遗产点中最富特色的就是铁狮子及铁钱铸造技术。

铁狮子又称镇海吼，铸成于后周广顺三年（953年）。沧州铁狮子是唐朝以来我国保存下来的最具代表性、占地面积最大的铸铁艺术作品，同时还是世界范围内最大的、铸造最早的铸铁狮子。它是我国劳动人民智慧的载体，为分析我国铸铁技术提供了重要样本。基于此，沧州地区还逐步形成了独特的铁狮文化。

钱库庙位于沧州的旧城文化展览馆中。沧州旧城出土的铁钱分别在宋朝的4个不同时期铸造而成，因为铸造年代久远，铁钱已经生锈，成为锈块（图3-27），最重的一块达7吨。宋徽宗时期，铁钱的使用量达到了顶峰，朝廷为了解决钱币短缺的问题，增大了钱币的铸造量。当时为了便于大量地铸造铁钱，朝廷把铁钱铸造技术从南方引入沧州地区。沧州地区所出土的宋代铁钱有100多吨，是至今我国出土宋代铁钱最多的地区。这些铁钱不仅体现了宋末冶铁技艺的先进性，也反映出宋末沧州地区是我国重要的政治经济中心。

沧州铁狮子与铁钱使用了相同的冶金技术。1980年，北京钢铁学院冶金史研究室对铁狮子和铁钱进行了深入研究，对两者的材料进行了金相和化学分析。通过分析，他们得出了以下结论。第一，金相和化学分析结果可以说明铁狮子和铁钱是由生铁冶制而成的，表明后周到宋代的生铁冶制技术已经达到了较高的水平。第二，从分析结果可以看出，当时铸造铁器的燃料已经从木炭变为了煤，这个改变使得冶炼的铁器质量更好，这也是铁狮子与铁钱可以保存这么多年的原因。第三，石墨含量的变化表明铁狮子的铸造方式为顶注式浇铸法，可以看出后周时期的铸铁方法已经十分先进了。在这种冶金技术中，古人使用煤炭冶铁，这不仅解决了木炭材料成本高的问题，也大大提高了冶铁质量，且煤炭这种易得燃料的使用也为后来大量铸造铁钱降低了成本。

1.独特的铸钱技术

宋代铁钱的铸造方法是范铸法。该铸造方法中的范制是用高岭土注水后制作的，这样制作出的钱范无须进行烧制，可以直接阴干，待所制钱范成型以后将铁水直接浇铸其中即可。考古人员在现存的北宋制钱遗址中发现了坩埚、风管等铸造装置，这说明在铸造铁钱时，鼓风必不可少。而宋人在鼓风方面首先提出使用水动力鼓风，通过研究遗留下来的宋代鼓风装备，我们可以了解到双木风箱在宋代就已经被使用，其通过箱体与装置中木板的开合，在铁钱的铸造过程中制造风能。该装置的先进之处就是可以将风箱安装在水上，使鼓风机获得水的动能，从而解决了鼓风能源的问题。

2.铁狮子的铸造技术和艺术价值

沧州铁狮子的铸造技术采用的是中国古代三大传统铸造方法之一的泥范铸造法。泥范铸造法是我国铸造工艺中最古老、使用时间最长、使用最普遍的铁艺制作方法。该铸造方法发明于商代，宋末是它的全盛时期，宋朝用此方法铸造了大批珍贵器物。

沧州铁狮子的形态体现出时代审美的规律性。与之前铸造的狮子的造型对比，可以看出沧州铁狮子头部的比例变大，身体长度变短，头部占了整体的1/3。这个比例的把握是故意加大了头部的尺度，以增强铁狮子的威严感。铁狮子微微向上仰头，头与身体约成130°夹角，这样的角度会让狮身产生一定的动感，增强铁狮子的真实性和动态美（图3-28）。

图 3-27　沧州地区出土的铁钱锈块

图 3-28　沧州铁狮子

三、工业及近现代遗产类突出价值文化遗产点

工业及近现代遗产类突出价值文化遗产点为首都粮仓南新仓和北新仓。

南新仓又称东门仓，位于北京市东城区东四十条 22 号（图 3-29 至图 3-34）。北新仓地处南新仓以北 700 米处，位于北京市东城区的北新仓胡同甲 16 号。南、北新仓的修建得益于通惠河的开通。在大运河开通初期，南方的粮食只能通过大运河抵达通州张家湾码头，而通惠河的开通不仅使粮食可以直抵元大都（今北京）的积水潭码头，还能将粮食运到都城内，通惠河成了维系京城民生的关键。因此，元朝在朝阳门附近兴建了一大批粮仓，其中北太仓（南新仓前身）就是在这一时期修建的。粮仓建在北京的朝阳门地区，这里地势高，通风良好，储存的粮食不易发霉，而且这里靠近护城河，方便粮食运输，南方的漕粮可以直接被送往北太仓。

南新仓是明永乐年间在元代修建的北太仓粮仓的基础上改造而成的，距今已有 600 多年历史。2013 年，南新仓被列为大运河文化遗产点，成为全国重点文物保护单位。南新仓在规模最大时曾有 76 座仓廒，随着时间的推移、漕运文化的衰落，现今保留下来的古仓廒只有 9 座。这 9 座仓廒也使得南新仓成为全国现存粮仓遗址规模最大、保存现状最完好的皇家粮仓。

图 3-29　北京南新仓 1

图 3-30　北京南新仓 2

图 3-31　北京南新仓 3

现如今，其已发展为南新仓文化休闲区，形成了当地繁华的商业圈。

北新仓同南新仓一样经历了明、清两个朝代，其南部曾与海运仓毗邻，清初时有仓廒 49 座，康熙年间仓廒增加至 85 座，民国时期被改为陆军被服厂，现仅存仓廒 6 座，是市级文物保护单位。

1.修建粮仓的独特工艺材料

南新仓和北新仓都沿用了明朝的建筑形式（图 3-35、图 3-36），有一座一廒式、一座两廒联排式和一座三廒联排式等形式。粮仓的结构是 5 间七架橼屋，有 8 根金柱、3 根中间梁、前后双步梁。

在修建过程中，粮仓的墙体采用与城墙相同的军事修筑标准。整个墙体采用大块的城砖用淌白砌法砌筑而成。淌白墙砖缝的处理一般采用"打点缝子"的方法。淌白墙"打点缝子"要用深月白灰或老浆灰，且使用小麻刀灰，即灰中的麻刀含量适当减少，并将麻刀剪短。这一方法的关键步骤是：用瓦刀、小棒或钉子顺砖缝镂划，然后用一种特殊的工具"鸭嘴"或小轧子把小麻刀灰"喂"到砖缝中，用灰将砖墙补平，然后用短毛刷蘸少量水顺砖缝刷一下，这个过程被称为"打水荏子"。这样既可以使灰附着得更牢，又可使砖棱保持干净。通过这种方法建造的墙体既坚固，又延长了使用年限。墙体上开小方窗，减少阳光射入，防止阳光对

图 3-32　北京南新仓 4

图 3-33　北京南新仓 5

图 3-34　北京南新仓 6

粮食的曝晒，同时，将竹篾编成的隔网钉在每座仓廒的窗上，防止飞鸟进入。在屋顶制式方面，南新仓、北新仓均采用了悬山式的屋顶结构，在屋顶的瓦面上有一条正脊及4条垂脊，

悬山结构的紫色木头挑出顶端，将屋顶延伸至两侧，沿山墙顶部形成一条线，具有防止雨水侵蚀墙体的作用。屋檐两端原有蝎子尾式的建筑结构，但由于时代变迁，现在已经残缺不全。

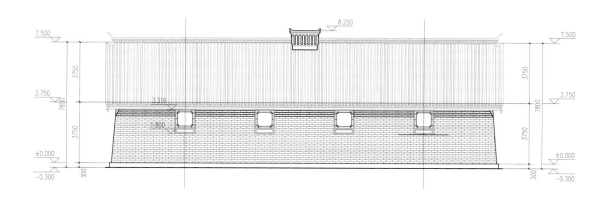

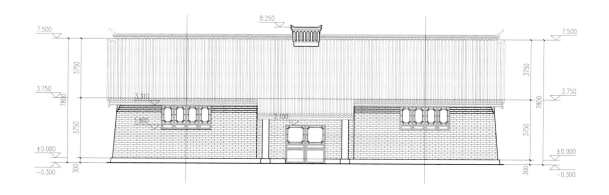

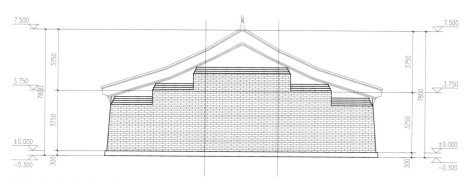

图 3-35 南新仓立面图示例（组图）

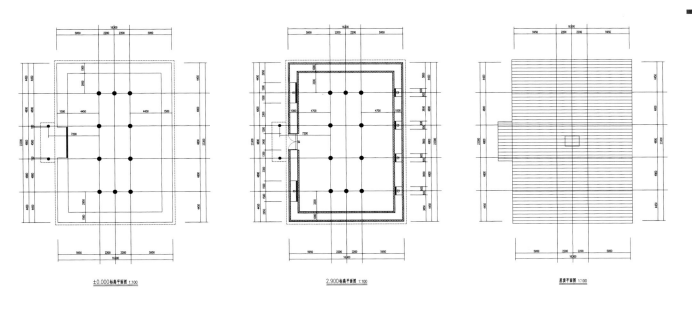

图 3-36　南新仓平面图示例（组图）

为了防潮，每个粮仓的地基用夯土夯实，然后均匀铺一层白灰，再用砖、波纹木、松板、木板、石砖铺平，达到最佳的防潮效果。这种粮仓也是中国最原始的物理性生态建筑。

2.硬山搁檩的建筑工艺

在建筑规格上，南新仓、北新仓略有不同。南新仓每廒面宽约 23.8 米，进深为 17.6 米，高约 7.5 米，前后出檐。北新仓每廒座内为 5 间，明间开门，面阔 23.6 米，进深为 17 米。粮仓墙体很厚，为了达到更好的保温效果，粮仓底部的墙体厚度与顶部的墙体厚度差别明显，整个墙体呈现梯形结构。南新仓底部墙体厚达 1.5 米，顶部墙体厚约 1 米；北新仓底部墙体厚达 1.7 米，顶部墙体厚约 1 米。南新仓屋顶设有天窗，有利于仓内温度、湿度维持在相对稳定的状态，

适宜粮食储存。而北新仓虽然在厚重的墙体上设通气孔来保持仓内温度恒定，但并没有像南新仓一样在屋顶开天窗，南新仓的粮食储存效果显然优于北新仓。北新仓屋顶采用悬山合瓦皮条脊，在屋顶开设气窗。山墙则采取"硬山搁檩"的做法，即横墙上部砌成三角形，使山墙高出屋面，而屋面不悬出山墙，将屋面檩条搁置在三角形横墙上形成支撑，并用石制檩垫代替木制梁架来承托檩子。

南新仓与北新仓作为京城的皇家储备粮仓，同样也是南粮北运的终点。两座粮仓见证了京城储备粮的发展史和漕运文化与皇家生活之间的渊源。

第二节 大运河京津冀段重要价值文化遗产点

一、水利水工类重要价值文化遗产点

（一）捷地分洪闸——渠首工程

捷地分洪闸即捷地减河分洪闸，位于河北省沧州市捷地镇捷地减河的始端，始建于明弘治三年（1490年），是大运河申遗的重要文化遗产点，也是南运河向东的分洪水闸工程，同时肩负着向下游输水的任务。捷地分洪闸是捷地减河的渠首工程，是连接南运河和捷地减河的重要水利设施之一，分泄卫河及南运河汛期的洪水，减轻河道负担。

南运河河道略窄。沧州市地势低洼，每遇汛期涨水若宣泄不及常患溃决，导致运河水流不畅、农田贫瘠、农作物产量锐减、百姓流离失所等。南运河作为沧州衔接南北经济、物资、人口的交通主动脉，关乎着沧州的发展，运河水流的调控成为以前各朝代保障民生的重要关注点。

明弘治三年（1490年），南运河发大水，涨溢不止，严重影响漕运与两岸百姓的生命和财产安全。为防止洪水决堤，同年，朝廷在南运河的必经之地捷地村开挖了一条减河并修建了一处水闸以调节水位。清雍正四年（1726年），朝廷计划疏浚河道，在减河口处设置了可操控型五孔水闸。清乾隆三十六年（1771年），为减小大运河洪水对天津的威胁，人们改河闸为坝，并将坝底的龙骨石降低一尺（约0.33米）来满足上游的来水要求，以减少河水盛涨时对水闸的威胁，在短期内产生了显著的效果，但是同时也造成了淤泥堆积。捷地减河闸的设立在很大程度上分泄了卫河及南运河的汛期洪水，但是依然没有解决洪水决堤而威胁两岸百姓生计的问题。相比之下，水闸可人为操控，并且可以通过提闸程度来判断水势，便于提前做好应对洪水的准备。清嘉庆十二年（1807年），朝廷又将水坝龙骨石抬升两尺（约0.66米），并拓宽八丈（约26.67米），捷地分洪闸初步形成。

经过多番修葺，捷地分洪闸形成了现在的新泄洪闸和旧分洪闸两座水闸。旧分洪闸每孔净宽2.3米、高2.5米，闸底高5.9米。新泄洪闸为八孔涵洞式水闸，设潜孔式闸门，闸长约26米，共有8个闸孔，由钢筋混凝土所筑。上闸门为钢制，下闸门为木制，闸门宽4.4米、高4.4米，闸门后接8.3米长涵洞，中孔宽约5米，边孔宽约4.5米。捷地分洪设施的职能就是在行洪期开启闸门，使一部分洪水通过减河向东排去。捷地分洪闸的新泄洪闸还附有进洪闸和蓄洪区，当河道上游的洪峰流量超过下游河道的承载能力时，则会打开进洪闸，将部分洪水滞留于湖泊洼地或分洪道中，待洪峰过后再通过排水闸将滞留的水泄入原河道或邻近河道（图3-37至图3-39）。

古人通过修建捷地分洪闸与开挖捷地减河

图 3-37　捷地分洪闸 1（组图）

图 3-38　捷地分洪闸 2

图 3-39　捷地分洪闸 3

有效地控制了泄洪水流，减少了灾害的发生，约束运河水来保证漕运畅通，对运河水进行精准疏导与利用。这些水资源不仅便于农耕灌溉，也实现了盐碱地淤肥。

数百年以来，捷地分洪闸作为引黄济津的分水口，保证了沧州市的防洪安全。在南水北调工程实施之后，该闸还发挥了将河水引向减河的河水分流作用。如今，在大运河文化带京津冀段的建设背景下，捷地分洪闸借助文旅开发，发展成一处集水利建设展示和运河文化展示的旅游景点——捷地御碑苑。其包含"三

廊""三园""二河""二闸""两碑"。"三廊"是指大运河碑廊、历史长廊、运河捷地碑廊；"三园"包括宪示碑园、垂钓园、万花园；"二河"为大运河和捷地减河；"二闸"为捷地旧分洪闸和捷地新泄洪闸；"两碑"为清代宪示碑和兴济乾隆御制诗碑。捷地御碑苑以运河文化为主线，结合历史、人物故事、人文传说，收集了乾隆帝书写的与水文化相关的诗词等，展示了捷地减河与捷地分洪闸悠久的历史和灿烂的文化（图3-40至图3-42）。捷地分洪闸历经数百年至今仍在使用，周边甚至更加繁荣，凝聚了古人征服水患、疏导运河的智慧。

图 3-40　捷地减河闸乾隆御制诗碑 1

图 3-41　捷地减河闸乾隆御制诗碑 2

图 3-42　捷地减河闸乾隆御制诗碑 3

（二）筐儿港坝——六闸联动

筐儿港坝位于天津市武清区八闸路，始建于清康熙三十九年（1700 年），是大运河武清段上重要的水利工程枢纽。筐儿港坝对于整个北运河的分洪、泄洪、排水等起到了至关重要的作用。

古人建造和维护大运河时，针对北方地区的气候、水文和地形、地质等地理特征，因地制宜地采取了相应的处理方式，如将河道做成弯曲状、大量开挖减河或引河等。减河和引河都是大运河的有机组成部分，同样属于重要的大运河遗产。所谓减河，是为了分泄洪水而人工开挖的河道。开挖减河的目的在于减杀水势，防止洪水漫溢或堤坎决口。北运河是蜿蜒型河道，这种河道河湾很多，水流相对平缓，冲淤大体平衡，很适合航运；而用于排洪的减河或引河则一般比较顺直，汛期排洪通畅，但容易淤积，需要经常清淤。在历史上，大运河天津段的主要减河或引河有金钟河、筐儿港减河、陈家沟引河、马厂减河、新开河、独流减河、永定新河等。实际上有相当一部分减河或引河是循着历史上已经淤废的旧河道开挖的。

筐儿港坝是筐儿港减河上的阻水坝，位于北运河的中间地段。北运河是保障封建王朝资源转运和促进城市发展的主要河道之一。北运河的通畅与否直接影响着漕粮是否能够顺利抵达京城。筐儿港坝的上游水流多来自北京，支流繁多且分散，水流中的泥沙多，下游容泄能力不足。在每年 6 月至 9 月的汛期，降水集中且水流迅猛。自河西务至杨村一带河流海拔从 12 米左右降至 5 米左右。筐儿港坝所处河道的下游是潮汐河道，若在涨潮时泄洪则会出现河水宣泄不及而导致河堤溃决的情况。北运河河道弯曲，易积泥沙，古人用"铜帮铁底豆腐腰"的说法来形容北运河中间部位的脆弱。复杂的地形和不可控的水量导致该河段容易发生水患，难以治理。在汛期、潮汐、沙土 3 种因素的共同作用下，北运河武清段水流不畅，极易形成洪峰。筐儿港坝处是最容易被冲决的地点之一，此处便成为调节北运河水流过程中至关重要的水利工程节点。

特殊的地理位置使筐儿港坝所处河段承载了重要的功能。武清区作为京畿门户是漕船进京的重要关卡，元朝曾在此设立漕运官署、钞关府衙、中心驿站等。筐儿港坝所处河道的下游河道作为潮汐河道直接影响漕船的通行，漕船至此需要停歇，故古人有着"潮不过三杨"的说法。漕船的停留促使杨村形成了市集，杨村也成了辐射东西南北的重要水陆码头。

筐儿港坝有 320 多年的历史。清康熙三十六年（1697 年），朝廷修建减水石坝二十丈（约 66.67 米）并开挖引河。自筐儿港坝被开挖后，北运河杨村以北的河段数十年间再无决堤成灾的情况。清乾隆年间，朝廷曾多次命人对此段河道进行清淤和加固。1971 年，筐儿港坝修建筐儿港闸。随着减河多次改道，现在的形态最终形成。现在筐儿港坝已经变成一处平衡北运河与龙凤河（原为北京排污河）两条河水流量的水利工程，也从单一水坝变为包含六孔旧拦河闸、三孔新拦河闸、十六孔分洪闸、六孔节制闸、十一孔分洪闸和穿运倒虹吸的筐儿港水利枢纽。在正常排水时，筐儿港水利枢纽只开启北运河上的三孔新拦河闸、六孔旧拦河闸与龙凤河上的六孔节制闸、十一孔分洪闸，以保证水流通畅。当北运河上游下泄洪水时，筐儿港水利枢纽开启北运河上的十六孔分洪闸、十一孔分洪闸与龙凤河上的穿运倒虹吸，以保证北运河上游洪水入筐儿港分洪道，防止污水污染北运河。

筐儿港水利枢纽（图3-43）的六孔旧拦河闸、三孔新拦河闸、十六孔分洪闸、六孔节制闸、

十一孔分洪闸均为水上涵闸，而穿运倒虹吸为水下涵闸。穿运倒虹吸使北运河和龙凤河两条河形成十字形立体交叉的格局，成就了"河下有河"的奇景。筐儿港水利枢纽六闸联动的共同作用保证了此处的水体循环，同时水闸的功能也扩展至分洪、泄洪、排水、排污、灌溉等。

筐儿港坝几经变迁，不仅留下了古水闸遗址，还留下了顺治帝手植槐、筐儿港乾隆行宫、康熙导流济运碑、乾隆导流还济运碑以及大量诗词歌赋等文化遗产。其多重作用背后彰显了文化价值、经济价值、社会价值、工程价值、历史价值、科学价值、景观价值等。筐儿港坝是大运河上为数不多的现存较为完整的水利水工遗产，对研究大运河的水利工程具有重要价值。筐儿港坝的形成、完善、衰落见证了中国古代治水过程的发展，甚至可以说其代表了

图3-43　筐儿港水利枢纽局部

十七八世纪中国调水治沙的最高水平。

（三）广源闸、庆丰闸、平津闸——舟楫之闸

广源闸、庆丰闸、平津闸是通惠河上3座古老的水闸。通惠河始凿于元至元二十九年（1292年），到元至元三十年（1293年）完成，由水利工程专家郭守敬主持修建。顾名思义，"通惠河"是一条惠及沿岸民众、促进经济交融的水系。通惠河在元、明、清时期是大运河北段非常重要的漕运河道。清末，由于海运和铁路运输的发展，通惠河的漕运逐渐衰败，清光绪二十六年（1900年），河上的航运终止。通惠河因为是漕运的重要水道，运河沿岸经济繁荣，社会兴旺。中华人民共和国成立后，通惠河成为北京市重要的排污及工农业输水河道。通惠河北京段西高东低，地势落差较大。河水流速较快，无法形成可供船只稳定航行的河道，在旱涝季节，通惠河会出现缺水或水满为患的情况。

通惠河沿岸的重要流域共建造有24座闸。广源闸是通惠河河道上游的首闸，设2个分闸。庆丰闸是通惠河上的第14、15座闸，平津闸是第16、17、18座闸。元朝通惠河开凿后全长82千米。这些闸既确保了船只的顺利航行，也可以节水泄洪。以上3闸的落成实现了京杭大运河的全线通航，使漕运船舶可逆流而上，为北京城输送粮食物资。通惠河开辟新水源，调节

水库，合理布置船闸，较好地解决了与北运河的水路连通问题。

这3闸作为通惠河流域上的古闸，在大运河的航运和泄洪方面起到了重要作用。庆丰闸是在落差大的河段上修建的上下双闸，它们交替起降，可以调节水量和节制水流，解决漕船在运河上逆流而上运输的难题。在历史上，庆丰上闸和庆丰下闸有两处防汛节点，一是闸门，二是泄洪拱桥。闸门一共有13块闸板，可以控制水位、蓄水、泄洪。

清末民初，大运河一些河段虽然仍在短时间内用于船运交通，但由于通惠河上游水量减少，此段河道不再作为主要通航的航道。平津闸各闸相距约3.5千米，上闸与庆丰闸相距约7.5千米，若打开上闸，庆丰闸可露出底部。由此可见，平津上闸对于这段运河河道非常重要。

广源闸（图3-44）俗称豆腐闸、斗母闸、元坝闸，建于元至元二十九年（1292年）。广源闸位于北京市海淀区紫竹院地区五塔寺与万寿寺之间，在南长河河道上。广源闸是白浮泉引水工程的一座重要水闸，目前有两个闸口，东侧的闸口是白浮泉引水工程通惠河上游的头闸，西侧的闸口是近年为增大河水流量新建的。闸墙两端分别镶嵌着汉白玉石镇水兽头。广源闸的闸口长约6米，宽约13米，现保留有闸基、闸门和闸墙。广源闸古时属于官闸，由专职兵卒看管。1949年后，广源闸不仅可以调节河水

流量、控制水位的高低，而且闸上铺设了木板，又具有了桥的功能。1979 年其经过大修，改建的桥梁为新型钢筋混凝土结构。因为广源闸原来的闸口很窄，游船无法通过，已不能满足现在的通航需求，所以在其南侧增加了一孔桥洞专门供游船通行。广源闸因所处地理环境优越，成为设坞藏舟、过闸换船的理想之所。周边以广源闸命名的地标建筑能让人感受到过去该闸在这一地区的重要性。现在，广源闸闸口、闸墙都还在。游人乘游船经过紫竹院公园大门时会通过广源闸。

庆丰闸（图 3-45）又名二闸，建于元至元二十九年（1292 年）。它是郭守敬初建的五座闸中最著名的一座，当时此处游客往来、摊贩众多、商业繁荣。庆丰闸初建时名为籍东闸，由两个分开的桥闸（上闸和下闸）组成。元至顺元年（1330 年），该闸由木制改为石制，改名为庆丰闸。明嘉靖七年（1528 年），上下两个闸合二为一。庆丰闸闸口长 13.9 米，两边对称堤坝长 54.44 米，占地约 780 平方米。闸口呈头部相对的燕翅形，硕大的长方形石条依次叠加，各石条之间挖槽用银锭形铁固定。庆丰闸北侧由于水流冲击，目前残存堤坝长约 30 米，占地 400 多平方米，南侧结构保存较好。现通惠河旁有一座庆丰公园，公园东侧的庆丰桥原为庆丰上闸所在地。明清两朝在闸口设管理处，由专门负责漕运的官员管理，因需开闭闸门调

图 3-44　北京广源闸

图 3-45　北京庆丰闸

节水位应对洪峰或干旱，另设闸夫多名。在闸区北岸，有一处仿元代屋脊式艺术壁画，上面有"庆丰闸遗址"字样。其上主要记载了通惠河疏通与规范、庆丰闸建成与遗址保护等工程的历史。庆丰闸将大运河两岸紧密联系起来，两岸的名人府邸及园林众多。

平津闸（图3-46）最早称郊亭闸，始建于元至元二十九年（1292年），是郭守敬开凿通惠河时为控制水位落差而设置在河道上的重要闸门之一。平津闸原来的闸门用椿木制成，疏浚通惠河时其被替换为石制闸门。若上、下两闸关闭，上、下闸中间的水会被全部拦住。完整的平津闸已不复存在，原闸两侧各有一对绞关石分立闸槽两旁，现在仅存一块绞关石。闸两边闸墙的墙体上有两道对称的石凹槽，用于嵌入闸板。石头顶部有粗圆孔，可用来穿圆木、绳索等，以开闭船闸。闸墙全部用大块石条层层垒砌而成。

通州的运河从源头至白河100多千米长的河道上设有闸20多处。《皇明经世文编》记载"天旱水小，则闭闸潴水，短运剥船；雨涝水大，则开闸泄水，放行大舟。"广源闸、庆丰闸、平津闸这些节水泄洪设施的建造表明元代水利科学技术已具有较高的水平。通惠河河道上的层层闸随历史变迁大多数已消失。这些水闸是我们了解漕运文化的宝贵遗产。

图3-46　北京平津闸

二、古建筑类重要价值文化遗产点

（一）广东会馆 —— 粤声津度

天津的广东会馆于 1907 年建成，位于鼓楼南侧，距鼓楼仅有几十米的距离，现为天津市保存最完整、装修最精致的清代会馆建筑。大运河通航后，南粮北运兴盛，漕运成为推动天津城市文化发展的重要因素，众多广东籍人士乘船北上，促使广东会馆的形成。同时，会馆也影响着天津的漕运文化，吸引了更多的南北商家，使当时天津的经济更加繁荣，也给天津的文化生活增添了色彩（图 3-47 至图 3-52）。

广东会馆在建设初期的总用地面积为 1.5 万平方米，规模较大。主体建筑古典式会馆戏楼南北长 30 米，东西宽 26.6 米。从平面柱网布局和屋顶来看，其为一个有二层楼的四合院。戏楼分上下两层，楼上是包间，楼下是散座，能容纳几百人。戏台为伸出式，台顶平伸至台口，进深 10 米，宽 11 米。戏台中央的上方有状似鸡笼的拢音藻井，由百余根变形木条拼装而成，接榫呈拱形、螺旋而上。这个重约 10 吨的藻井最前面没有立柱支撑，以防遮挡看戏者的视线，所以用了隐藏性铁拉杆将其抬升，设计精妙。藻井中有一根横着的腰梁，底部两侧装有铁拉杆，这些装置将藻井牢牢固定住，表面则用繁复的木雕将其掩盖，所以从表面看，它们很难被发现。在中国传统建筑中，顶棚的藻井自古以来就是一种艺术装饰。藻井一方面起到装饰的作用，另一方面起到拢音的作用。螺旋回音罩是根据声学原理制作的，与巧妙设计的木质平台上下呼应，台上演员的声音通过藻井产生共振，从而音量被放大。多年来，广东会馆戏台上方这一极富特色的装饰引起了戏曲界的普

图 3-47　天津广东会馆 1

图 3-48　天津广东会馆 2

图 3-50　广东会馆戏台

图 3-51　广东会馆藻井

图 3-49　广东会馆雕刻艺术　　图 3-52　广东会馆木结构

遍兴趣和关注。

广东会馆是我国罕见的木结构建筑群。其建筑特色在于既保持了中国岭南建筑风格，又适应了北方的自然环境。天津地处北方，四季气候特征明显，且温差较大，岭南的冬天则湿润温暖，而天津到了冬季有时温度会降到零度以下，同时由于临海，天津还会经常刮大风。因此，广东会馆的保暖及维护结构都采用了北方建筑的做法。外墙采用北方磨砖对缝工艺进行建造，工匠将毛砖砍磨成边角规整的长方形砌筑成墙，砖与砖之间干摆灌浆，墙面不挂灰，使墙面光滑平整、严丝合缝，以阻挡北方凛冽的寒风。其岭南特色体现在会馆的装饰上，如石柱、石匾额、柱饰、石梁、石枋、石雀替、石狮、屋顶排水口等。室内设计利用传统手法，屋顶采用石木结合的结构，灵活多变。石材耐腐蚀、耐酸碱、不怕风雨侵蚀，木材则易于加工。建筑再以砖雕、木雕、石雕进行装饰。装饰的表现类型有写实的，也有写意的，有具象的，也有抽象的，带有浓厚的广东地方色彩。这些呈现方式使整座建筑看起来充满岭南特色，令离乡的广东人倍感亲切。

广东会馆与孙中山先生也有不解之缘。1912 年 8 月，孙中山、黄兴乘船从上海到天津。在津的广东同乡以及各界人士在广东会馆举行了 800 余人规模的欢迎大会，孙中山先生登上馆内的戏台慷慨陈词。同年 9 月，孙中山先生再次抵达广东会馆与董事会谈，天津《大公报》及时做了报道。孙中山先生在广东会馆发表演说，可见广东会馆在当时作为集会场所的重要性。如今广东会馆内仍立有孙中山先生的雕像。

大运河通过漕运联系了南北经济，使南北建筑文化不断融合，更新、丰富了传统建筑的表现形式。这座南北建筑风格相结合的广东会馆在建筑文化的展现方面具有宝贵的价值。1985 年，广东会馆被改造为天津戏剧博物馆。2001 年，天津广东会馆被国务院公布为第五批全国重点文物保护单位。会馆内有国家 AAA 级旅游景点天津戏剧博物馆，其保存收藏了很多戏剧文物和可供人们研究的戏剧史料，许多著名的京剧大师曾在此登台演出。从这些都可以看出广东会馆的地位。

（二）山东会馆——鲁商义园

山东会馆（原山东海阳会馆）位于北京市朝阳区呼家楼南里，建于清道光二十五年（1845 年），为在京山东人聚集、落脚之地。1989 年，北京市文物事业管理局编《北京名胜古迹辞典》，该书称此处为山东会馆。大运河的开凿使山东的航船可以沿运河抵达京城，越来越多的人北上经商、谋取官职。明清时期，我国的水陆交通体系已经初步完善，漕运的出现促进了大运河周边城市的发展，各阶层对商业的观念逐渐转变，商人群体的社会地位上升。为了在经营中共抗风险、增大收益，鲁商共同出资在北京建立会馆。

山东商会在会馆内制定贸易标准，维护鲁商的集体利益。古时的会馆主要在节庆期间为身在他乡的同乡人提供寄乡思的聚会之处。由于明清两代的科举的会试在京城举行，举子乘船从鲁赴京，山东会馆的作用也从同乡聚会场所变为为赴京的山东举子提供食宿的场所。山东会馆保存完好，为我们研究清代山东籍人士在京经商、生活、学习等提供了珍贵的实物史料。山东会馆现为区级文物保护单位，目前被北京市朝阳区房屋管理局呼家楼管理所使用。

山东会馆由四合院改建而成，庭院宽敞。四合院的空间形制是四周围合，中间形成院落。这种内庭院的空间形式保证了私密性。另外，北方太阳高度角小，一年之中气温低的日数较多，房屋之间需要留较大的间距才可以获得足够的阳光，从而达到冬季保暖的目的。在形式上，山东会馆仍体现住宅的原有特点，在功能上主要满足住宿的需求，同时也满足同乡人聚会的需求。会馆坐北朝南，有东西两个院落，西院有正房，另有东西配房各两间，东西耳房各 3 间。如今，西配房之南耳房已无。东院有东西配房及正房，东西配房共 13 间，无开敞空间。其中，西配房有南北耳房各 1 间，北耳房后为食堂。东西两院共 37 间房。北京传统四合院建筑大多数为木结构，用木材做梁柱结构以支撑房屋，这大大减轻了周围墙体的承重量。同时，木结构建筑在抗震方面也有一定优势。

在建筑外观方面，山东会馆采用低调朴素的风格，两个院落均采用硬山做法。硬山式建筑是我国古代居住建筑的常见形式，北京四合院常采用这种形式。在结构上，硬山式建筑的屋顶有前后两个斜面，左右两侧山墙与屋面边缘相交，并将山部——缝檩木梁架外侧全部封砌在山墙内。在这种建筑形式中，屋顶可以完全盖住横梁，起到挡雨、遮风的作用。屋顶前后两面的斜坡也有很强的排水能力。四合院建筑的屋顶高，屋顶与顶棚之间形成一个缓冲层。经过缓冲层的调节，冬天的寒冷空气不会直接降低室内温度，同时夏天阳光直射带来的燥热也能得到缓解。在古代的文化背景下，老百姓以自己的智慧解决了很多实际问题，创造了独特的建筑风格。四合院建筑是凝聚了中国古代工匠智慧的结晶。

山东会馆西院东南角有一块关于山东海阳会馆历史的石碑。石碑名为"乐善好施"石碑，该石碑是清光绪二十九年（1903 年）立的，至今碑文仍清晰可见。碑面刻有重修会馆（1900年八国联军入侵北京，山东会馆的门窗等几乎全部被焚毁）时捐资的裕兴号、永兴号、永顺号、义泰号、合义草铺等商号，以及邓侃、包恒道、辛鸣琴、王振、于保仁、王岳增等人名418 个。山东会馆的义园在会馆以北 200 米处，即今呼家楼北里一部。义园是外地旅京山东籍人士的墓园，旧时有一条明水沟，其南岸便是坟地，用来安葬客死北京的山东籍人士，20 世纪 50 年代尚有坟冢 200 余座。当山东游子客死他乡时，会馆里的同乡会替他们收拾尸骨，无法运回原籍的死者就被安葬在会馆的义园里，并有专人为其守墓祭扫，直到家乡的亲人把他们接回家乡。1986年和2003年会馆得到修缮油饰，其原貌基本得到了保留。山东会馆是北京市现存的唯一一座带有义园的会馆，也是朝阳区保存最完整的一处四合院。

（三）天后宫——津门娘娘宫

天后宫原名天妃宫，俗称娘娘宫，建在天津三岔河口，是以前北方妈祖信众和朝廷祭祀、朝拜妈祖的活动中心，也是妈祖文化在北方的重要物质载体。天后宫建于元泰定三年（1326年）（当时称天妃宫）。元代人通过海运运输粮食时常遇海难，天津作为海运航线的终点，是海运转漕运的过渡码头，所以人们在天津三岔河口建造了天后宫，通过祭拜妈祖祈求平安。因为当时漕运船工很多来自妈祖文化的发源地福建，所以皇帝为了满足大众的信仰需求下令建造天后宫。因此，除了海运、漕运的因素促使妈祖文化在天津发展兴旺外，官方对妈祖信仰的承认与支持也是妈祖文化在天津发展的一个重要原因。随着历代朝廷对妈祖的不断褒封，妈祖文化也逐渐根植于地域文化。天津天后宫是全世界唯一由皇帝敕建的妈祖庙，并且得到了完好的保存。

天后宫与漕运文化关联最紧密的建筑就是戏楼后面南北两个方向的幡杆，这两个幡杆也是天后宫的标志（图3-53）。区别于一般的旗杆，它们高达26米，由船上的桅杆演变而来，在大雾天气或天气没有那么晴朗的情况下，幡杆能够为靠岸漕运船只指引方向。幡杆体现了古代人民的智慧所在，也是天后宫并未采用传统建筑的朝向，而选择坐西朝东、面朝运河的原因。幡杆所在的场地在古代是妈祖皇会的活动场地，在近代，该场地被改造。为了保留皇会的活动场地和保证天后宫的完整性，场地内设置了连通海河的下沉地道，使行人可以从天后宫直接到达海河岸边。

天后宫属于我国传统砖木结构的庙宇式古

图3-53　天津天后宫幡杆

建筑群。该建筑群具有相对封闭性，山门是整个建筑群与外部空间的过渡，而内外空间则通过各个殿、院墙被分隔开。游客从山门进入，依次穿过中殿、正殿、后楼、启圣祠，从"公共空间"逐渐进入"私密空间"。在天后宫内部，建筑沿中轴线对称分布，其布局与我国道教建筑的空间布局十分相似，尤其是天后宫内部南北方向坐落的钟鼓楼和配殿，体现出我国传统宗教建筑的鲜明特征（图3-54至图3-57）。

天后宫最显眼的建筑是位于中轴线正中位置的正殿。为了强调重要性，正殿建在台基之

上，台基宽19.45米，纵深达25.67米，高为1米，建筑平面呈凸字形。立面处理采用增大建筑尺度的方式，大尺度在建筑群落中易使人产生敬畏心理。该建筑群从空间上自东向西顺序分布，并呈对称形式，将我国的传统道教文化表现得淋漓尽致，体现了天后宫建筑空间的艺术性。

天后宫建筑中有很多装饰元素，它们通过图案、颜色等来展示喜庆吉祥的寓意，蕴含着人们的生活智慧。大运河两岸的百姓积极进取、吃苦耐劳，这种精神以及人们的希望和心灵寄托被提炼抽象成建筑中的典型性装饰元素。

图 3-54　天津天后宫 1

图 3-55　天津天后宫 2

图 3-56　天津天后宫 3

图 3-57　天津天后宫 4

天后宫祭祀文化的兴盛促进了具有天津民俗特点的皇会的形成。皇会起源于天津，是为了庆祝妈祖诞辰而举办的大型祭祀活动。妈祖祭典（天津皇会）于 2008 年被评为国家级非物质文化遗产。它结合了天津的多种民俗形式，体现了天津独特的地方文化，是天津地区特有的庆典活动。天后宫的妈祖文化吸引各地信仰妈祖的群众来津观赏皇会，而随漕运而来的商人在皇会期间运售大量商品，这种大规模的聚集大大促进了天津的经济发展。

（四）大悲禅院——津门福地

大悲禅院又名大悲院，位于天津市元纬路（图 3-58、图 3-59）。大悲禅院建于清顺治年间，曾因战乱等原因遭到严重破坏。1980 年，大悲禅院修复工程开始。如今的大悲禅院已重现往日的辉煌，成为天津佛教活动的主要场所。

明末清初，世高禅师（大悲禅院的第一任住持）云游至津，暂居三岔河口以北的大悲草堂之内，后在此基础上修建了大悲禅院并在院内传禅。现大悲禅院是天津市文物保护单位和特殊保护等级历史风貌建筑，是汉族地区佛教全国重点寺院之一。大悲禅院紧临北运河，繁

图 3-58　天津大悲禅院入口

荣的漕运为外来僧人、信徒以及文人雅士提供了便利的交通条件。这里不仅成了文人聚集地，引领津门文风，而且出现了"僧俗千人登高座说法"的集会。

大悲禅院采用中国寺院的传统布局方式——"伽蓝七堂"制布局。整个大悲禅院分为东、中、西3个独立部分，突出以大雄宝殿为中心的中院空间。传统的布局方式通常弱化大雄宝殿周围的建筑，只设置一些较为低矮的围墙，从而形成尺度上的对比，以此突出大雄宝殿的宏伟壮丽。而大悲禅院中的大悲殿的布局方式却有所不同，大悲殿的两侧采用对称的方式布置东西配殿，形成封闭式围合空间，从

而与大雄宝殿的空旷感形成空间和尺度上的对比，为前来朝拜的信徒营造神圣、庄严的氛围。

斗拱也是大悲禅院建筑的一个显著特点。斗拱是我国古代建筑中特有的建筑构件，是承受主要力量的建筑柱与屋顶连接的部分。它的作用是承担房檐的重力，并将其转移到建筑柱上，这样的处理方式可以减轻梁与柱子连接处的压力。它向外出挑，可把最外层的桁檩挑出一定距离，使建筑物的出檐更加深远，造型更加优美、壮观。所以，不论是从艺术性还是科学性来看，斗拱都代表了中国古代人民在建筑方面的创造力，其巧妙的构造仍然为现代人所称道。

（五）铁佛寺 ——普照东光

东光铁佛寺坐落于河北省沧洲市东光县普照公园内，为省级重点文物保护单位。据《东光县志》记载，铁佛寺原名普照寺，始建于北宋开宝年间，距今已有1 000多年的历史。北宋开宝年间，暴雨肆虐，洪水造成大量平民伤亡，人们为了祈求神的庇护，决定铸塑铁佛以抵御这场天灾。百姓又为铁佛建起庙宇,起名"普照寺"，意为铁菩萨金光普照东光。如今，这里已经成为国家AAAA级旅游景区，集休闲、娱乐、观光于一体。大运河作为活态文化遗产，为佛教的传播提供了物质载体。 也有传说称寺内的铁佛是顺着大运河漂至东光的， 这为运河增添了传奇色彩，也丰富了东光运河文化的内

图 3-59　天津大悲禅院局部

涵（图 3-60 至图 3-62）。

图 3-60　东光铁佛寺全景

图 3-61　东光铁佛寺入口

图 3-62　东光铁佛寺建筑

东光铁佛寺是沧州最著名的佛教寺院，在当地有"沧州狮子景州塔，东光县的铁菩萨"的说法。铁佛寺于1987年动工重建，由于铁佛寺原址已建小学，新址便被选在东光县南外环，占地面积为7 334平方米，为一片仿宋建筑。山门正中门楣上"铁佛寺"3个刚劲有力的大字是由著名书法家赵朴初先生亲笔书写的。天王殿和大雄宝殿的镏金匾上的字则出自中国末代皇帝的胞弟爱新觉罗·溥杰之手。铁佛寺采用中式四合院的形式，各建筑沿中轴线左右对称布置。整个建筑群由山门、天王殿、大雄宝殿及东西配殿等组成。大雄宝殿是寺内的主体建筑，坐落在长34.72米、宽31.96米、高2.1米的台基上。它面阔5间，进深3间，高14米，为单檐歇山式建筑。

铁佛寺内共有佛像33尊，其中大雄宝殿内正中面南端坐释迦牟尼佛塑像，其高8.24米，重48吨，完全由生铁铸成，是中国现今最大的坐式铁铸佛像。北宋时，中国冶铁与铸铁技术不断进步，铁料质量不断提高。由于铁的分量重，故有"镇"的寓意，即保一方平安的寓意。所以除了日常用具，铁制品也被应用到宗教用品中。这座铁佛并不是整体铸造成型的，而是分成几个部分进行铸造，最后再经过拼装才形成了这么一个庞然大物。由于受到技术水平的限制，古代熔炉较小，一次能够熔化出的铁水不多，所以这座铁佛采用的是分铸法。由于建成的佛像体积大，又很重，不容易搬运，所以工匠在选定的铁佛所在地进行直接浇铸。

铁佛的浇铸过程分为6个步骤。第一步用卵石、碎砖和干土等材料打基础。第二步竖起铁架作为骨架，中间填充瓦砾，外部利用混合泥料在骨架基础上造型。第三步薄涂黄蜡，按照高度将佛身划分成数块，制作出若干块外范。第四步在泥佛造型上刮掉一层铸像的壁厚。第五步组装外范，将缝隙全部填满。第六步为熔炼与浇铸，因为一次熔化出的铁水量较少，要按顺序分段浇铸。工匠们在佛身周围堆砌了一个与其肩部等高的土台，并将化铁炉装在台上，以熔好的铁水浇铸佛臂，等到佛像浇铸完毕再分体吊装，让十来吨的头部和身体相接，最终完成铁佛。

铁佛寺内建筑的装饰以彩画为主。苏式彩画随大运河传播到北方，在铁佛寺入口便可见各种传说故事和山水花鸟的图案纹饰以苏式彩画的方式被绘制在牌坊上。寺内随处可见寓意吉祥的彩画。全寺彩画以植物花卉纹为主。观音殿木作大构件表面饰有由燕尾和池子两种纹饰组合成的大片图案。大雄宝殿中则绘有中国文化中有尊贵寓意的龙纹。各种姿态的龙组合成不同的彩画图案，恢宏大气，非常华丽。铁佛寺中的每幅彩画颜色使用都极其精妙，配色典雅。不同的图案带有不同的吉祥寓意，同时具有北方建筑彩画的典型特点，有重要的研究价值及观赏价值。

（六）紫清宫及文庙——儒道并存

紫清宫也称红孩儿庙，初建于明代，清同治六年（1867 年）曾被重修，在清光绪年间得到了第二次修缮。紫清宫在通州区大成街 1 号，位于佑胜教寺东侧、文庙左后侧。佑胜教寺、文庙、紫清宫和燃灯佛舍利塔是通州的地标性建筑群，统称"三庙一塔"。"三庙一塔"古建筑群位于大运河北端西侧、通惠河河口南岸。古时南方人将货物通过大运河运到北京城，当看到燃灯佛舍利塔时，就知道快要到达目的地了。紫清宫供奉太上老君，文庙供奉孔子，佑胜教寺供奉燃灯古佛，分别代表道、儒、佛三家，故它们又统称"三教庙"。三教庙建筑群融合了儒、释、道三教建筑的特点，反映出运河文化的多样性与包容性。

紫清宫坐北朝南，进入院落便可看到山门一间，构造采取大式做法。屋面采用仅有前后两坡的硬山形式，半圆筒形的瓦、正脊和垂脊采用"箍头"衔接。屋顶的屋脊上有跑兽，房屋正脊的顶端有望兽。前廊推出，屋顶梁架结构完全暴露，藻头绘有旋花图案。穿过山门又见正殿 3 间，它们同样采取大式做法，不同的是屋顶正脊上设大吻，垂脊上设垂兽，还有 5 个小兽。前廊推出，屋顶梁架结构为五架梁，殿内方砖墁地。正殿有东西耳房各 3 间，均采取小式做法（硬山筒瓦券棚顶，彻上露明造），与正殿有小门相通；又有东西配殿各 3 间，同样采取小式做法（硬山合瓦元宝顶）。正殿东山墙当中嵌碑一块，其高为 0.6 米，宽为 2 米，铭文记载着紫清宫重修始末。西配殿有水井一口，山门东侧有古槐一棵。殿内有哪吒三太子像，其生动形象，富有情趣。

文庙是"三庙一塔"里占地面积最大的，是儒家思想的体现。文庙目前是北京地区最古老的孔庙，建于元大德二年（1298 年），也是仅存的州县级孔庙，比北京国子监孔庙早建造 4 年，经过了元、明、清及近代多次的原址扩建、修葺。文庙坐北朝南，为中轴线对称布局，一进院为戟门（图 3-63），戟门前修有泮桥，泮桥下为泮池。泮池为古代学宫前的水池，古时新晋秀才进入学宫学习，都要经过泮桥拜孔子，称为"入泮"。到了清朝，书生考上秀才即称"入泮"。文庙二进院中为大成殿（图 3-64），殿前立孔子像，设孔子神位，左右供奉四圣牌位，东西为十二贤哲牌位。大成殿正中立柱上书有一副对联，上联"齐家治国平天下信斯言也布在方策"，下联"率性修道致中和得其门者辟之宫墙"，横批"万世师表"。这副对联阐述了儒家的核心思想，也展示了金、元、清的统治者问鼎中原后，仍然推崇儒家思想、利用汉文化进行统治的背景。

（七）燃灯佛舍利塔及佑胜教寺——佛家"塔庵"

燃灯佛舍利塔位于北京市通州区大运河北端西岸，全称"通州访圣教燃灯古佛舍利塔"，

图 3-63　通州文庙戟门

图 3-64　通州文庙大成殿

又名通州塔，由于塔身正南券洞内原有一尊燃灯佛石像，通州当地人称之为"燃灯塔"。它是大运河北端起点的象征，与临清舍利宝塔、杭州六和塔、扬州文峰塔并称"运河四大名塔"。通州八景之一"古塔凌云"中的古塔指的就是燃灯佛舍利塔，此塔也是通州的象征。

清康熙十八年（1679年），燃灯佛舍利塔因地震倒塌，1698年再建塔身。1900年，八国联军侵华时塔又遭破坏，塔座砖雕全部被毁。1976年唐山大地震时塔身出现许多裂纹，塔下莲座被震坏。现存的燃灯佛舍利塔仅遗留了辽代塔基。1985年，当地重修塔顶、莲花座及各层塔檐，重新修补、铸造铜铃，按原色油饰，将塔复原一新，塔刹增高5米，添设避雷针，原塔顶自生的榆树被移植到塔下湖畔。此塔各面均嵌有精美砖雕。砖雕花纹复杂、做工精细。塔高45米，基围38.4米，直径11.6米，塔身有金刚座、两个束腰，为砖木结构、密檐实心，共8角13层。塔身各角雕有佛像，共计104尊，它们姿态万千。二龙戏珠图案雕刻在塔身下腰，塔的上腰设方丈、蓬莱、瀛洲三山，内镶仙人。塔悬铜铃、风钟数量众多，有2 000多枚。此塔已有1 400多年的历史，有极高的艺术价值。

燃灯佛舍利塔距大运河只有约300米，自元代大运河开通航运以来，每到水运繁忙时期，运河上来往的船队只要看到这座高高的燃灯塔，就知道通州到了，也就意味着离北京城不远了。于是，人们就将通州燃灯塔视为到达北京的地标。1979年，燃灯佛舍利塔被列为北京市第二批市级文物保护单位。

佑胜教寺由于拥有燃灯佛舍利塔，也称"塔庵"，位于三教庙建筑群内，坐落于大运河西岸的通州区大成街1号，是通州的一座具有上千年历史的寺院。寺内燃灯宝殿内供奉着燃灯古佛、释迦牟尼佛和弥勒佛。据记载，此寺庙在北齐时修建。在历史上，佑胜教寺建筑群雄伟宏大，占地面积广，但现在遗留的古迹只有古槐1棵，"燃灯佛塔"香炉1个，大光明殿和与其相对的3间房屋，其他建筑均为新建的（图3-65至图3-67）。2012年11月29日，佑胜教寺作为当时通州第一个正式恢复宗教活动的佛教寺院，举行了全堂佛像开光盛典，又恢复了昔日的繁荣景象。

北京作为明、清的都城，各国使团会定期来此朝拜进贡，商团和传道士来此销售货物和传教。在通惠河疏浚前，进京者需要在京城东部的通州由水路换陆路，各国使团也在通州停留，等候皇帝召见，商团在此休整并进行商品交易，传教士在此传播不同的文化和思想。久而久之，多种文化因运河在此汇聚，这里也形成了独一无二的多种文化交融的场所——"三庙一塔"。在该建筑群中，居中的为儒教文庙，规模最大，体现了我国古代以儒教为核心的思想。佛教、道教建筑则分列两侧。

图 3-65　通州佑胜教寺 1

图 3-66　通州佑胜教寺 2

图 3-67　通州佑胜教寺 3

（八）清真北大寺——伊斯兰教名寺

沧州清真北大寺位于沧州市解放中路南侧，相传于明永乐初年至永乐十八年（1403—1420 年）由吴氏先祖祎祚永公捐地并主持修建。1982 年，其被列为河北省重点文物保护单位。现存的沧州清真北大寺是中阿风格的建筑群，由礼拜大殿、邦克楼、沐浴室等功能建筑组成，邦克楼后有生活区域。

沧州清真北大寺为东西走向两进制四合院，每一进的建筑坐落于东西中轴线上。礼拜大殿作为整个建筑群的主体，由卷棚、前殿、中殿、后殿 4 部分组成。前殿和中殿有单檐庑殿殿顶，后窑殿顶置六边和四边攒尖顶，以较高的六边攒尖顶为中心，两侧为四边攒尖顶，形成对称形式，象征着四面八方，寓指整个宇宙。沧州清真北大寺与泊头清真寺一样，保留有600余年历史的木建筑结构。许多国内外穆斯林慕名而来，进行参观或礼拜。

清真北大寺礼拜大殿的内部结构采用梁架和椽栿形式，以减柱法、移柱法使内部空间最大化，这与佛教建筑有明显区别。由于佛像在佛教建筑的室内有固定的摆放位置，所以限制了减柱法和移柱法的使用。移柱、减柱都是在一定程度上以牺牲结构的横向刚度和稳定性来达到加大梁栿跨度的目的，这会破坏结构的对称性，导致一些结构问题，所以明清时期大规模的建筑较少采用这些方法。为了满足穆斯林礼拜对大空间的需求，清真北大寺大量运用移柱法、减柱法，并且重新规划受力体系，把这些方法运用到极致。除了建筑布局，清真北大

寺的择址充分考虑了商业、交通的需求，距离大运河仅有百米。这既能满足穆斯林生活取水、礼拜前沐浴取水和建筑防火的需求，又能满足商贸发展需求。

沧州清真北大寺和泊头清真寺虽然都位于大运河沿线，但是却展现出了不一样的坐落布局和形制。当地回民注重大运河的运输功能和码头的商业属性，便在大运河沿线择址建造清真寺。在宗教文化和地域文化的双重影响下，沧州清真北大寺的建筑布局突破了中国传统清真寺建筑的布局制度，形成独特的建筑形式（图3-68、图3-69）。其一，沧州清真北大寺寺门位于中进院，面南居中，这是由东西走向的街道决定的。其二，沧州清真北大寺的邦克楼位于进门正北方向。由于寺门设置在中进南面，入门后映入眼帘的便是邦克楼，右为礼拜大殿，左为对厅。而其他清真寺邦克楼要么正对礼拜大殿而建，要么建于后窑殿之上。其

图3-68 沧州清真北大寺建筑

图3-69 沧州清真北大寺建筑内部空间

三，沧州清真北大寺礼拜大殿的脊饰填补了传统植物脊饰的空白。礼拜大殿脊饰原本为中式的"五脊六兽"样式，后来更改为如今的植物形态脊饰。

（九）望海楼教堂及其遗址——教堂遗址

望海楼教堂又称圣母得胜堂、胜利之后堂，位于天津市河北区狮子林大街 292 号海河北岸狮子林桥旁，是天津第一座天主教堂，建筑风格为哥特式，在 19 世纪的天津卫是独一无二的建筑（图 3-70、图 3-71）。1869 年，其由法国天主教会建造，目前是全国重点文物保护单位。

南运河、子牙河和海河交汇形成三岔河口（又称三岔口）。三岔河口附近形成了天津最早的居民点、水旱码头和商品集散地。漕运除了带来了繁荣的经济，也使天津形成了纷杂的人居环境，外国传教士纷纷涌入天津各地传教，天津运河两岸集中建造的各种宗教建筑就体现了这一点，望海楼教堂就是天主教建筑的代表。

望海楼教堂在设计上体现了外来宗教文化与当地文化的结合，当初的外国建造者考虑天津的风俗习惯后确定了教堂的选址和布局。与其他圣坛不同，此教堂的圣坛根据天津当地人的建造传统面南而建。教堂建筑不仅反映出外来文化对地域文化的强烈入侵，也反映出地域文化对外来文化的影响。

望海楼教堂总面积为 3 083.58 平方米，建筑面积为 812 平方米，长为 47 米，宽为 15 米，高为 22 米，平面呈长方形。教堂为石基砖木结构建筑，青砖墙面，建筑正面有"山"字形平顶塔楼，中间的塔楼最高，为 12 米，呈笔架式结构，除中间塔楼外其余部分为 2 层。教堂内部并列设有两排庭柱，无隔间与隔层，入口两侧设有扶壁，内部有 3 道通廊，中廊稍高，侧廊次之，属巴西利卡风格。骨架券为拱顶承重构件，全部采用二圆心尖券与尖拱。尖券与尖拱侧推力较小，有利于减轻结构荷载。在结构上，望海楼教堂以哥特式教堂的典型尖券取代半圆券，使整座建筑给人以高耸的感觉。教堂内部并列有两排石柱，约有 40 根，它们支撑着拱形大顶。唱经楼门窗均为尖拱形，内窗券为尖顶拱形，两侧塔楼顶部各镶有 8 个兽头，雨水可从兽头口中流出，减轻下雨时屋顶承受的力。

教堂内部的装饰也是典型的哥特式风格。大厅正中为圣母玛利亚的主祭坛，窗户上有用五彩玻璃组成的几何图案，墙壁上悬挂着《耶稣受难图》，内部地面铺满了黑白相间的砖。整个教堂内部的装饰均符合天主教的装饰形式，华丽庄严，让人感到肃穆。

望海楼教堂外部的装饰风格中西交融。正立面中间塔楼上有一个高 160 厘米的十字架，塔楼四角各有一个公鸡造型的石雕。公鸡是法国的象征，而公鸡石雕代表着法国侵略者的炫耀。教堂多使用石雕进行装饰，但是望海楼教堂在

图 3-70　望海楼教堂 1

图 3-71　望海楼教堂细部（组图）

立面设计上却使用了中国传统的工艺砖雕，砖雕上采用了大量具有典型西方装饰特点的毛茛叶图案，柱头等部位却又雕刻了莲子、桃、中国结等具有吉祥寓意的中国传统图案。这些装饰无疑体现了国内外建筑文化的融合以及望海楼教堂的多重文化特征（图3-72）。除了独特的建筑形制，望海楼教堂还经历过一次"视觉上的挪移"。在裁弯取直工程中，海河改道，改变了海河与望海楼教堂的位置关系。当时3条河流在三岔河口交汇后进入海河，过于弯曲的河道不仅影响了海河上游各河河水的下泄，而且不利于上涨的潮水回流。1901年至1923年

海河经历了6次裁弯取直。第6次裁弯全长0.474千米，缩短河道1.585千米。原来三岔河口在狮子林桥一带，海河裁弯改道后，延伸到现在金钢桥的位置。在裁弯取直工程前，南运河、北运河弯曲环绕，两河之间的地块呈马蹄形；工程完工后，北运河至海河河段变成直流河道，马蹄形地块与海河以东区域连成一片。新挖的河道改变了望海楼教堂与海河的相对位置，原来在海河左岸的教堂变成海河右岸的标志。令人欣慰的是，尽管经过了多次重建，教堂的基本形象始终得以保持。望海楼教堂见证了天津在近代的发展，也见证了大运河的变迁。

图3-72　望海楼教堂2

三、遗址类重要价值文化遗产点

大运河京津冀段的遗址类重要价值文化遗产点有封氏墓群。

封氏墓群又称封家坟，俗称"十八乱冢"，位于河北省衡水市景县，距南运河约2.4千米。目前保存封土的墓还有15座，最高的一座高约7米。墓群占地面积约1.33平方千米。1948年，当地人挖开4座墓，挖出了许多随葬品、5盒墓志及1方墓志盖。墓志铭记载墓主人有北魏平东将军、渤海定公封魔奴，北魏侍中封延之及其妻崔氏，封子绘及其妻王氏等。从墓志铭可以看出，当时大家族推行家族合葬的风俗，封氏家族中身份显赫的达官贵人就会葬在此处。唐代著名诗人贺知章所写的封祯墓志铭为这个显赫家族增添了光彩。封氏墓群出土了赤陶像、陶器、瓷器、青铜器、青铜版画、玻璃碗和玛瑙珠子等。这些文物是北魏、北齐时期的珍贵遗迹，对于北魏、北齐的历史研究具有重要的参考价值。1961年，封氏墓群被评为第一批全国重点文物保护单位。

经考古发现，封氏墓群出土的墓葬物品有300多件，包括11件青铜器、35件瓷器、31件陶器、195件陶俑（包括167件人物俑、28件动物俑）、2个玻璃碗、48粒玛瑙珠、3方铜印、5盒墓志和1方墓志盖。瓷器中有4只青瓷仰覆莲花尊，为国家一级文物。最高的莲花尊高

40厘米，造型优美，装饰华丽。瓶身上覆盖着两朵大莲花，并贴有飞龙浮雕，制作非常精美。整体胎色为浅灰色，含有三氧化二铝和氧化钛，釉面均匀，接近艾叶的颜色。它是北方青瓷的代表作品，与南方青瓷明显不同。这批青瓷的发现证明了北方在当时是能够生产大量青瓷的，其烧制技术可与南方的相媲美，并形成了一种独特的风格。出土的陶俑的服饰具有鲜卑服饰和汉服的风格特点，帻后加高、中部轮廓平整，体积逐渐缩小到顶部，称为"平上帻"或"小冠"。这种服饰反映了北魏拓跋鲜卑服饰汉化前后的变化。这些陶俑人物个个活灵活现，姿态和造型超出想象。此外，封氏墓群古墓内还有精美的壁画，经过专家的深度剖析，壁画上的人物造型反映出当时杂技表演的盛行，杂技受到贵族的喜爱。

上述300多件文物目前均藏于北京故宫博物院，为学术研究提供了有力的佐证。沧州南运河至衡水德州段有大量全国重点文物保护单位，如故城庆林寺塔、封氏墓群、北齐高氏墓群等，另外还有许多革命历史文物。这些丰富的运河遗迹是衡水辉煌历史的佐证，也展现出绚丽多姿的运河文化。

四、工业及近现代遗产类重要价值文化遗产点

大运河京冀段的工业及近现代遗产类重

要价值文化遗产点有二贤公祠，即曾公祠和李公祠。

曾公祠始建于清同治十三年（1874年），是清末直隶总督、两江总督曾国藩的祠堂。曾公祠旧址位于今天津三岔河口、南运河北岸的三条石中学内。1937年，曾公祠改为庙宇，后又改为两所小学。现在，祠堂建筑仅存原来的正殿部分，建筑主体为校办工厂车间。

曾公祠作为天津大运河周边的重要文化遗产点之一，于2011—2013年被异地重建。1982年，研究者在曾公祠正殿的西南角发现一块在1875年由天津知府、天津知县、天津河间兵备道为建祠而立的碑石，其现存于天津市红桥区文物管理所。2005年，天津市政府对海河进行综合开发改造，曾公祠被拆除。在拆除过程中，

曾公祠祠堂内的房梁、门窗等原有建筑材料基本上被保留下来，里面的文物也被安放在他处。2008年，在三岔河口的永乐桥旁，按照"原拆原建"的方式曾公祠被重建。新曾公祠的占地面积达1000多平方米，结合了原曾公祠的布局方式，坐北朝南，山门（正面的楼门）、正殿、大殿的东西侧堂、东西配殿几部分围合成一个庭院，另外还有一座小花园（图3-73、图3-74）。

李公祠为李鸿章祠堂，原名李文忠公家祠。清光绪三十一年（1905年），李公祠由直隶总督袁世凯主持修建。李公祠选址在原淮军驻地窑洼，曾占地约2万平方米，坐北朝南、布局规整、规模宏大、建筑华美，颇具亭阁园池之胜。当初的李公祠是砖木结构的庭院式建筑，正门朝向子牙河畔，庭院中放置有一座李鸿章铜像。李公祠当属津门古建筑中的翘楚。李公祠的朱

图 3-73　天津曾公祠现状 1

图 3-74　天津曾公祠现状 2

漆大门外建有高台阶，对应大型青砖影壁。门内为前院，过厅面阔3间，两侧分别为配房、厢房和腰房。院中间建有一座精美华丽的六角亭，亭顶铺设的是黄琉璃瓦，亭前立有多座刻有赞誉李鸿章功德的石碑。经过穿堂可进后院，后院正中面阔9间的大殿为主建筑。两侧各有厢房数间，前后两院绿檐红柱、石刻众多、雕饰甚精、联匾满堂，并有游廊互通。祠后凿池注水为湖，亭台阁榭与苍松翠柏尽显静谧幽肃之意境。李公祠一度向公众开放，并成为游览胜地。但在抗日战争时期，天津沦陷后，这里被日本侵略军强占，屡遭劫难。抗日战争胜利之后，这里被开辟成学校，经多次扩建、改建后，原建筑已荡然无存，大量石刻文物被埋于地下。在历史上，祠堂内开办过多所学校，现为天津第五十七中学的校址。

这两座祠堂都是天津近代发展的历史见证。李鸿章在职期间，曾创立江南机器制造总局、轮船招商局、天津电报局等，发展新式军事工业，创办各类新式学堂等。李鸿章在天津任职长达25年。因为清政府规定功臣死后要赠谥建祠，又因李鸿章清末在外交、经济、文化、军事中的显赫地位和作用，所以1901年李鸿章逝后，清政府对其赐恤表彰，赐太傅、一等侯爵安葬，谥号"文忠"，并准入祀贤良祠，先后在安徽和京、津、沪、宁、苏、浙、冀、鲁、豫多地其任职之处，为他修建了10座祠堂。

李鸿章一直是曾国藩的追随者，同时又是曾国藩直隶总督的继任者，授业于曾国藩门下，讲求经世之学。1865年至1866年间，曾国藩支持李鸿章、左宗棠等人创立江南机器制造总局、马尾船政局等。1872年，曾国藩病逝于南京。清政府为颂扬其功绩，谥号"文正"，并修建祠堂祭祀。当时，天津设立了直隶总督衙门，直隶省的政治中心逐渐转移到天津，所以曾公祠也就建在了天津。曾公祠所在的三岔河口地区是天津城市的发祥地，悠久厚重的历史积淀为天津带来了宝贵的文化优势。而这些祠堂不仅是运河文化影响下人们思想观念、生产活动与天津本土文化高度融合的产物，而且使大运河天津段文化遗产的价值和内涵得到了极大提升，是研究古代大运河、祠堂建筑文化、天津运河文化的重要实证。

一、水利水工类一般价值文化遗产点

（一）万宁桥 ——元漕之始

万宁桥取"万事安宁"之意，又称后门桥、海子桥等，始建于元至元二十二年（1285 年）（图3-75）。万宁桥的特点体现在桥闸合一上，它横跨在什刹海入玉河故道的连接口处，桥下曾为澄清上闸，漕船由此可直达积水潭码头。元朝时进入海子（古时洼地称为海子）的船只皆经过万宁桥。万宁桥的修建不仅保证了元大都的物资供应，也促进了元大都的规划与建设。万宁桥见证了北京城运河的发展。如今，万宁桥周围已形成了繁荣的商业圈。

万宁桥曾经是一座木桥，后改建为石桥，桥身长 10 余米，宽约 10 米，拱高 3.5 米。桥面用块石铺砌，桥体中间微拱，属于单孔厚墩石拱桥。桥墩和桥拱的厚重感是万宁桥的最大特点，厚重的桥梁减少了河水冲刷造成的损坏。万宁桥下有水闸，有桥闸合一的特殊结构，可节水、放水，桥上可以通行。万宁桥作为北方桥梁的代表，其结构和北方人群的出行方式息息相关。北方的交通运输以陆路为主，桥梁使用频率高，这要求桥拱必须具备强大的承载能力。同时，北方河流较少，河道水位存在着季节性涨落特点，雨季时容易发生洪水，对桥梁造成破坏，这也是万宁桥采用厚墩石拱的原因。

桥的两侧建有汉白玉石护栏，护栏上雕有

图 3-75 万宁桥全貌

莲花宝瓶等图案。桥上的镇水兽（图 3-76、图 3-77）共有 6 只，东西拱券上各有一只雕螭状吸水兽。吸水兽长 1.77 米、宽 0.9 米、高 0.57 米，面相略带虎狮感，身周有云纹、旋涡纹、水波纹等装饰纹。桥两侧护岸上的 4 只分水兽的姿态各不相同，桥东的两只趴在岸沿上，头伸出岸沿边，有伏岸望水之意；桥西的两只将头外伸，两只有吸盘的爪抓着垂直的岸边墙面，身体的一侧挂在岸沿外，呈了解水势状，有保一方水运平安的寓意。拱券上的吸水兽原名"趴蝮"，传说是龙九子之一，天性好饮水，具有调节水位、保一方平安之寓意。吸水兽还可以起到装饰和显示警戒水位的作用，在河水漫过堤岸时提醒两岸百姓及时抵洪。

万宁桥的"二十四节气望柱头"的构造也是吸睛之处，柱头为莲花头望柱（图 3-78），并雕刻着 24 道花纹，用来象征一年中的二十四节气。在古时若遇到火灾等重大事件，巡逻人则会将柱头作为喇叭吹响，石球与柱头形成的固体传导装置能将声音传至紫禁城，因而望柱别名"石别拉"。

万宁桥作为大运河文化带上的聚焦点、北京中轴线上最古老的建筑之一，代表的不仅是古代人民对美好生活的寄托，更体现了中国古代人民建造桥梁的智慧。

图 3-76　万宁桥镇水兽

图 3-77　镇水兽细部

图 3-78　莲花头望柱

（二）杜林石桥 ——五拱登瀛

杜林石桥位于河北省沧州市沧县杜林回族乡杜林村中心，横跨于滹沱河上，原名登瀛桥，建于明万历二十二年（1594 年），天启五年到六年（1625—1626 年）改建，为河北省重点文物保护单位，2013 年被列为全国重点文物保护单位（图 3-79 至图 3-83）。

杜林石桥是一座三孔圆拱石桥，全长 66 米，宽 7.8 米，桥孔跨径为 11.3 米，桥拱厚 0.6 米。杜林石桥由方块青石交错搭建，拱石与桥面采用"铁榫"连接加固，桥身用"腰铁"加固，桥两端均用石块砌筑了 29 米长的台阶式戗石墩，使拱券形成一个坚固的整体。

桥体共有三大两小 5 个拱。小拱位于大拱连接处的上方。这样的设计既可以缩短桥的长度、节约材料，还有利于排水泄洪。拱券下垫有双尖式船形桥墩，形体为厚墩，两端是尖头的。这种结构是为了分水导流以减少河水对桥体的冲击。该段运河受雨季影响较大，雨季时的水流量大、流速快、冲击力强，容易导致桥梁坍塌。

这种桥墩形式是我国桥梁建设历史中的一项重大发明，在世界桥梁中为首创，具有很强的建筑科学技术价值。中拱拱顶两侧各有一龙头石雕，左右两大拱之上各有一石雕狮子，两小拱的拱顶有神水兽。桥栏侧面的雕刻曾有山水庙宇、戏曲故事人物、飞禽走兽等，但是现仅存十之二三。

图 3-79　杜林石桥 1

图 3-80　杜林石桥 2

图 3-81　杜林石桥 3

图 3-82　杜林石桥柱式雕刻（组图）

图 3-83　杜林石桥桥栏雕刻（组图）

（三）郑口挑水坝 ——六坝挑水

郑口挑水坝（图 3-84）位于河北省衡水市郑口镇郑口大桥西侧，俗称龙尾土帚，又称险工重力挑水坝，是大运河申遗的遗产点之一，也是全国重点文物保护单位，始建于清道光二十三年（1843 年）。郑口挑水坝共有 6 处挑水坝（表 3-1），属于群坝。坝体由黄土、白灰、糯米汤搅拌夯实，外层砌筑两层青砖，以成捆的柳树作为拦洪的设施。坝体经历朝修建，最终结构为"土筑砖包"，全长约 910 米，整体呈倒 U 形分布在河堤内侧，从大运河上游至下游分别为一号坝至六号坝（靠近郑口大桥的为六号坝）。此处曾是大运河上重要的交通节点，具有"小天津卫"的称号，相传这里能同时停靠 50 余艘漕船，一日可卸三四十吨货物。

挑水坝是一种堤岸上的伸入河道中的水利工程建筑物，其轴线与运河水流方向的夹角在 60° 至 90° 之间，大体呈 T 字形。其能够改变水流方向，起到导控水流的作用。按照坝体与水流方向的夹角，挑水坝可分为上、中、下 3 种挑水坝形式，具有分拨泥沙、平顺水势等不同的作用。水坝下游水流可形成回流，减小水流的冲击力，维持水流平缓，减少泥沙堆积，避免河岸受到冲刷。

郑家口渡口附近的运河有一个约 90° 的急

图 3-84　郑口挑水坝

表 3-1　郑口挑水坝 6 处挑水坝的对比

名称	布局方式	材质
一号坝	平面为长方形，迎水面两侧为圆角，后尾插入堤中	上部用青砖砌筑，下部用青砖和白灰砌筑
二号坝	平面为长方形，迎水面两侧为圆角，后尾插入堤中	从下至上依次为条石、毛石、青砖，外用水泥砂浆抹面（内为红机砖）
三号坝	平面为菱形，迎水面为尖形，后尾插入堤中	下部有少量条石，上为青砖，再上用红机砖砌筑，外用水泥砂浆抹面，顶部为素黄土地面
四号坝	平面为梯形，迎水面两侧为圆角，后尾坐入堤中	下部用青砖砌筑，上部用红机砖砌筑，外用水泥砂浆抹面，顶部地面为素黄土地面
五号坝	平面为长方形，迎水面为弧形，两侧为钝角，挑水坝后尾坐入堤中	下部用毛石砌筑，上部用青砖砌筑，再上用红机砖砌筑，外用水泥砂浆抹面，顶部为素黄土地面
六号坝	平面呈梯形，迎水面和两侧面相交处为圆弧形，挑水坝后尾坐入堤中	下部用毛石砌筑，上部用青砖砌筑，再上用红机砖砌筑，外用水泥砂浆抹面，坝体两侧为浆砌石护坡，顶部为素黄土地面，高低不平

转弯，水流冲击力很强，为此河堤不同的位置修建有形状各异的挑水坝以减缓水流冲击。由于受力点不同，郑口挑水坝 6 个水坝的平面均不相同，坝头有圆头型、流线型和斜线型。郑口挑水坝修建之后，此处几乎再未遭受过洪水破坏。可以说郑口挑水坝是研究中国大运河水利工程时不可多得的实物。每两个挑水坝的间距是上游挑水坝坝长的 3 至 5 倍。挑水坝的间距和形式设计从根本上是为了更好地减小水流冲击对坝身的影响。

　　总的来说，郑口挑水坝不仅能够避免运河的泥沙堆积、水流冲蚀堤岸，还可改善航线水路，维护两岸生态等，是我国古代人民智慧的最直接体现。现在此处已经建成故城运河风情公园，空间布局划分为"三区两带"，形成具有多重景观体验与娱乐设施的风景游览区，成为一处运河文化浓厚的休闲场所。

（四）永通桥——千年石桥及石道碑

　　永通桥又称八里桥，位于北京市朝阳区东部、通州区西部，横跨在通惠河上。永通桥建于明正统十一年（1446 年），和安济桥、卢沟桥、朝宗桥、马驹桥并称京城五大名桥，是昔日通州八景之一"长桥映月"的所在地。

　　永通桥为厚墩厚拱石桥，特点是桥墩和桥拱厚重，桥面较为平缓（图 3-85）。桥体用花岗岩制成，厚重的桥体保证了永通桥的承载能力，使其在具有较大承载力的同时也能有效抵抗河水的冲刷。

　　永通桥建在通惠河的主河道上，为了缩短

图 3-85　永通桥全貌

补角型桥台。补角型桥台是突出型桥台的一种变形，为了减少突出型桥台所受的水流冲刷，防止船舶碰撞桥台，突出的桥台与驳岸之间、桥台两侧增加一段斜堤。补角型桥台可以有效减小运河水流对古桥桥台的冲击，使桥台更加稳固，同时也可以有效地防止船只碰撞桥台。由于永通桥具有特殊的高度和宽度，需要扩大桥台才能平衡桥体的横向应力，所以永通桥前墙两端和雁翅墙的高度均大于正常尺寸，达到了 2.5 米。

桥面上有 32 副石栏板，栏板上有望柱 33 对，部分望柱上残存有古时的石雕狮子，桥栏板南北端各有一对戗栏兽，护坡石上俯卧着 4 只镇水兽，它们昂首挺胸，惟妙惟肖。

桥梁长度，工匠们减小了拱券跨径，使桥台伸入河道很深的位置，这样既可以保证桥体横跨河道，也可以减少桥孔的数量。永通桥属于三孔石拱桥，南北走向，桥长约 50 米，宽 16 米。3 个孔的高度悬差较大，中孔净跨 6.7 米，最高处达 8.5 米，两侧孔净跨 4.5 米，高度却只有 3.5 米，如此特殊的结构是专为通惠河上的帆船与粮船设计的，中孔可使漕船畅通无阻，因此有"八里桥不落桅"的美誉。

永通桥采用睡木基础，下层平铺两层圆杉木，其直径为 16~20 厘米。下层圆木顺河排列，圆木间距为 5~15 厘米，圆木之间填充碎石片和石灰。桥墩呈船形，前端有分水尖，分水尖上装了三角铁桩。桥墩和桥拱水位线的位置有一圈腰铁，可抵御春天河水解冻时冰块的撞击、夏天洪水的冲击以及过往船只的碰撞。桥台为

永通桥南侧往东 200 米处立有"御制通州石道碑"，简称"石道碑"。石道碑于清雍正十一年（1733 年）制成，碑身高 5 米、宽 1.6 米、厚 0.8 米；碑趺长 4 米、高 1.5 米、宽 1.8 米；龟下平托石座长 3.62 米、宽 2.56 米、高 0.5 米，由 2 块长方巨石拼成，阳面浮雕上塑海水江崖四兽。碑阳螭首，正中设镜平方额，篆刻"御制"二字，碑周身雕群龙戏水，内纵刻碑文，左为汉字，右为满文。其是雍正皇帝为记载敕修朝阳门至通州城内国仓及运河漕运码头石道之事所立，记载了兴建朝阳门至通州石道的情况，以及通州的战略地位和当时商贾云集的繁华情景，价值极高。

二、古建筑类一般价值文化遗产点

（一）三地文庙——衍圣公府

大运河的开凿促进了沿岸城市的经济发展，也带动了南北文化的传播与交流、儒家文化的发展与传承。文庙的存在体现了儒学在中国传统文化中的主流地位。文庙又名孔庙，是纪念和祭祀孔子的祠庙建筑。由于孔子提出的儒家思想在维护社会统治方面发挥了重要作用，历代封建王朝均对孔子尊崇备至，从而把修庙祀孔作为国家大事来办。到了明清时期，每一府、县都有孔庙或文庙。因天津、香河、沧州三地文庙风格相近，又各具特色，故在本书中称其为"三地文庙"并进行比较（表3-2）。同时，文庙在古代也承担着主要的教育任务，是儒家文化传播的载体。文庙的数量之多反映出孔子受统治者的推崇之重、儒家文化的传播之盛。

在古代，地方文庙均以曲阜孔庙组群为基本模式建造，至清代形成了固定的建筑模式，如中轴线一般为万仞宫墙—泮池—棂星门—大成门—大成殿—崇圣祠。这些主体建筑是否齐全成为衡量一座文庙是否完整的标志。文庙在建设过程中深受儒家伦理道德观和封建等级制度的影响。三地文庙作为礼制建筑，将"天人合一"的礼制思想贯穿在整个建筑群中。文庙的布局多以中轴线为主，两侧多开侧轴，形成"一主多次"的轴线状态。文庙的所有建筑以大成殿为中心向四周分布，形成"向心内聚"的状态。文庙作为"礼教一体"的古代建筑，在建筑特色上不仅展现出礼教的庄严感，表示对孔夫子的尊崇，也颇具皇家宫殿的气派。

万仞宫墙是文庙最南端的外围墙，常以红砖青瓦的形式呈现。"仞"为长度单位，古时八尺或七尺为一仞。《论语·子张》曰："夫子之墙数仞，不得其门而入，不见宗庙之美，

表 3-2　天津、香河、沧州三地文庙对比

名称	香河文庙	天津文庙	沧州文庙
具体位置	河北省廊坊市香河县淑阳大街	天津市南开区东门内大街	河北省沧州市晓市街北端
建造时间	始建于明洪武四年（1371年），明万历二十年（1592年）迁至今址	明正统元年（1436年）	明洪武初年
建筑规格	三进院落	三进院落	三进院落
主要建筑	正门、棂星门、泮池、腰厅、月台、厢房、大成殿、承衣殿	万仞宫墙、泮池、棂星门、大成门、大成殿、崇圣祠、礼门、义路牌坊	万仞宫墙、棂星门、泮池、大成门、大成殿、明伦堂

百官之富，得其门者或寡矣。"

泮池也称半月池、墨池等，为外圆内直的半圆形，取意学无止境，永不为满。泮池在空间布局上是文庙中内外空间的界线和过渡，同时泮池可使整个文庙在雨季时的积水不外溢，因为池下有暗孔直通渗井。

棂星门取名自"灵星"（即天田星），象征着尊孔如尊天。棂星门作为文庙的第一座门，是必不可少的，是文庙整个空间的开端。三地文庙的棂星门均采用单檐硬山顶、层叠拱木结构、木制牌坊，门匾为蓝底金字，造型美观，古朴典雅（图3-86）。

大成门是大成殿的入口，屋顶形式和整体色彩与大成殿保持一致，建筑规格略低于大成殿。大成殿为文庙的主殿（图3-87），取名自"孔子之谓集大成"，位于文庙的中心位置，是人们祭祀孔子的正殿。建筑平面为长方形，有格栅门、黄绿琉璃瓦歇山顶，檐下重昂斗拱，雕梁画栋、美轮美奂。殿中供奉着孔子及其他文者的雕像、牌位。天津文庙的大成殿最为特殊，其面宽7间、进深3间，檐柱柱径与柱高之比大于1∶10，可见天津文庙大成殿已初现清初风格。

在三地文庙中，香河文庙无南门，只开两侧东西门。天津文庙是全国唯一的府庙、县庙合一的古建筑群，正门牌匾由孔子第77代嫡孙孔德成先生题写。

大运河沿线的文庙是大运河文化遗产的重要组成部分，与大运河紧密相连又富有特色。三地文庙作为京津冀地区儒家文化的物质载体，均延续了文庙的传统布局，同时各具特色，证明了大运河影响下文化的开放性和交融性。可以说三地文庙是见证大运河发展的重要物证。

图 3-86 沧州文庙棂星门

图 3-87 沧州文庙大成殿

（二）北京东岳庙——华北之最

东岳庙位于北京市朝阳区朝阳门外大街北侧，于元至治三年（1323年）建成，是北京地区现存历史最悠久、保存最完好的道观之一，也是道教正一派在中国华北地区的第一大道观，是全国重点文物保护单位（图3-88至图3-90）。古代皇权中的宗法制度、帝王巡狩制度与泰山文化中的封禅文化从某种程度上说都是为了强化君权神授的思想。在统治者的推崇下，泰山神逐渐作为皇权象征深入人心。历朝皇帝为表示皇权的正统性不断封泰山神，宋元时期泰山神一度被封为"天齐仁圣帝""天齐大生仁圣帝"，此时的泰山文化在政治上的意义到达了巅峰。

通惠河作为大运河在北京一段的重要水域，也是北京运送漕粮的重要通道，当时东岳庙的山门就建在通惠河河畔。朝阳门作为漕船入京的门户，同时也是漕粮运输的集中点。东岳庙位于朝阳门东一千米外，当时的建造者一方面考虑了庙宇和东岳泰山在地理方位上的传统关系，另一方面也考虑到通惠河上的漕运会为东岳庙带来旺盛的香火，同时也会影响周边的商贸发展。可以说朝阳门外大街成为京城重要的商业街和东岳庙有着很大的关系。

东岳庙位于市井街巷之中，属于城镇道观。建筑布局追求"天人对应""天地自然""道法自然"，追求人与自然的和谐统一。东岳庙作为君权神授的物质载体，空间依照皇家庙宇的"庙堂式"，严格按照子午对称的格局进行布局，庄严隆重。东岳庙是传统建筑中典型的三进院，中轴线上设山门、前殿、正殿等主要建筑，侧线上布置辅神殿、经殿等配套建筑。庙中建筑既有宫殿式的，又有民间式的，同时满足皇室贵族和普通百姓的精神文化需求（表3-3）。

图3-88 北京东岳庙琉璃牌坊

图 3-89　北京东岳庙钟楼和鼓楼

图 3-90　北京东岳庙万佛阁

表 3-3　东岳庙主要建筑详情

建筑名称	建造年代	建筑形式	配图
琉璃牌坊	始建于明万历三十五年（1607年）	三间四柱七楼黄绿琉璃瓦，斜屋顶，正脊两端施螭吻，南北各有一石匾，其宽2.8米、高0.9米，上书"永延帝祚""秩祀岱宗"，这是我国最早的一座琉璃牌坊	
棂星门	始建于元至治二年（1322年），明正统十二年（1447年）重修	2层砖木结构，重檐歇山顶，绿琉璃瓦施螭吻，有匾文"鲸音"	
瞻岱门	始建于元至治二年（1322年），明正统十二年（1447年）重修	面阔3间，庑殿顶，绿琉璃瓦，檐下三跳九踩斗拱，基座有5级台阶	
御碑楼两座	分别建于清康熙四十三年（1704年）与清乾隆二十六年（1761年）	重檐歇山顶，黄琉璃瓦覆顶，红色墙面；康熙御碑题文《东岳庙碑文》，乾隆御碑题文《东岳庙重修碑记》	
钟楼和鼓楼	始建于明万历四年（1576年）	均为砖木结构，重檐歇山顶，绿琉璃顶，钟楼（正门前西侧）立额上题"鲸音"，鼓楼（正门前东侧）立额上题"鼍音"	
岱宗宝殿主殿	始建于元至治二年（1322年）	面阔5间，进深11擦；庑殿顶，正脊施螭吻，绿琉璃瓦覆顶，檐下单翘三昂九踩斗拱。殿身绘有龙锦绣心和玺彩画，天花为正面坐龙。整个大殿的台基为25米×19米，前后有抱厦，前抱厦为歇山卷棚顶，面阔3间；后抱厦为悬山卷棚顶	

（三）景州塔——千年舍利塔

景州塔即开福寺舍利塔，原名释迦文舍利宝塔（图3-91、图3-92），位于河北省衡水市景县景安大街与西城墙路交会处，始建于北魏时期。经过考证，其已有约1 600年的历史。历经千年的风雨侵蚀，景州塔墙檐剥损严重，后经历代的数次修复，如今的景州塔及周边已经被改造成当地著名的景州塔公园，成为景县人民休闲娱乐的好去处。由于景州塔靠近南运河，随着大运河的贯通、人流量的增加，景州塔的知名度和影响力逐渐提升。现景州塔是全国重点文物保护单位，是全国范围内有影响力的汉传佛教代表性建筑之一。

景州塔是大运河文化带上一个重要的文化遗产点。佛教在汉朝时传入中国，南北朝时期统治者大力宣扬佛教，到了北魏时期中国的佛教已发展到一个重要的阶段。由于北魏之后我国的统治者崇尚佛教，因此景州塔也就保存了下来。随着大运河的开凿与发展，前来景州塔拜谒的人越来越多，其中包括不少文人墨客和佛教信徒，甚至帝王也慕名而来。清乾隆十三年（1748年）春，乾隆皇帝南巡，驻跸景州，游开福寺（景州塔所在寺庙），登景州塔，挥毫为开福寺题写"无量福田"匾额，并赋《咏开福寺古塔二首》。

自佛教传入中国，其开始融入中国本土特色，佛塔的形式由覆钵样式转变为楼阁式、亭阁式，后来演变成密檐式。佛塔的功能也从单一向多元转变。早期的佛塔仅仅用来供奉舍利和经卷，如覆钵式塔。但随着汉族文化的融入，加之文人喜好登高望远，佛塔具有了观景功能，如楼阁式塔、密檐式塔。景州塔就是一座典型的密檐式塔。

图3-91 景州塔全貌

图3-92 景州塔局部

景州塔共有 13 层，通高 63.85 米，底层周长约 50 米，最底层的尺寸最大，随着层数的增加，塔层的出檐深度和高度不等量递减。各层的出檐呈密叠状，使塔的外轮廓形成抛物线，最后以塔刹作为结束。塔身整体呈八面棱锥体造型，应"灵收八表"的意象，各层均为正八角形，每层八面辟门，四明四暗，全身采用砖结构。密檐式塔的优点就是塔身瘦长，虽高耸但不显尖削，具有严谨的比例关系，展现了古人高超的建造技艺。塔身下铺巨石，上砌以砖，塔的各层在东西南北各有一洞户，塔内砌有螺旋阶梯数百级，沿梯拾级而上可达塔顶，登高远望有目穷千里之慨。塔顶为 2.05 米高的铜葫芦，铜葫芦下有高 3.3 米的铁丝网座。每遇刮风时，铁丝网座和塔身上的洞户被风鼓荡，作水涛声，故有"古塔风涛"之美称。

景州塔 13 层的建筑形制反映了佛教本土化的一个过程。在佛教里，13 是大吉数。在古代想要修建如此高的建筑绝非易事，聪慧的古人想到了"土屯法"。所谓"土屯法"就是将土堆砌在塔的周围，方便建材运至高处，也就是"塔垒多高，土堆多高"，而塔建成后，对这些土稍作加工，其又成为修筑城墙的主要材料。

景州塔见证了千年的岁月变化，见证了运河文化的繁荣与衰落，是大运河沿岸遗产带上的重要一环。

（四）三义庙——唯义不朽

三义庙位于北京市通州区中仓街道成人教育中心院内。其建于明万历九年（1581 年），清康熙十八年（1679 年）因地震倾倒，清雍正六年（1728 年）被重修后当作会馆使用，名为山左（山东省旧时别称）会馆。三义庙是明清时期大运河水运和通州商贸繁荣的见证。依托大运河，大量外乡人来这里经商、谋生，由此，通州城内出现了很多"异乡人"。《三国演义》中的刘备、关羽、张飞 3 人所承载的"信义"符号是他们的精神图腾。三义庙建在码头附近，是码头文化的重要组成部分。其不仅是通州商业码头繁荣的历史见证，还是古代民间百姓互助互乐的见证。

三义庙坐南朝北，为一进院落。寺庙正面有楼门一间，采用歇山筒瓦顶，无梁，为仿木结构，门拱、门楣上边有砖雕"古刹三义庙"匾。正门两侧有东西小门，为硬山筒瓦清水脊。正殿有 3 间，为硬山筒瓦调大脊，前后为廊，有正交菱格隔扇门；西耳房有两间，为硬山合瓦过垄脊；东西配殿各有 3 间，形制同耳房；配殿北山侧有东西平台。正殿前有古树两株，东为柏树，西为楸树，干曲叶茂。次间前东西各立碑一通。西碑上有《重修三义庙碑记》，螭首方座，铭文记载在通州的山东人修三义庙的事，文后落款"山左会馆"。东碑上有《三义庙创立义园碑记》，铭文记载了在通州的山东人出资重修三义庙的善举，碑的背面刻有楷书

"山左同立" 4 字。由本省同乡会为患病而亡的人捐资购地买棺，并于此处完成尸检，之后予以埋葬。

（五）佛教古建筑——十方诸佛宝塔

十方诸佛宝塔位于北京市朝阳区王四营乡马房寺村东北角，由僧人翠峰禅师主持修建，始建于明嘉靖二十四年（1545 年），为的是解决僧人"灵骨瘗藏无归隐"之忧。明嘉靖二十八年（1549 年）翠峰方丈圆寂，安葬于普同塔附近。

十方诸佛宝塔（图 3-93）具有明代建筑特点，坐北朝南，塔高约 25 米，塔座高约 3 米，塔周长约 25 米，为八角九层密檐式塔。其有拱券形门洞，洞高约 2 米，门洞外的正上方刻有楷书"十方诸佛宝塔"石匾。塔心呈圆锥形，直通第八级，下部直径约一米，向上渐小，周壁光滑，无阶可登。塔身以上为九层砖砌密檐，塔顶为一颗圆形宝珠。塔前原有延寿寺（现仅存几块石基），故该塔俗称延寿寺塔。《重修古刹延寿寺十方诸佛宝塔碑铭》载："檐层九，中通八，内安请佛罗汉像，内下有藏真之穴圹以盛不朽之坚固或藏衣钵之爪发齿牙，迁化有德者咸有所依附焉。"文中记载的情景与现在的相符，只是现在罗汉像已经不在。

十方诸佛宝塔这样的密檐式塔在我国南方比较常见，是我国现存的由各种石材雕刻的、

有特定形式和风格的石塔类型之一。密檐式塔始于东汉或南北朝时期，也是我国佛塔的主要类型之一，由楼阁式石塔演变而来，所用材料主要为质地坚硬的花岗岩石材。

中国的古塔多种多样，从外表造型和结构形式来看，它们大体可以分为以下 7 种类型：楼阁式塔、密檐式塔、亭阁式塔、花塔、覆钵式塔、金刚宝座式塔、过街塔。除了以上列举的 7 类古塔之外，在中国古代还有不少并不常见的古塔形制，如在亭阁式塔顶上分建 9 座小

图 3-93　北京十方诸佛宝塔

塔的九顶塔、类似于汉族传统门阙建筑形式的阙式塔、形似圆筒的圆筒塔，还有钟形塔、球形塔、经幢式塔等，它们多为埋葬高僧遗骨的墓塔；另外还有一种藏传佛教寺院中常用的高台式列塔，即在一座长方形的高台之上建 5 座或 8 座大小相等的覆钵式塔；还有一些将 2 种或 3 种塔形组合在一起的形制，如把楼阁式塔设置在覆钵式塔的上面，或者把覆钵式塔与密檐式塔、楼阁式塔组合为一体，或者在方形、多边形的亭阁上面加覆钵体与多重相轮等（即亭阁式覆钵塔，俗称阿育王塔），这样就使得古塔的形式更加丰富多彩。

十方诸佛宝塔这种样式的石塔的独特结构就是第一层高大，从第二层开始，以上各层层高很矮，越往上塔身收缩越急，形成极富弹性的外轮廓曲线。各层的塔檐紧密重叠，檐与檐之间不设门窗，塔身内部多为实心，也有空心的，但大多不能攀登，因而叫"密檐"。这种建造手法增强了塔的稳定性，也使其更为壮观，并且能有效防止地基被雨水冲刷，延长塔的寿命。

（六）伊斯兰教古建筑——牛街礼拜寺

牛街礼拜寺为北京四大清真寺之首，始建于辽统和十四年（北宋至道二年，996 年），位于北京牛街与输入胡同交口。寺里现存的建筑大部分建于明清时期。牛街礼拜寺是我国使用汉代传统建筑样式修建清真寺的典型实例（图 3-94 至图 3-98）。

明代，伊斯兰教通过大运河这条贯穿南北的通商之路进行传播，尤其是大运河沿线有很多繁华的城市，促使大量穆斯林长期定居，并推动了带状运河商圈的产生。元、明、清时期，一大批清真寺被建造，其中北京地区规模最大、历史最悠久的一座清真寺就是北京的牛街礼拜寺。这座寺庙距今已有一千多年的历史，其特殊之处在于建筑布局和风格特点。牛街礼拜寺不但具备伊斯兰教建筑的装饰风格，还具有我国古代宫殿式建筑的特点，成为北京具有独特风貌的建筑群。

牛街礼拜寺的建筑形式为汉宫殿式，而寺内装饰则结合了阿拉伯建筑风格。我国传统建筑多为坐北朝南的布局，而牛街礼拜寺则采用坐西向东的朝向以及拱券式的大殿建筑形式。与其他清真寺相比，牛街礼拜寺的独特之处在于若想从东门进入正殿，则要绕到正殿的左右两侧，这被称为"珍珠倒卷帘"。在牛街礼拜寺中，单独的各殿组成不同形式的院落，这些院落形成了建筑群。各院落的后门与下一个院落的前门相连，栏杆曲曲折折地环绕着这些院落，并且通过对比，突出牛街礼拜寺的主体建筑——礼拜殿。

礼拜殿由前殿、主殿和后窑殿组成。"三殿"组合是我国明清时期汉式礼拜殿的常规组合方式，其科学地使用了汉式木构建造技艺，满足了清真寺需要更大空间的要求。为了达到扩大空间的目的，牛街礼拜寺中"三殿"组合的屋

图 3-94　北京牛街礼拜寺 1

图 3-95　北京牛街礼拜寺 2

图 3-96　北京牛街礼拜寺 3

图 3-97　北京牛街礼拜寺 4

顶造型具有创新性，巧妙地结合了我国汉代建筑屋顶的样式。前殿采用硬山卷棚的屋顶形式，由两个歇山式屋顶前后并排组成，这种屋顶的特色是比其他形式的屋顶更为宽广，从而满足了清真寺对大空间的需求。

　　牛街礼拜寺是伊斯兰教建筑与汉代传统建筑相结合的结果，是我国古代人民智慧的结晶。礼拜殿内的装饰元素清晰地突出了阿拉伯装饰风格，两个柱子之间使用阿拉伯建筑中特有的

图 3-98　北京牛街礼拜寺 5

红色木形拱门，其因造型被称作"火焰门"。梁柱采用尖拱形式，并使用沥粉贴金工艺在梁柱上绘制独具伊斯兰风格的图案。牛街礼拜寺中的匾联也是传统汉文化与伊斯兰文化的有机结合。古人希望用匾额和楹联这些被大众所熟知的文化形式来传播伊斯兰文化。牛街在当时是穆斯林聚居的主要地区，不论是在平时还是在重要的节日，牛街的清真寺都是穆斯林活动的主要场所。

牛街礼拜寺是承载中国伊斯兰文化的物质空间，是伴随伊斯兰文化不断发展而出现的结晶，是文化交融的历史产物，其文化内涵值得我们深入研究。

（七）北运河天穆清真寺——中阿融合

天穆清真寺是华北地区著名的清真寺之一，坐落于天津市最大的回族聚居区之一的北辰区天穆村（图 3-99 至图 3-103）。"天穆"两字同天穆村的村名一样，取自"天齐庙"和"穆家庄"两村的首字。天穆清真寺共有两座，分南北二寺。其中南寺位于京津路西侧、天穆村南部；北寺位于天穆村北部、北运河左岸。

明洪武年间，浙江船夫穆重和随燕王朱棣沿运河押运漕粮来到通州。卸船后穆重和顺流南下定居在了北运河边，继续以漕运为业，后此处形成了穆家庄。天穆清真北寺由穆重和父子建于明永乐二年（1404 年），始称穆家庄清真寺。清咸丰四年（1854 年），天穆清真南寺由村民穆朝政捐资修建。穆家庄清真寺是天津著名的清真寺建筑。穆家庄清真寺建成后，不断有来自浙江、江苏、山东和河北等地的回民沿着运河来穆家庄落户，这里渐渐发展起来。明末清初，穆家庄村民多以漕运为生。清中后期，北运河上游河水逐渐枯竭，漕运受到限制，很多村民陆续改行。

图 3-99　天津天穆清真寺 1

图 3-100　天津天穆清真寺 2

图 3-101　天津天穆清真寺 3

图 3-102　天穆清真寺雕刻（组图）

图 3-103　天穆清真寺雕刻细部（组图）

天穆清真北寺为天津市最古老的清真寺。元代，大运河的发展带动了文化融合，受中国传统建筑的影响，穆斯林在建造清真寺时开始使用木材作为主要结构材料。明清时期，华北地区的部分回族清真寺形成了与新疆等地的清真寺完全不同的建筑风格，采用中式木构架及大坡屋顶，建筑与庭院采用对称布局，但在功能上仍以礼拜殿为中心。清真寺东西向的布局与中国传统建筑坐北朝南的建筑布局有所不同，这种特殊的布局主要因为穆斯林礼拜时要朝向麦加城的方向。

天穆清真北寺为中国宫殿式木结构建筑群，气势宏伟，有雕刻、彩绘等装饰体系。其在建造之初规模小且简陋，600多年来几经翻修，配建了大殿、中殿、后殿及配殿等。

1989年4月，天津市各级政府拨款、群众集资重建了南寺。区别于北寺的中式风格，南寺按阿拉伯建筑风格设计，为典型的伊斯兰建筑。建筑整体以白色为主，间有黄色、绿色。南寺的拱顶与北寺的中国风坡屋顶不同，南寺采用砖石结构，大跨度体系产生了清真寺独特的勾连搭顶和大穹顶，可满足礼拜的需要。天穆清真南、北两寺无论从建筑风格上还是结构上都形成了鲜明的对比。

天穆清真寺中的智慧还体现在宝贵的文墨匾额等上。匾额、对联是中国传统的文化艺术形式，是汉字组合的艺术精品。伊斯兰教传入中国后，形成了中国伊斯兰文化。在中阿文化的滋养、润泽中，回族逐渐形成了自己的匾额对联文化，借鉴汉族匾额对联的传统形式，表达本民族文化的内涵，丰富了中国伊斯兰文化的内容。这些匾额、对联也是中阿文化相互交融、借鉴的有力表现。在天穆清真寺中，悬挂着大量的匾额、对联。

天穆清真北寺正面悬挂清宣统二年（1910年）由肃亲王爱新觉罗·善耆题写的"清真古教"等匾额3块。对厅正门是垂花门，门楣镌"清真北寺"。大殿抱厦内有4块匾额，分别为清庆亲王爱新觉罗·奕劻手书的"在明明德"匾、清成亲王爱新觉罗·永瑆手书的"维持正教"匾、清礼亲王爱新觉罗·昭梿手书的"古制清真"匾、穆成荣手书的"恩微至公"匾。清真寺北角门有"世空真一"横额，南角门有"真光云影"横额。1900年，直隶总督李鸿章乘船经北运河回京途中，题写楹联，上联"自古清真传授心法贵善悟"，下联"至今无二继承主教仰慈风"，横批"尘净冰清"。1948年其被烧毁。

天穆清真南寺前檐有"清真寺"金地黑字横匾。前额有安世伟题写的金匾3块。

（八）通州清真寺——正德朝真

通州清真寺为北京的市级文物保护单位，位于通州区清真寺胡同，建于元延祐年间，是北京地区四大清真寺之一。明正德十一年（1516

年）其被修缮，并更名为"朝真寺"；明万历二十一年（1593年）重修；清康熙四十七年（1708年）增建配殿袖亭，其以窑殿穿廊的构造与正殿相通；乾隆年间再次增修；道光年间盖经学学舍16间，与北侧大门相通；同治年间修缮，原寺院向东扩展，扩大前院，在中轴线上建通天阁楼；1933年，部分建筑被日军炸毁，后修复；1945年，该寺为大学校址。1959年其被定为通州区文物保护单位。1966年，该寺后山门、影壁、南井亭、窑殿均被毁，20世纪70年代重建。1995年，该寺成为市级文物保护单位，1996年，重新开寺。

通州清真寺是"大运河北端回民聚居的历史见证"，其在大运河文化带上起着重要的作用。通州丰富多彩的宗教文化与大运河的发展息息相关。大运河作为线性文化带，将沿岸城市和人们的文化交融在一起，实现了文化的交流和融合。

通州清真寺面朝东，跨南北二院。轴线上的主体建筑礼拜殿尚存，其结构为"勾连搭四卷、明三暗五"，形制恢宏，顶式多样，集中国古建殿宇之大成，非常罕见。一、二卷均3间，前为敞厅，卷棚顶，后乃过厅，硬山脊；三、四卷皆5间，前为调大脊，后为歇山脊；四卷明间后为望月楼，四角攒尖脊带琉璃宝瓶。殿内设井口天花，有写意牡丹图案，四周梁枋满饰重彩博古图。数十根朱漆金柱，皆围捏铁线缠枝牡丹，绚丽夺目，独具特色。第二卷两山

之侧，各建一座六角攒尖顶过门亭，各与第三卷稍间相通，此种设计亦属独到。主院北讲堂、水房尚存，有碑记5块嵌砌于壁。

通州清真寺之所以是大运河北端回民聚居的历史见证，是因为明清时期通州城位于北京东约20千米处，"上拱京阙，下控天津"，南壤河北，地理位置优越。元代以来，通州作为大运河漕运的终点和北京城粮食的中转枢纽与仓储之地，吸引了大量回民定居，故通州出现了大量以清真寺为中心的回族社区。回民大多居住在通州老城东南的南大街两侧，逐渐形成了"十八个半截胡同"及相应的回族寺坊社区。

通州水系发达，地理位置优越。在缺少现代交通工具的古代，水运是最便捷的大规模运输方式，而运河则是最为重要的运输途径。明清时期，通州不仅是大运河的中转码头，还是北京重要的粮食仓库。清真寺是回族社区的核心，由于回族的宗教活动及日常生活围绕清真寺展开，所以回族居民习惯围寺而居，以清真寺为核心逐渐扩展聚居之地。所以回族寺坊社区和大运河有着密不可分的联系。2014年，大运河成功申遗，作为大运河沿线的重要节点，通州进一步挖掘了寺坊社区的历史文化，发挥了其历史见证者、通州少数民族文化承载者的重要作用。

三、遗址类一般价值文化遗产点

（一）那家花园——那桐墓

那家花园位于北京市王府井大街，是北京市朝阳区文物保护单位，是清末大臣那桐的私宅，因其去世后葬于此地，故又称那桐墓。现在的那家花园成为餐厅，是一个开放性空间，建筑占地面积为 2 000 余平方米（图 3-104）。

那桐是中国清末重臣，是晚清"旗下三才子"之一，参与签订《辛丑条约》，清亡后迁居天津。清光绪十二年（1886 年）其定居于北京金鱼胡同，住宅称那桐府。那桐府原本只有部分住宅建筑，后逐渐扩建，最大时占地约 1.67 万平方米，房、廊有 300 多间。那桐府是东西走向的四合院，现在所称的那家花园只是其中一部分。那桐府的花园极具特色，辛亥革命期间孙中山第一次来北京时的欢迎会便在此地举行，此后北京上层社会的大型集会常在此地举行，因此其在社会上享有盛名。那家花园距大运河仅有 2.5 千米，是北京著名的私家园林住宅，富丽堂皇，独具匠心，在建造规模上属于中型宅院。早年间受运河文化的影响，那家花园在规划布局上打破了传统的一正两厢和中轴对称的布局模式，布局规划极具南方花园的特色，灵活多变，建筑和院落相互穿插，假山、鱼池、建筑分离，院落中的亭子呈现出不同的风格，使得空间疏密有致，形成巧妙对比。那家花园的园林景色也是其一大特点，园林以假山与池水为主，假

图 3-104　北京那家花园

山的堆叠方式和池水的理水方法都不同于一般园林。那家花园处于街巷之中，周围无活水可引，只能人工引水，于是那府在池塘中间挖了一口井，这才使池水与地下水有了联系。

那家花园还有一个特点就是有水可听。花园中池水曲折，从假山深处六角亭中出来的流水击石便有叮咚之音，可谓远观有山、近听有水，只是做起来颇费人力，并非寻常人家所能做到的。另外，那家花园可圈可点之处还有园中的局部造景手法。位于假山上的澄清榭是全园景致的一个高潮点，登临澄清榭可将东西两个院子的景致尽收眼底，藏于谷中的井亭引得人去探索。假山布局脉络较为清晰，池水的端尾灵动且隐蔽。整体花园的风格虽简约却蕴含山林气氛。假山使用黄石、湖石、青石等堆叠，各有姿态。山石的变化塑造了园中的地形，将园内空间划分为南北两部分，动静分区且自然过渡。独特的山水交融的造园手法形成了一山三石、南喧北寂的空间格局。除此之外，园内还有多种名贵花木，给人耳目一新之感。

综上所述，那家花园算得上是一座很有特色的京城宅园，虽不及京城半亩园的结构曲折，但其总体围绕水池布局，形成不对称的平面和内敛的空间氛围。

（二）李卓吾墓——宗师之铭

李卓吾墓为明墓，为北京的市级文物保护

单位，位于通州区西海子公园（图 3-105）。墓址原位于通州城北马厂村，曾有碑两通，目前仅存明万历四十年（1612 年）詹轸光所立青石碑。该碑方首、方座，通高约 2.5 米，焦竑书"李卓吾先生墓"。碑阴有詹轸光所书《李卓吾先生墓碑序》，序后还有詹轸光凭吊诗二首。此碑于民国初断为三段，1926 年复立，建碑楼。1953 年，墓被迁至通惠河北畔大悲林村南，建砖冢，复建碑楼，嵌迁建碑记。"文革"初，碑楼被毁，1974 年被修复，1983 年墓迁至现址。

李卓吾墓坐北朝南，所占地块长 30 米，宽 12 米，墓的青砖圆宝顶高约 1.5 米，径约 2 米，内安葬李卓吾骨坛。墓前有碑楼，为山墙磨砖对缝须弥座式，庑殿式顶，立明万历四十年（1612 年）之原碑。冢、碑三面围砌十字花墙，傍墙植松柏。从碑楼前下水泥台阶至平地，东西隔甬路并立两碑，东碑上书初迁碑记，青砂岩制；西碑上书再迁碑记，艾叶青石制。两碑之前居中立有"一代宗师"颂碑，汉白玉制。1987 年，李卓吾墓包括台基、栏板都被划入保护范围。

李贽（1527—1602 年），原名李载贽，因避穆宗朱载垕讳，去掉了"载"字，号卓吾，又号宏甫，别号温陵居士，福建泉州晋江人。他于明嘉靖三十一年（1552 年）中福建乡试举人，做了 20 多年的地方小官，明万历五年（1577 年）任云南姚安府知府，后辞官不做，也未回乡隐居，而是过起了独居讲学的生活。李贽一生著书很多，有《焚书》《藏书》《续焚书》《续

图 3-105　北京李卓吾墓

《藏书》等著作传世。李贽的思想具有极强的叛逆性和战斗性，他的著作充满鲜明的反封建主义色彩。他生活在明嘉靖、万历年间，受王守仁（王阳明）学说的影响，对程朱理学和一切伪道学进行了猛烈的抨击。因此，他被统治者和士大夫切齿痛恨并被视为"十恶不赦的异端分子"，他的著作被视为"异端邪说"并一再遭到焚毁。

由于李贽在其多部著作中大胆尖锐地揭露了封建统治者和道学家们的假面具，击中了他们的要害，所以晚年不断遭受打击和迫害。明万历二十八年（1600年），湖北麻城地方官怂

恿流氓以"逐游僧，毁淫寺"的名义，把他寄住的龙潭芝佛院拆毁，李贽只能四处躲避。明万历三十年（1602年）闰二月，都察院礼科给事中张问达上疏，攻讦寄居在通州的李贽，说他"刻《藏书》《焚书》《卓吾大德》等书，流行海内，惑乱人心……狂诞悖戾，未易枚举。大都刺谬不经，不可不毁"。明神宗万历皇帝做了如下批示："李贽敢倡乱道，惑世诬民，便令厂卫五城严拿治罪。其书籍已刊未刊者，令所在官司尽搜烧毁，不许存留。如有徒党曲庇私藏，该科及各有司访参奏来，并治罪。"于是"大逆不道"的李贽被关进了锦衣卫诏狱。不久，李贽在狱中自杀。李贽辞世后，其友马

经纶为其治墓于通州北门外马厂村迎福寺旁。1953年，当地政府由于建设需要，将其墓迁移至通惠河北岸大悲林村南，并购置缸坛，收殓遗骨。西海子公园提升改造时，李贽墓也被修葺一新，供后人凭吊瞻仰。

（三）南皮石金刚——镇寺金刚

南皮石金刚为两尊在唐代雕刻的石像，位于河北省沧州市南皮县（图3-106至图3-109）。其所在地原为兴化寺，为明代初期所建。清朝末年，兴化寺在频频战乱之中被毁，仅留两尊石金刚。1964年，南皮县人民政府为保护石金刚，重新修建了金刚亭。金刚亭为三开间建筑，起脊采用青砖青瓦材质，整体建筑前后贯穿，两侧墙体各开一扇拱门，亭内共有4根明柱，亭前有4层水泥台阶，亭顶可为石像遮挡雨雪，而下部通透敞亮，便于游客观赏石像。两尊石像在亭内东西相向而立，东像双手合十于胸前，两臂托铜，西像则双手扶铜杵地。1966年，西像右脚被破坏，造成右脚残缺。在金刚亭周围，还有不少残缺不全的石像，其中有一尊雕刻尤为精美的无头石像呈双手捧物状。1982年7月23日，南皮石金刚被河北省人民政府公布为河北省第二批省级文物保护单位。

图3-106　南皮石金刚双臂托铜像

图3-107　南皮石金刚双手扶铜像

图3-108　南皮石金刚面部雕刻

图3-109　南皮石金刚背部雕刻

石金刚不仅形象粗壮，而且表现形式极富感染力。其特点一是人物造型丰满。在南北朝时期，雕塑多清秀温和，体态纤细，衣饰为褒衣宽带式，而石金刚的造型与之恰巧相反，不同于温和与纤细，而是浑厚雄伟，体态健实。从整体比例上来看，石金刚头部较大，身材粗短，脸部圆方，面部线条圆润平缓，颈部短粗，胸背壮硕，体态粗犷，雄壮有力。对比其他雕像，其给人平易近人之感，是皇权平民化的艺术表现形式。此外，两尊石金刚都只有一个鼻孔，这种形式是很少见的。

随着佛教传入中国，佛像逐渐演变成富有中国元素的塑像产物，其虽为佛教造像，但由于在唐代佛像演变已基本完成，所以随着文化的发展，佛像形象由传入时的起始形象逐渐演变为中原人形象。石金刚上的服饰文化也体现出当时的审美倾向。石金刚为中国典型的武将装扮，服饰上有龟状纹样。龟在中国传统文化中被定为力大无穷的常胜将军，取龟不死、龟常胜之意。

中国佛教石刻造像的历史可追溯至东汉，自佛教传入中国，受大运河文化传播的影响，佛教在南北朝时期进入空前发展阶段，在隋唐时期，则进入鼎盛阶段。唐朝人以体态丰腴为美，而在佛教文化逐渐衰落的宋朝，人们则以清丽为美，所以佛造像艺术的兴衰也从侧面反映出各历史朝代的思想更迭。南皮石金刚是我国传统文化中一种特有的美学形式，我们要不断地传承与创新。

（四）孙膑石牛——镇河神牛

孙膑石牛（以下简称"石牛"）（图 3-110 至图 3-112），位于河北省沧州市吴桥县。石牛凿刻于清乾隆二十五年（1760 年），其形象源于孙膑骑牛征战的记载。后来石牛多次被损坏，缺少牛角与牛耳，现已被搬运至吴桥杂技大世界园区内。石牛与其下的两层基座连为一体，由一整块青石凿刻而成。石牛整体长约 1.85 米，通高 1.47 米，身高 0.97 米，头长 0.5 米，面宽约 0.3 米，颈长 0.35 米。石牛四肢站立，两只眼睛圆睁，尾呈摆动状，头向左微微侧偏，两耳向后平伸，牛头顶上原本竖有犄角，但是其在抗日战争时期被破坏。

石牛的制作技艺体现出古代的民间智慧。石牛的雕刻手法为圆雕，圆雕又称立体雕，可以雕出可从不同角度欣赏的多维立体雕塑。圆雕的代表性特征之一为完全立体，观赏者可以 360 度观察雕塑的细节和整体。该雕刻手法要求雕刻者从前、后、左、右、上、中、下等全方位进行雕刻，从而形成雕塑的整体构造。此外，圆雕的表现手法非常细腻，整体造型的上下起伏也是圆雕的主要表现手法之一，匠人高超的雕刻手法使石牛栩栩如生，具有很高的艺术价值。

图 3-110　孙膑石牛全貌

图 3-111　孙膑石牛头部雕刻

图 3-112　孙膑石牛腰部雕刻

（五）土桥镇水兽——趴蝮镇水

土桥镇水兽位于北京市通州区张家湾镇土桥村，是北京地区古石桥镇水兽中体量最大、做工最精美的，原嵌砌于元代通惠河土桥（广利桥）东南向雁翅上，原物在嵌砌时因工人操作不当，腰部断裂。土桥镇水兽集线刻技法和圆雕、浮雕等多种雕刻手法于一身，颇具明代雕刻风格（图3-113、图3-114）。其长2.15米，宽0.85米，高0.51米。镇水兽呈卧伏状，扭转头颅，张口瞋目，有犀利的角、整齐的鳞片和卷曲的尾巴，由一块艾叶青石所制。其被列入通州区文物保护名单。

在古代，货物、木材等在张家湾土桥村由水运换陆运去京城要横穿通惠河，因此人们在河上架木为桥，又因附近有广利闸，所以此桥称广利桥。因桥面由灰土填垫夯实，故其又称土桥，土桥所在的村子因此得名土桥村。由于木材承重性较差且不耐磨，因此在明代前期，人们使用石材对该桥进行改造。明嘉靖四十三年（1564年），为保卫北京和保障大运河的漕运，朝廷建造了张家湾城，广利桥的使用率更高了，桥面石材磨损严重，导致很多事故发生，对交通造成了影响。在清乾隆年间，天津人王起凤出资重修了广利桥。这座石桥南北向横跨元代通惠河故道，为单孔平面桥，长11米，宽5米，配有石材护栏。护栏柱和栏板上都刻有几何纹饰，两端栏板由长方形花岗岩石块砌筑，缝隙细小、衔接得当的如意墙及雁翅非常坚固。简要记载乾隆年间重修石桥之事的楷书石刻被嵌于东北雁翅墙上。东南雁翅中间顶部刻镇水兽，用来镇水护桥。

镇水兽是大运河古桥上常见的装饰物，除了起到装饰作用外，还起到标示警戒水位的作用，充分体现了古人的智慧。处于桥两侧驳岸码头位置的镇水兽一般趴在岸边、腿向下伸出，且尾巴呈落下的状态，腿和尾巴的最低点处于同一高度，用以标示警戒水位。

图3-113 土桥镇水兽全貌

图3-114 土桥镇水兽细节

在古代大运河沿线镇水兽被当作"治水神物"，可以说是人们敬畏自然、祈求平安的产物，也反映了古人希望通过水神征服和控制自然的一种强烈愿望。古代"镇水神物"有多种，有铁镬、铁枷、铁牛、铁狮子、铁人、铁龟、石兽、石牛、铜柱等。大运河沿岸的镇水兽则多以趴蝮（又称蚣蝮）形象的龙形石质镇水兽为主，也有少量铁犀。它们常被布置于桥两侧驳岸的码头上以及拱券碹脸的龙门石上、雁翅墙上。土桥镇水兽即为趴蝮。传说趴蝮是龙之九子之一，身份尊贵，故多出现在各朝的帝都。传说趴蝮天生好饮，性善好水，又被称为"吸水兽"，可调节河水水位，保佑一方平安。

（六）宝光寺铜钟 ——佛道铜钟

明景泰年间，宝光寺前院增建钟楼一座，有一口铜钟悬于宝光寺钟楼之上。1976 年，唐山大地震殃及通州，宝光寺定光佛塔半圮。随后，塔身及寺内建筑被一并拆除，仅余砖塔地宫、明两碑方座及铜钟。1992 年，铜钟被移到博物馆中展陈，现存于通州博物馆内，为该馆镇馆之宝。铜钟高 1.75 米，直径为 1.1 米，重约 1 750 千克，纹饰精美，铭文清晰。

宝光寺铜钟（图 3-115）作为法器，独特之处在于钟钮上铸有两只惟妙惟肖的神兽（图 3-116），其是龙九子之中蒲牢的形象。因蒲牢生性好鸣，"凡钟欲令声大音，必将其铸于钟顶"。铜钟正面铸有带须弥座的龙纹牌饰，内

书"皇图永固帝道遐昌佛日增辉法轮常转"。顶部铭文均为梵字，在钟肩莲瓣之上和莲瓣之内。钟身铸有"大明景泰"，铭文采用了梵文、藏文、汉文等文字以及咒牌、种子字和真言 3 种形式。钟体上部铭文分为 5 部分，是铜钟铭文的中心。下部铭文分 4 部分，类型较上部趋简。

在明代藏传佛教广泛传播的背景下，大运河漕运使汉、藏文化和释、道文化交融。道教建筑的形式与佛教建筑的形式相互交融渗透。铜钟反映出设计者对佛域空间整体性构建的尝试。巨大的宝光寺铜钟和精美的铭文是见证昔日京城以东最繁华的贸易码头的物证。

图 3-115　宝光寺铜钟

图 3-116　铜钟钟钮上的神兽

（七）沧州旧城 ——古城遗迹

沧州旧城始建于西汉高帝五年（公元前202年），位于河北省沧州市沧县旧州镇东关村西，2013年5月，被列为第七批全国重点文物保护单位。沧州旧城因形如卧牛，又拥有著名的铁狮子，故又名卧牛城或狮子城。作为华北地区较为罕见且保存完整的古代城池，沧州旧城古城墙周长曾达7 350米，现今城墙只剩下西、南两侧的几段残墙。沧州旧城的保护范围以城墙墙基外线为基线，北到60米外的护城河，东到30米外的护城河，南到110米外的浮水故道，西到73米外的沧县棉油厂。现修建的沧州旧城遗址公园以铁狮子和沧州旧城为主题，大量文物保存于此。

宋朝时，大运河上漕运繁忙，船只往来穿梭，

使沧州旧城货物满仓，经济繁荣。城内商铺众多，物资丰富，游人络绎不绝，孕育了灿烂的文化。据有关资料记载，沧州境内的南运河在20世纪中期还在通航，从河南新乡发船经沧州可直达天津，全年通航时间达300天以上，枯水期时也可行驶30吨以下的木船。大运河的繁荣带动了基于码头经济发展起来的大量城镇的发展，这些城镇的发展又带动了沧州旧城的经济发展。但后来沧州旧城遭战乱破坏，加之大运河因河水枯竭而断航，沧州旧城日益衰败。

沧州旧城内有被称为精神图腾的沧州铁狮子，其是中国早期最大的铸铁艺术珍品之一，对我们研究佛教史、雕塑史、中国冶铁史均有重要价值。作为镇海兽的沧州铁狮子见证了沧州码头的兴衰。

沧州旧城遗址还出土了大量清晰印有政和通宝、崇宁通宝字样的宋代铁钱。铸铁钱币制币工艺通过大运河从南方传入北方，使宋代北方也具备了铸造铁钱的能力。铁钱对研究中国货币流通史具有很高价值。同时，考古学家还在该遗址中发现了瓷片、印有绳纹的青砖、瓦当等遗存构件和"三合土"，这些物品又一次印证了此处曾存在过铸钱厂或钱库。

（八）天津鼓楼——无鼓之楼

鼓楼（图3-117）在辽金时期是天津建城以前的屯兵瞭望之所。因大运河漕运日益繁荣，

明永乐二年（1404 年），朝廷在天津筑城设卫。明弘治年间，刘福作为山东兵备副使在此驻兵，将当时天津的土城墙用砖石翻修，并将城中心用于瞭望的建筑改建为鼓楼。明朝时，鼓楼高 3 层，楼身采用中国传统的砖木结构，楼基是砖砌的方形墩台，四面设券门、通道以供通行。墩台上修建了两层楼，在东、西、南、北 4 个门的 2 层供奉观音大士、天后、圣母、关羽、岳飞等。

天津旧城区以鼓楼为中心。鼓楼在旧时用于瞭望和报时。天津鼓楼的特殊之处就在于它

名曰鼓楼却有钟无鼓。鼓楼顶层悬有一口唐宋制式大铁钟，其直径 1.4 米，高 2.3 米，重约 1 500 千克，是鼓楼的灵魂所在。现此钟存放于邃园回廊的水泥座上，作为一件精美的艺术品供人参观。旧时鼓楼早晚共敲钟 108 响。该钟被誉为天津的"钟王"。

1917 年，洪水导致鼓楼的东北角松动。而当时缺乏加固鼓楼用的大砖，故鼓楼长久以来处于残缺状态，外观不雅。1921 年，鼓楼在原址被重建，4 个城门沿用了旧城四门楼之名——"镇东""安西""定南""拱北"。天津鼓

图 3-117　天津鼓楼

楼的重建有两个原因。一是多年来未曾翻修，造成交通不便，长期黄土垫道，鼓楼门洞让车辆无法顺利通过。由于城墙的拆除，洪水入城带来的泥沙造成地面升高，车辆通行越来越困难，车祸增多，也给行人带来了不便。二是自从八国联军侵入津门以来，鼓楼虽侥幸残留，但也遭到不小的破坏。1952 年因修建道路，鼓楼再次被拆除。2000 年 11 月鼓楼再次被重建，并于 2001 年 9 月竣工。重建后的鼓楼长、宽均为 27 米，高为 27 米。在主体修复工程完成以后，鼓楼开始举办各种展览。现鼓楼周边的北马路、东马路、南马路、西马路与鼓楼共同形成了十字形商业街。

旧时，鼓楼与铃铛阁、炮台并称天津"三宗宝"，与著名的古文化街、天后宫、吕祖堂等景点结合，形成了浓厚的地方文化氛围。

（九）河西务城旧址——津门首驿及十四仓

河西务起源于汉魏，崛起于元初，在清代中叶发展至巅峰，曾经有"京东第一镇"和"津门首驿"之称。河西务旧城史称瀛西，旧址位于天津市武清区河西务镇。河西务紧靠大运河西岸，史称河西，其历史可追溯至 608 年大运河开凿之时，可以说河西务是伴随着大运河的发展而发展的。

河西务旧城起初为运河码头，修建的目的

是为路过的漕船提供停泊修船之地。随着漕船停靠和人群聚集，当地的经济发展起来，逐渐形成市集、村落。从东汉到元朝的一千多年间，因河道不断变化，北京至杭州的大运河长度也在发生变化。北京成为国都后，官府通过水路让漕粮直接入京，以此缩短运输的距离和时间。明代河西务旧城位于海子南侧，围绕海子的一条道路将河西务与海子分隔开，这条道路也是河西务对外的主要通道。在水陆交通、陆路交通和漕运的共同作用下，河西务旧城成了"驿路通畿甸，敖仓俯漕河"的水旱两路的交通枢纽。

为了便于漕船停靠和卸货，河西务建造了永备南仓、永备北仓、广盈南仓、广盈北仓等规模巨大的 14 座粮食仓库，并称"十四仓"。十四仓有共计 2 900 多间房，储粮可达数十万石（1 石 = 100 升），可见其规模之宏大，是元大都外围最大的漕粮储存地。当时，十四仓所在地不远处是一片与大运河相接的水域，这里基于地形优势形成了天然的半岛形船港，多条船只可同时停靠，且不影响大运河其他船只通行。十四仓的每个仓库都与码头相接，在此地装卸和转运货物不仅可以节约大量时间，还可以节省人力成本，大大地提高了漕运的效率。船只的停留促进了河西务市集的形成，带动了经济的发展。

河西务旧城作为因漕运而兴起的城镇，主街道方向为东南斜向。为了使市集开放时间延长，留住客人，斜向的街道会使人感觉日落时间会晚些，这样市集的开放时间就延长了。

北运河是大运河主线之一，河西务在北运河的独特区位和作用使其成为漕粮转运中心、漕运咽喉。朝廷为加强对漕运的管理，在此设立海运万户府和都漕运使司，河西务成为兼管河漕的漕运高级机构所在地，其还设置有榷税钞关等机构，河西务钞关一度成为明代大运河沿线七大钞关之一。

河西务镇位于北京和天津的交界处，是从北京进入天津的第一个运河城镇，靠着所处的地理环境成为京畿要塞。借助漕运，河西务的经济、文化、商业等得以发展，并发展为京东重镇。可以说，大运河造就了河西务，是河西务的母亲河。

（十）通州城墙北垣遗址——京城守备

通州城墙北垣遗址位于北京市通州区西海子公园内。13世纪，通州的防御作用加强，从而修建了通州城墙。最初建造时，城墙一共有4座城门和城楼。1450年，明景泰帝对通州城进行扩建。清乾隆时期，通州城西门的旧城城墙被拆除，从此新城与旧城合为一座城。由于此处地处北京到山海关地区的重要关口，并且运河水网密集，通州城成为重要的枢纽和漕粮储存地点，在紫禁城的发展中起到了不可替代的作用。

（十一）古皮城遗址——制皮之城

古皮城遗址位于河北省沧州市南运河畔南皮县城北偏东6000米、张三拨村西约300米处。春秋时期，古皮城为兵家争锋之地，河川纵横，林草茂密，东行不远即是大海。古皮城周围有大片的盐碱地便于炼硝。硝是熟制皮革必不可少之物。

硝制皮革的过程如下。首先将晾干的皮革用钝铲刀去除皮上附着的油膜与残肉，然后将皮浸入清水中一两天，使皮革尽可能恢复至鲜皮状态后脱脂，经浸水、清理、回潮后的皮革即可浸酸硝皮，当皮革板变得柔软，则完成了第一步。之后，将皮革泡入硝液，一天一翻，硝好的皮张需要及时取出晾干，待皮张水分蒸发一半时向四周拉撑皮革以防止其过度收缩；整理经浸酸硝制、晒干的皮革，将发硬的边缘去除，再用手搓皮至其软熟。最后，将成品在烈日下暴晒数天，使残脂挥发，制皮完成。硝制皮革的工艺充分体现了人们在生产生活中积累的智慧。

春秋时期，齐桓公北伐山戎至此，为给军马修制皮革盔甲，需晾制皮革，于是筑建晾皮亭，此处遂称古皮城。现古城早已消失，但遗迹尚存。古皮城遗址呈方形，东西长465米，南北宽426米。北城墙残高3~5米，墙厚20米。城四面都有城门（缺口），门宽约28米。

良好的军事位置以及丰富的硝资源使古皮城一直兴旺到北魏时期，后北魏将渤海郡郡治迁址到东光，古皮城随之向南迁移，原城即废。今古皮城废墟上发现有灰、红色陶器和碎片，其上纹饰多样，有绳纹、方格纹、菱形纹等。此地出土的唐三彩、釜内托、铜箭镞等文物也有力地证明了在唐朝时这里仍然人口稠密。

2018 年，古皮城遗址被列为河北省文物保护单位。古皮城遗址具有重要的历史、文化价值，为研究南皮历史提供了丰富的物证。

（十二）长城始迹——北齐土长城

北齐土长城遗址位于北京市通州区永顺镇窑厂村，始建于北齐天保年间，距今已有 1 400 多年的历史。北齐土长城的修建目的是朝廷加强北部边防。随着隋朝统一全国，具有防御功能的北齐土长城也就失去了作用，逐渐废弃。到了明初，通州城区民房需求量增大，大量老百姓从长城遗址掘取土石烧制石砖，导致原本 200 多千米长的长城遗址仅存 150 米，最窄处仅为 9 米。目前，北齐土长城遗址距南运河仅 1.5 千米，交通的便利使得当地的窑厂繁荣一时，同时也使得北齐土长城遗址被越来越多的人所熟知。北齐土长城遗址已经被列为通州区文物保护单位，是我国目前存留的最古老的古长城遗址之一。

由于长城体量大，修筑长城时往往采用"就地取材、因材施用"的原则。北齐土长城所处地区多黄土，当地工匠在修建长城时便采用了夯土墙的建造工艺。夯土是一种中国古代建筑的常用材料，其特点是土质结实、密度大，可做成压制混合泥块，多用于房屋等建筑。

夯土的大致方法是干打垒，分层夯实土层是需要多人参与的高强度体力劳动。通常，夯土时不能直接使用生土，而要把生土与熟土掺在一起，目的是避免土墙开裂。修筑者依自己的经验将黄土、黏土等按比例混合，将混合后的泥土注入木板夹层中，层层堆叠，夯成土墙。这种土墙造价低廉、工艺简单，在节省大量运输费用和加工费用的同时，又加快了施工速度。

作为大运河文化带上的一处重要文化遗址，北齐土长城不仅仅是一处防御外敌入侵的工事，还象征着我国古代劳动人民的智慧和不屈不挠的精神，反映了人们爱和平、恶战争、喜安宁、厌掠夺的感情。

四、工业及近现代遗产类一般价值文化遗产点

（一）通州起义指挥部——老衙门

通州起义指挥部俗称"老衙门"，旧址位于北京市通州区通州卫胡同。通州作为拱卫京城、保卫大运河北端的战略性要地，直接影响京津的大运河漕运和京通二仓（京城粮仓和通州粮仓的统称）之间的关系。明朝在通州旧城北半城不到 2 平方千米的区域内，设有 5 处兵马指挥所，其密集程度可以直接反映出此地的重要性。

通州起义指挥部的历史可追溯至明代。明建文四年（1402 年），燕王朱棣曾将通州卫指挥使衙门设置于通州起义指挥部旧址；清顺治二年（1645 年），此处改为通州卫所之署；清光绪二十七年（1901 年），此地设立提督衙门，有清兵驻扎于此；清光绪三十年（1904 年），湖北常备军驻扎通州，将此处设为指挥部。之后几年军阀混战，此处一直是军队的军府，俗称"老衙门"。1935 年，以殷汝耕为首的伪政府将此地设为保安部队驻扎地。

发生在这里的通州起义是中国抗日战争期间冀东伪政府下属的通州保安队一起伪军反正事件。1937 年 7 月，驻扎在此地的保安队不堪日军驱使，为表决心，决定与此地的日本军队进行交战，张庆余等人发动武装起义，进攻日军兵营并抓住殷汝耕等人。虽然此次起义没有成功，但是却对当时日本扶持的所谓的"自治政府"形成了沉重打击。老衙门便是通州起义的策源地和指挥所。此地先后涌现了张庆余、王治增、王丕丞、蔡德辰、张文炳等壮士。此次武装起义事件成为大运河文化历史中重要的事件节点。

现在的通州起义指挥部旧址被改为纪念馆，占地约 1 630 平方米，是一个坐北朝南的二进四合院，还隐约有着清代建筑的模样。通州起义指挥部有倒座房 5 间，有金柱大门、木隔扇、硬山合瓦元宝顶。建筑内部为五架梁结构，彻上明造（也称"彻上露明造"，是指屋顶梁架结构完全暴露，使人在室内抬头即能清楚地看见屋顶的梁架结构的建筑物室内顶部做法）。正厅与后厅各 5 间，建筑形制与倒座房一致，东西配房各 3 间，采用硬山合瓦式屋顶、步步锦样式窗户。后院西跨院有正房 3 间，采用硬山仰瓦式屋顶、步步锦样式窗户，下为浮雕花鸟板，雕刻有花鸟纹样。

现在通州起义指挥部所在街道的建筑已被全部拆除，仅剩通州起义指挥部遗址纪念馆，其建筑也全是后期重建的。通过仿造的建筑，我们依稀可以窥探到当年的历史痕迹。通州起义指挥部见证的这段历史将永远印刻在运河发展史中，成为运河文化中的一颗璀璨明珠。

（二）义和团纪念馆——义和团吕祖堂坛口遗址

天津义和团纪念馆位于天津市红桥区，此地原为义和团吕祖堂坛口遗址（图3-118）。其是我国保留至今的唯一的义和团坛口遗址。在历史上，义和团火烧紫竹林租界、攻打老龙头火车站等一些重大决策都是在这里做出的。1900年，义和团首领曹福田起义，将这里设为总坛，作为义和团在天津的总指挥部。大运河是连通诸多城市的交通动脉，漕运也与两岸的民生息息相关。19世纪末，朝廷腐败、民不聊生，贪官污吏通过漕运压榨百姓，漕夫饱受欺压，处境艰难，曾有"运河水，万里长，千船万船运皇粮，皇粮装满仓，漕夫饿断肠……"的说法。八国联军攻入北京后，清政府被迫签订《辛丑条约》，并颁布"漕粮改折诏"，将漕运改为铁路运输，漕粮水运中断，民众受到的压迫更加残酷，民生凋敝。很多失业的漕运工人加入义和团，天津成为义和团起义的重点城市。

吕洞宾即吕祖，他被奉为道教祖师爷之一，很多地方建有吕祖庙供奉吕洞宾。义和团吕祖堂坛口遗址现作为天津义和团纪念馆对外开放。纪念馆占地面积约1 600平方米，主要建筑有山门、前殿、后殿、五仙堂等，依清朝建筑风格修建。天津义和团纪念馆的陈列区总共分为3个部分：第一部分为复原陈列部分，殿内摆

图 3-118　天津吕祖堂

放着吕洞宾及其两位弟子的塑像；第二部分展示义和团运动的发展史，介绍义和团兴起和斗争的主要历史，展示相关照片等；第三部分为义和团主要首领的复原雕像，有曹福田、张德成、林黑儿和刘呈祥的雕像，再现了他们议事的场景。天津义和团纪念馆现在为天津市爱国主义教育基地和国防教育基地，能够让人感受到中华儿女曾经的顽强反抗精神，起着振奋民族精神、进行文化科普的作用。

（三）富育女校教士楼及百友楼——女子学校

富育女校（富育女学校）（图 3-119）教士楼及百友楼位于北京市通州区玉带河大街。原教学楼初建时名百友楼，后称富育楼，是北京的市级文物保护单位。富育女校教士楼前身为清同治年间美国基督教牧师富善创建的安士学道院，清光绪二十六年（1900 年）庚子之变时被烧毁，清光绪三十年（1904 年）此处建教士楼，1905 年其更名为富育女子学校，1927 年改称私立富育女子中学，1929 年在校学生捐建教学楼，该楼名百友楼。在五四运动中，该校的师生上街游行，声讨英、日帝国主义侵略者屠杀中国

图 3-119 北京富育女校

工人；朝鲜战争时期，该校师生又抗议美国侵略朝鲜。这里也是早期北京女性的启蒙摇篮，冯玉祥夫人、新中国第一任卫生部部长李德全女士和我国近代妇幼卫生事业创始者之一的杨崇瑞女士皆毕业于此校。

富育女校教士楼及百友楼为两层仿清建筑，建筑坐西朝东，为砖木结构，进深3间，面阔9间，采用悬山箍头脊屋顶，梁架为七架梁。建筑正吻为龙首模样，镶嵌在屋脊两端，垂脊中间设有一双蛟龙头，垂脊脊端有五条龙作为装饰。排山滴水勾头等瓦件皆装饰有花卉纹样。山墙上雕刻有二龙戏珠，明间前出抱厦一间，建筑檐下有苏画，门额上有"富育女学校"汉白玉门匾。

李德全女士和杨崇瑞女士与富育女校教士楼有着很深的渊源。李德全女士曾经在抗日战争全面爆发之后与中国共产党密切联系，鼓励广大妇女参与抗日战争，积极投身抗战一线。中华人民共和国成立后，她担任我国第一任卫生部部长，也曾作为中国代表出席世界妇女代表大会。

20世纪20年代，杨崇瑞女士曾在北京朝阳门外设立妇产科门诊，这是她妇幼保健工作的开始，也是我国妇婴卫生工作的开端。基于实践，杨崇瑞女士总结出诸多妇婴卫生理论，为该学科做出了很多贡献，如编写《妇婴卫生纲要》《妇婴卫生学》等。杨崇瑞女士是我国妇婴卫生理论与实践的开拓人。

富育女校教士楼及百友楼是中国早期西式学校中具有中式风格的教学楼，与西式洋楼形成了鲜明的对比。

（四）北洋大学堂——中国第一所现代大学

北洋大学堂旧址位于天津市红桥区光荣道2号。北洋大学初名天津北洋西学学堂，成立于1895年，是天津大学的前身，曾名北洋大学校、国立北洋大学，是中国第一所现代大学，开中国高等教育之先河。其按照美国的教育形式办学，全面引进西方教育模式，开创的最初目的是培养人才以自强。最初，学校虽然只有律例、工程、矿冶、机械4个学科，但是也标志着中国高等工程教育的开端，体现了"兴学强国"的办学宗旨。在随后的几十年，学校教学科目不断丰富与完善，为中国培养了一批又一批先进人才。

北洋大学旧址现存团城、南楼、北楼3座建筑。团城约建于1930年，占地面积约为950平方米，建筑面积约为900平方米，建筑为一层砖木结构，青瓦坡顶，外立面用青砖饰面。茅以升任北洋大学校长时曾居住于此。团城的建筑风格中西合璧，采用中式四合院的布局形式，内部为西式装修风格，整体体现出在当时的社会背景下形成的现代与传统并行的形式。

南楼始建于 1933 年，占地面积约为 2 500 平方米，建筑面积约为 4 900 平方米，为 3 层砖混结构建筑，用红砖饰外立面，立有门匾"北洋工学院"，现为河北工业大学校史馆。北楼始建于 1936 年，占地面积约为 2 300 平方米，建筑面积约为 4 800 平方米，同为 3 层砖混结构建筑，入口处设有六角形门厅，建筑布局对称，外立面用红砖饰面，立有牌匾"北大楼"。北大楼现为河北工业大学教学楼。南楼和北楼均为德式教学楼。

北洋大学的创办不仅结束了我国传统的封建教育形式，推动了我国新思想的发展，更促进了我国近代教育的发展。

（五）福聚兴机器厂——华北工业之源

福聚兴机器厂旧址位于天津市红桥区三条石大街，是三条石工业区现存较为完整的工业遗产，也是华北地区唯一被完整保留下来的中国早期旧工厂遗址。可以说，它反映了天津机械制造业的发展史，是天津近代民族工商业的缩影，更是天津民族工业的发祥地（图 3-120）。

福聚兴机器厂在 1926 年由王维珍创办。1968 年，福聚兴机器厂旧址正式移交三条石历史博物馆管理。其占地约 370 平方米，从建筑风格来看，厂房采用我国北方传统的民居住宅风格，建筑形制为四合院砖木结构。天津风沙

图 3-120　福聚兴机器厂旧址

较大，四合院形成的环绕天井可以有效阻止风沙进入室内。院落为南北向，北面的正房高于南房，有利于保证采光和通风。庭院面积大，即使在冬季日照数少的情况下也可以保证有足够的阳光照进室内。福聚兴机器厂由前后柜房、机器车间、仓库、锻工棚、厨房、院落等组成。最为核心的建筑是机器车间，占地约 110 平方米，四面开窗，目前保存有 13 台当年使用的老机器。最为亮眼的是"天轴皮带"，它是天津近代工业智慧的象征。

福聚兴机器厂旧址现被改为三条石历史博物馆。三条石历史博物馆存放的物品有很多是天津民族工业史上的"第一件"（如早期的铁木结构水车、手摇式鼓风机、车床、钻床等工业设备），它们是天津工业文化的重要组成部分。现在三条石历史博物馆与天后宫、天津之眼、耳闸等共同构成了天津文旅线，不仅向人们展示了天津工业发展的历史脉络，也展示了中华人民共和国成立后工业促进中国再度繁荣的进程。

（六）金钢桥——津门"老桥"

金钢桥位于天津张自忠路与海河东路之间，横跨海河，是天津市主要的通行桥梁。其始建于 1903 年，俗称"老桥"，一些史料中也称其为"窑洼浮桥"。为了增进河两岸的交流，1924 年原先的浮桥被改成钢梁双叶立转开启式钢架桥，因是钢结构，故称金钢桥，该桥是我们现在所看到的金钢桥的前身。金钢桥位于北运河、永定河、大清河、子牙河、南运河五条河流的交汇口。随着漕运的兴盛，南北流通的商品在海河周围迅速汇集，导致当时的海河上架起各式桥梁。

1924 年所建的金钢桥桥长 85.80 米，宽 17 米，两旁各有 2 米宽的人行道，桥墩为钢筋混凝土结构，整体没入河床。其独特之处是桥梁可由电力杆操控，使中间成"八"字形，从而可使船从下边通过。

1996 年，这座见证了天津发展的老桥因桥底钢板严重腐蚀成为一座危桥，所以政府对金钢桥行了重建。新建的金钢桥单纯使用铆钉固定浮桥，在钢质的柱内填充混凝土，上部钢结构的拱梁和桥身之间使用拉杆连接。金钢桥特有的拱梁设计，一方面可以分担桥内部拉力，另一方面可以减小长期车辆行驶带来的水平位移，在应力分布上具有独特的优势。左右两段与主拱桥相连的引桥分别以由钢管制成的四分之一水平弧作为支撑，桥上方的压力通过柱子传递给这些圆弧和拱柱，从而把压力传导给地面。

金钢桥不仅具有实用性，而且符合国际上工业建筑的审美潮流，成为海河上一处极为亮眼的景观。

（七）大红桥——津门第一铁桥

大红桥是天津市市区现今仅存的 3 座开启式铁桥之一，为天津市文物保护单位（图 3-121、图 3-122）。它位于红桥区子牙河下游，桥身连接子牙河南北两岸，北通红桥北大街，南连新河北大街，其前身是一座木制拱桥，建成后又经历倒塌和重建。由于其地处天津市较为繁华的物流与商业中心，故通过此桥来往者众多，其对天津早期商贸区的形成产生了重要的影响。

图 3-121　天津大红桥旧貌

图 3-122　天津大红桥现状

天津自 1860 年开埠通商以后，快速成为中国北方地区的经济中心，一度与上海并列为中国南北方的商业明珠。大红桥作为中国第一座钢桥，在清光绪十三年（1887 年）开始筹建，于次年落成。为方便来往船只通行，桥身采用单孔拱式结构，由 4 根拱肋形成空腹式拱架，犹如一道飞虹架设于 50 米宽的河面上，故桥又名"虹桥"，一度成为当地的标志。

1924 年入夏后，特大洪水从江南诸省漫及天津，持续冲击河道两侧的桥台，不久河岸护基便被掏空，由青条石砌筑的桥台和护岸被大水全部冲垮，大红桥倒塌。在大红桥倒塌近 10 年后，国民政府于 1933 年计划在原地筹建新桥，建设工作由李吟秋先生主持。在总结之前桥梁坍塌的原因后，经过反复讨论，建设方案采取加固护岸并将桥梁主体长度增加 20 米的方法。因成本和建设难度大幅增加，新方案一度饱受争议，甚至被当时海河工程局的哈代尔总工程师明确反对，但采用该方法建造的桥梁使用至今依然状况良好，证明了李吟秋先生当时力排众议的决策是正确的。

桥梁重建完工后，该处的交通恢复了便利，周边经济得到快速发展，天津渔业公司大红桥官办店、中利料器公司、津保轮船有限公司等经济实体在其重建后陆续建成。从长期发展来看，这次重建工作不仅建设了桥梁本身，也促进了当时河道两岸鳞次栉比的商铺的形成，重塑了喧嚣繁华的商贸景象。

（八）万字会院 ——通州续史

万字会院位于北京市通州区中仓街道西大街，是在古代庙宇三官庙遗址上建造的。万字会院是"万字会"组织的历史见证。万字会院的大厅、前厅、后厅的墀头上雕刻有"卐"字，因此得名"万字会院"。其于 1985 年 9 月被公布为通县（今通州区）文物保护单位，现作为展出大运河相关文物以及宣传大运河悠久历史文化的展览馆。

该馆是一座保存完好的清代二进四合套院，以墙体为边线，形成一个围合的方正空间。垂花门、东西厢房及正房围合成二进院落，具有典型的北京建筑风格，颇具地方特色。整个院子坐北朝南，面临古城西大街，采用传统北京民居所采用的轴线布局，有山门 3 间、前殿与正殿各 5 间、东西耳房各 1 间，东西配殿各 3 间。四合院左右两侧的空间对称分布，建筑体量均保持一致。建筑形式为硬山筒瓦箍头脊。建筑装饰采用墀头高浮雕折枝花，这在北京建筑中实属罕见。前殿与正殿顶式与山门相同，墀头仍雕"卐"字，现改为玻璃隔扇。后院正殿前有一座清代制成的带浮雕龙纹的青砂岩花坛，其直径为 2.35 米，边宽 0.41 米，由数块石头拼接而成，做工精美。在前廊山墙前嵌如意头长砖浮雕。整个院落的建筑保存完整。

通州是大运河的北起点。1991 年，此院被辟作通州博物馆，馆内固定设置"古代通州"展区，介绍通州的漕运历史及文化。

第三章

第四章　　非物质文化遗产的独特技艺

在漫长的历史岁月中，大运河的兴衰起伏和河道航运密切相关，其沿线不仅遗留下来众多有价值的物质文化遗产，还产生了非常宝贵的非物质文化遗产。这些非物质文化遗产同样是大运河文化带的重要组成部分，其超越地理空间形成的文化影响更为广泛和深远。本章笔者在研究的过程中遵循真实性、整体性和传承性的原则，为了实现对大运河文化带的整体性研究，对大运河京津冀段沿线的9类30项非物质文化遗产进行了分类梳理，并以形成方式、传播方法、发展演变与大运河的关联性和现存影响力为取舍依据，挑选出了其中最有代表性的8项非物质文化遗产——杨柳青木版年画、妈祖祭典（天津皇会）、花茶制作技艺、生铁冶铸技艺（干模铸造技艺）、灯彩（北京灯彩）、津门法鼓、沧州武术、通州运河船工号子进行介绍。笔者对以上8项非物质文化遗产的起源、发展和现存情况进行了调研梳理，并且对每一项非物质文化遗产的文化特点、价值构成及其流变与大运河功能变迁的关系做了有针对性的深入研究。这些文化遗产直至今日仍然影响深远，与大运河沿线城镇的社会经济、文化审美等深度融合。对它们进行研究有助于呈现大运河文化遗产的多元价值，探索物质文化遗产与非物质文化遗产之间的关联与转化，使大运河文化遗产在当前时代更易被活化利用。

第一节 木版年画的艺术代表——杨柳青木版年画

大运河源远流长，孕育出了许多优秀的非物质文化遗产，其中有一种民间年画艺术形式享誉海内外，那就是"杨柳青木版年画"。杨柳青木版年画属于木刻版画。在明万历年间，以杨柳青镇为中心的周边村庄开始制作年画，由于此地具有深厚的历史文化底蕴，年画制作工艺得到了快速发展，并如同流淌的大运河一样，滋养着一方水土，使得杨柳青木版年画成了当地民间木版年画的杰出代表（图4-1至图4-3）。

一、杨柳青木版年画在历史发展契机中的演变

杨柳青镇早在明清时期就是大运河上的重要枢纽，素有"沽上小扬州"之称，南北的文化交流为年画的创作提供了丰富的题材。南运河、大清河和子牙河三河交汇的地势特点使杨柳青镇内的土质适合杜梨树生长。《西青区志》记载："……镇附近村庄盛产杜梨木，适于刻版，因之乡民刻印门神、灶王、钟馗、天师、月宫图之类逢年过节出售，以补生计。明永乐十三年，南运河开通，地方日渐繁荣，习此艺者渐增。"大量杜梨树、枣树的种植为木版年画的雕刻提供了原材料。杨柳青镇位于津城西部，大运河带来的南北文化在此交融，特殊的位置条件促进了市场需求的增长，始于明、盛于清的杨柳青木版年画成为这个地区的必然产物。"家家会点染，户户善丹青"正是对杨柳青木版年画发展的兴旺景象的形容。当然，一种艺术形式真正发展到高峰一定是和当地的民间文化、民间审美、民风民俗密切相关的。民间风俗是广大民众在生活中创造形成的、在历史中传承演变的，是地域文化发展的特征集合。

杨柳青木版年画以宋、元传统绘画为基础，并且巧妙地结合了木版印刷和手绘两种方式，

图4-1 杨柳青木版年画人物形象1

图4-2 杨柳青木版年画人物形象2

图4-3 杨柳青木版年画人物形象3

又融合了戏剧人物塑造和工艺美术。工艺风格与手绘风格结合得浑然天成，这使杨柳青木版年画成了一种富有浓厚民间艺术特色的民俗艺术形式（图4-4、图4-5）。当地创作的木版年画并非单纯用木版模具印刷制成的，而是首先找技艺高超的雕刻师傅雕刻出木质年画模具，然后再给模具染上所需的颜料，纸张经过单色木版印刷后，再由技术高超的画工在年画上绘上彩色的线条，起到画龙点睛的作用，使年画更加精美，增强观赏性和艺术性。杨柳青木版年画的题材广泛，涵盖了民众生活的方方面面，表达了人们对红火生活的向往。杨柳青镇制作年画最为有名的当数炒米店村，这里家家户户世代以制作年画为生，是真正的年画之乡。

杨柳青木版年画发展的最盛时期是清代。

在康熙和乾隆时期，杨柳青木版年画呈现出构图丰满、线条工整、色彩鲜艳的特点，画上人物的头部、脸部等重要部位多以金色晕染，自成一格。这个时期的年画的细节十分考究，人物的神态动作尤为生动，年画中活泼有趣的生活成分逐渐增多。到了嘉庆、道光年间，年画更加有趣生动，而且风格多样，体现的内容也越来越多，艺术性亦逐渐增强。

大运河的发展兴盛是推动杨柳青木版年画发展的一个重要原因。杨柳青镇地处北方，其实并不盛产年画绘制所需的颜料和纸张。虽然杨柳青枣木、杜梨木等刻版材料充足，但缺乏适宜的绘制材料，也无法绘制出栩栩如生的精美年画。大运河的开通使得制作年画所需的各种材料与工具能方便地运进杨柳青镇，同时也

图4-4　手工刻制雕版

图4-5　年画雕版

大运河文化带（京津冀段）文化遗产的保护与传承

使得杨柳青出产的年画能更加方便地销往更广的范围，大大节省了人力和物力。便捷的水运交通促进了杨柳青木版年画的快速发展。杨柳青木版年画的制作逐渐出现了彩色套印技术，实现了木刻水印和手工彩绘全套工艺的结合。随着商业的发展以及水运交通的进步，大运河沿岸的商贸活动更加活跃，杨柳青木版年画在全国各地广为销售，一时闻名天下。《杨柳青镇志》记载了杨柳青木版年画迅速发展，名气与日俱增，广为销售，发往全国各地的情况。大运河使得各地商船云集杨柳青，促进了年画的发展，水路运输的便捷也使得各地文人、画师在此进行艺术交流。在这些因素的推动之下，杨柳青木版年画快速发展起来。

勾描、木刻、水印、彩绘和装裱是制作一幅杨柳青木版年画的五大流程（图4-6至图4-10）。勾描是指画师在木板上勾勒出图画的黑白轮廓，创作年画之"骨"。木刻是指将创造出的画样墨线稿或套版稿反粘在木板上，用刀逐线在木板上精心雕刻勾成的轮廓以刻成版样。水印是指将刻完的线版和套版逐次套印，线版印墨，水印上色。彩绘是杨柳青木版年画独有的特色，国内大多数木版年画印好即算制作完成，而杨柳青木版年画还要经过彩绘的步骤，包括抹粉、勾脸、开眼、染嘴。装裱是指将制作完成的年画按字画的装裱方法进行装裱。装裱形式一般有托裱、画轴、镜心、册页等，一些大众普及品可不装裱而直接张贴。

图4-6 制作步骤——勾描

图4-7 制作步骤——木刻

图4-8 制作步骤——水印

图4-9 制作步骤——彩绘

图4-10 制作步骤——装裱

二、年画满足民众精神的物化需求

年画表现的内容富有生活哲理，弘扬传统文化。有的年画倡导知善感恩、忠孝礼仪、明辨善恶等，有的倡导与自然和谐相处。作为年画之首的杨柳青木版年画（图4-11至图4-15）也成为面向特定地域的民众进行宣传和传播艺术的载体，是天津地域性民众精神在物质上的具体体现，具有积极向上的精神指引作用。年画的题材和内容随着社会的发展不断变化，在古时社会信息传播不发达的年代，老百姓在更多的时候靠着年画上的故事、风俗来解闷，靠历史典故来教化下一代。清末民初时，男女平等的思想意识在社会中开始渗透、传播，如《女子求学》描绘的就是两位女子手持书本向先生求教的场景，画面上的题字呼吁女子要"认字""求学"，引导女性形成积极向上的进取精神。李光庭的《乡言解颐》对年画如此描述："扫舍之后，便贴年画，稚子之戏耳。然如《孝顺图》《庄稼忙》，令小儿看之，为之解说，未尝非养正之一端也。"其中"养正"指的便是年画的教育功能，如杨柳青木版年画《庄稼人乐庆丰收》描绘的劳动场景，就有教育作用。

年画中还有从历史故事或民间传说演变而来的题材，"图绘者，莫不明劝诫，著升沉，千载寂寥，披图可鉴"，故其可对民众的

图4-11　《女子求学》

图4-12　《鱼龙变化》

图4-13　《五子夺莲》

图4-14　《莲年有余》

图4-15　杨柳青木版年画人物形象

图 4-16 描述生活场景的杨柳青木版年画

图 4-17 戏曲题材的杨柳青木版年画

图 4-18 《时光十二月斗花鼓》

图 4-19 《财神接财》

图 4-20 《沈万山接财神》

精神喜好和价值追求起引导作用（图4-16至图4-20）。例如，年画《二十四孝图》《举步常看虫蚁》等提倡人们要心存善念，有礼孝仁慈之心。根据戏曲绘制的《水浒传》《三国演义》等年画可引导大众追求肝胆侠义、忠心为国。还有部分年画借谐音、谐意，通过画面上的文字或图形与吉祥事物的关系，体现人们的美好愿景。《瓜瓞绵长》取自"绵绵瓜瓞"，寓意丰收甜蜜、子孙繁衍。《桂序昇平》中的"桂"与"贵"谐音，画面中的桂树是民间象征富贵的植物，桂花又与月亮、月兔相关联，寓意阖家团圆和富贵平安。《五福临门》中蝙蝠的"蝠"与"福"谐音，也是采用谐音来祈福的年画。

三、年画呈现的文化内容与大众审美息息相关

杨柳青木版年画畅销全国各地。其制作特色鲜明，取材也十分广泛，体现生活中的传统文化习俗，题材有神话传说、戏曲故事、风景花鸟、吉祥人物等，形式雅俗共赏，人物形态质朴。其艺术风格体现出了普通大众的审美观。

杨柳青木版年画的制作受到传统五行色的影响。绘制年画的艺人对色彩的运用也形成了一定的范式。年画的色彩搭配和选择反映出民间文化特有的审美情趣和情感取向。在色彩饱和度高低方面，正色和间色的运用反映出表现对象地位的尊卑，色彩的搭配形式也能反映出内容主题的寓意。同时，民间年画的用色富有极强的生命力，它们大都用色浓艳亮丽，表现出欢乐喜庆的氛围。这种具有特色的画面除了能增强视觉效果和年画自身的功能性外，也反映出民间美学的特色，这与中国传统人文画表现的高雅格调和隐晦的社会内容形成了鲜明的对比。

杨柳青木版年画已不仅仅是一种画种的再现，更是演化成一种审美的符号和文化阶层的象征，无论是其中的造型还是色彩都是对传统文化内涵的表现。鲜明的表现特色和丰富的题材使杨柳青木版年画呈现出鲜活的生命力，成为与大众审美互动的直接要素。

此外，杨柳青木版年画的风格和题材深受大运河漕运文化的影响。随着中国漕运的兴起，大运河成为联系中国南北的重要交通动脉，杨柳青镇成了南北方文化商品的重要集散地。商业和文化的逐渐繁荣促使杨柳青形成了十分有特色的民俗文化，因此杨柳青木版年画借此取材来表现人们生活的富足。多样文化的相互交融十分有利于杨柳青木版年画题材的创新和拓展，如表现生活繁荣景象的题材，刻画宫廷建筑、园林、仕女等的题材，有关戏曲的创作题材等（图4-21至图4-23）。另外，由于杨柳青镇靠近京城，人们对年画的内容、刻画手法和文化艺术水平都有着较高的要求。其用色与其他年画不同，没有直接使用具有浓厚世俗气息的原色，而是使用精心调制的丰富的、润泽的色彩，明暗突出，细腻精致。再加上各地的达官显贵

图 4-21 《九子登科闹学》

图 4-22 《加官进禄》

图 4-23 文人雅集类杨柳青木版年画

和富商因大运河聚集在此，各地习俗和高雅文化也因大运河融合在一起，这些都促进杨柳青木版年画向更高水平发展。此外，南方的绘画艺术通过大运河漕运传来，使杨柳青木版年画得以吸收更多的绘画技巧和艺术手法。同时，京城的宫廷画也对杨柳青木版年画产生了很大的影响，使其呈现出瑰丽大气的画风。

第二节 妈祖信俗的文化代表——妈祖祭典（天津皇会）

据史料记载，天津皇会最早起源于清康熙年间，又称"娘娘会"，是我国北方的一种大型民俗活动，是为了庆祝妈祖诞辰而举办的。大运河漕运和海河文化的发展给天津人带来了妈祖信仰，人们通过举办祭祀活动、各类民间艺术活动等大型的庙会活动来祭祀妈祖，其中规模最大、影响范围最广的就是天后宫皇会（图4-24、图4-25）。

皇会可以说是天津每年都要举办的盛典。

举办皇会时，活动通宵达旦，路上车水马龙，各种表演技艺、绝活云集，人流络绎不绝。皇会从农历三月十六日开始，第一天的活动是"送驾"，这一天人们会将被供奉在庙中为大家祈求福泽的天后娘娘接出，参与皇会表演的队伍表演各地的节目，欢送天后娘娘回家去看望父母，共享团圆。三月十八日是接天后娘娘回宫的日子，俗称"接驾"，沿途的表演和送驾时一样，精彩纷呈。每到农历三月二十日、二十二日这两日，各地的接香会则会抬着香

图4-24 《天津天后宫皇会图》局部（组图）

图 4-25　皇会活动场景

锅从天后宫开始沿周围的街巷行进，沿途的人们便可借此机会祈福还愿，祈求新的一年平安顺遂。接下来的一天便是祭祀活动。农历三月二十三日这一天是天后的生日，人们前往天后宫朝拜，香火极其旺盛。这一天结束之后，整个皇会仪式也便画上了句号。

皇会的习俗一直延续至今，最鼎盛的时期是在清代，后来由于战争的影响，皇会就很少举行了。天津古文化街修复完成之后，皇会又一次作为传统文化活动进入大家的视野。2008年，妈祖祭典（天津皇会）正式入选国家级非物质文化遗产代表性项目名录。但较传统的天后宫皇会来说，如今的皇会已经发生了不小的变化。现代皇会又称妈祖文化节，每年农历三月二十三日仍然会进行各项表演活动，好不热闹（图 4-26 至图 4-29）。

皇会所代表的妈祖文化是中华民族超凡文化创造力的体现，是各地文化交流和共享的纽带。过去，各地民众经由大运河不远万里赴会，成就一番盛景，运河上能停靠船舶的地方挤满了船。来自全国各地的商人、游人在此聚集，将各地多种多样的文化传播开来，使得多元文化交相辉映。天后宫皇会为天津的发展带来了很多积极的影响，大型的集会不仅为商业与经济的发展带来了更多契机，也使丰富多彩的民俗文化活动渐渐成了一种地域特色。同时，作为宝贵的非物质文化遗产，天后宫皇会也推动了天津旅游文化产业的发展。

图 4-26　皇会活动场景 1

图 4-27　皇会活动场景 2

图 4-28　皇会活动场景 3

图 4-29　皇会活动场景 4

大运河文化与茶叶文化息息相关，大运河两岸的城市孕育出了深厚的茶文化。唐宋时期盛行的饮茶之风源于隋唐大运河的开凿，隋唐大运河也是南茶北运的重要路线。唐代封演所撰写的《封氏闻见记》中有这样的记载："自邹、齐、沧、棣，渐至京邑城市，多开店铺，煎茶卖之，不问道俗，投钱取饮。"这些茶从江淮运来，数量多，品种也多。

如今著名的北京花茶制作技艺（图 4-30 至图 4-32）就起源于江南。南方的花茶制作技艺沿着大运河一路北上，传播到北京地区。过去的北京人效仿苏州人、扬州人，以喝花茶为主，并且逐渐喝出了具有地方特色的茶文化。北京民间的花茶像是扬州和苏州花茶的仿制品。以前的老北京人将茶叶称为香片，小叶茉莉双熏是其代表，它是一些南方茶商将绿茶密封保存后再与茉莉花茶混合熏蒸而得到的。

正宗的老北京小叶茉莉花茶要求"珠兰打底，徽坯苏窨"，所以有较高的制作成本。首先，茶坯的选料非常讲究，要选用浙江、江苏、安徽三省交界、环太湖周边一带的上等春茶烘青做原料。其次，其具有独特的制作工艺。不同于其他茉莉花茶用玉兰花打底的工艺，制作老北京小叶茉莉花茶的第一道工序是用珠兰花打底，以保持茶水的厚度、香气的浓度和持久度。以另一项传统工艺"七窨一提"加工制成的老北京小叶茉莉花茶能够使茶香和花香得到最大限度的融合，并具有香气扑鼻、味道浓厚、经久耐泡的特点。

茉莉香片也分不同类型，例如"蒙山云雾""双窨梅蕊""铁叶大方"等，近年来比较受欢迎的还有"茉莉大白毫""茉莉毛峰"。上好的香片选用七八月间半含半放的茉莉花，再经过几窨几提窨制而成。盛夏时节气温高、光照足，茉莉花苞最饱满，香气最浓郁。用这样的花苞窨制，茶与花充分交融，色与香浑然一体。沏上一杯这样的茶，闷上一会儿，打开杯盖，香而不浮的茶汤直沁心脾，既保持了茶的甘洌清爽，又彰显了花的新鲜芬芳，如此喝上一杯，心灵也为之涤荡。

茶文化与大运河的渊源从发掘出的历史文物中也得到了验证。在大运河沿线近几年出土的文物中就有古时斗茶的茶具。在著名的《清明上河图》中，我们可以看到，在人流密集的运河两岸，人们聚集在茶馆休息、聊天，可见茶文化已经随运河深入沿岸人民的生活中。大运河为南茶北运提供了最经济、最便利的路线。茶商通过大运河将茶文化带到北方，使茶与茶文化传遍中华大地，继而走向世界。总之，大运河在茶文化的传播过程中起到了重要的作用，孕育出了源远流长的茶文化，其中有着说不尽的故事和品不完的茶香。

图 4-30　花茶制作原料（组图）

茶胚制作

鲜花采摘

鲜花处理

茶花搅和

窨花

起花

提花

拼配

图 4-31　花茶制作场景（组图）

图 4-32　花茶成品

泊头始建于东汉，初兴于隋唐，因运河漕运兴旺和古道驿站而闻名。我们从"两岸商贾云集，为数百里所未有"的诗句中，从"官舟与客舫，日日从此过"描述的繁忙景象中，都可以窥见古代泊头的繁华景象。泊头地处水陆交会地段，在古时不但是北直隶与河间府的主要商品集散地，还是南北交通的枢纽之地，在明清数百年间展现了运河之镇的宏大气魄。目前，大运河泊头市区段全长约 7 千米，是泊头重要的生态绿道。

泊头的铸造工艺起源于古老的大运河河畔的泊头市。泊头市前身为交河县，是闻名全国的铸造之乡。古代泊头的铸造产品可以通过运河和古道运输至华北各地，满足华北地区对工艺品和铁制品的需求，这极大地助推了泊头铸造工艺与铸造文化的发展，也推动了泊头的经济发展，带动了运河文化的传播。

生铁冶铸技艺（干模铸造技艺）是泊头市的地方传统技艺，于 2008 年入选国家级非物质文化遗产代表性项目名录。在泊头出土的有上千年历史的铸造品都是由这种技艺铸造的。干模铸造技艺分为制作内范、制作外范、减支、合型浇铸等步骤。制作内范是先用黄土或胶泥制成要铸造的产品的外形。制作外范时，先在内范表面涂上一层薄薄的蜡油，再在外面涂上一层拌有碎麻头的麻刀泥，厚度视铸件大小而定。待外范晾到一定程度，确定一个分型面，然后用锋利的刀沿分型面切开，刻上记号，使

外层麻刀泥与内范脱开。减支是用刀、铲、钩、勺等工具将内范表层削去，铸件多厚，就削去多厚。合型浇铸是将外范按刻好的记号复原到内范外面，中间形成型腔，然后将分型面封死，做好浇铸口。

硬模铸造技艺是在干模铸造技艺的基础上发展而来的半永久性铸型技艺。它的优点是可以一模多型、多模同铸、连续作业。硬模铸造技艺的典型产品是铁锅。用干模铸造技艺铸造的铁锅壁厚、粗糙，而用硬模铸造技艺铸造的铁锅壁薄、光滑，用起来省柴省时。硬模铸造技艺出现在 100 多年前，是由泊头的秦记铁铺经无数次实验发明的。它的应用给铸造业带来了巨大变化。硬模铸造的关键是制作硬模，行话叫"浆模子"。浆模的原料是炉灰渣、胶泥、麻刀、炭渣、黄泥等。硬模铸造要制作出凸形的下型和凹形的上型，一套模子可以连续作业达 200 余次，稍加浆补又可以继续使用 200 余次。金属模工艺又叫铁模铸造工艺，其典型产品是犁镜。

一、镇海吼铁狮子

沧州靠近渤海，海水经常回灌。在公元953 年，当地人为治水患，集资在距现在沧州主城区以东约 20 千米的开元寺铸造了一座铁狮子，名"镇海吼"。沧州铁狮子高约 5.5 米，长约 6 米，宽 3 米，形体极大，扬名于世界。狮体呈棕褐色。头上波浪式毛发、颈部束带及

身上障泥清晰可见，颈下"師子王"（狮子王）3字尚可辨认。 其通体表面较粗糙，有明显的夹渣、冷隔线、裂纹及缩孔等铸造缺陷。体内锈层厚1~2毫米。通体外有纵横向铸造披缝，从爪至头顶共有横向披缝21条，缝间距离有25厘米左右；各横向披缝之间又有许多纵向披缝，缝间距离为45厘米左右。这表明铁狮子的外范由25厘米×45厘米的长方形范块拼合而成。粗略统计，狮体有400多块范块，背上莲花盆有65块范块，总共500多块长方形范块组成了铁狮子的铸造外范。铁狮的整体外形给人一种震撼的感觉（图4-33、图4-34）。

铁狮子的铸造过程如下。第一步，工匠用木料或金属制作骨架，用泥土堆塑铁狮子的泥模型，并将其风干，然后在泥模型外糊泥料做外范。第二步，工匠依狮体外形特征，在外范上划出水平、垂直方向的披缝，将外范切割成若干块长方形、弧形范块，四条腿上还有三角形的范块，并为这些范块设榫卯编号，按顺序取下，再次使其风干。第三步，工匠在铁狮子的泥模型周身打入圆头钉，钉头平嵌在表面，以圆头钉为标记，将泥模型表层削去，削去的厚度相当于铁狮子的壁厚，然后从爪部起至腹部将外范块拼合，范块与圆头钉钉头相触，用榫卯找准固定，然后在外层堆土并用木桩加固，以保温并防止浇注时铁水胀裂外范。

铁狮子的浇注方法很是特别，先将腹部以下的外范组合好，采用明浇式。铁水面接近腹部时，再一层层组合好其他外范块，边合范边浇注，不设浇冒口。浇到狮背时，在铁水面上

图 4-33 沧州铁狮子1

图 4-34 沧州铁狮子2

插入铁条，再将背部的外范块全部合好，利用颈部和莲花盆的型腔做浇冒口，进行顶注式浇注。浇注颈部时也采用明浇式，仍是一层层合范，然后插入铁条。浇至头顶时，合好全部外范块，头顶中央设置浇冒口，又进行顶注式浇注。莲花盆口沿上的大量缩孔很有可能就是排放的冒口。等到全部浇注完成之后，推去周围的堆土，拆开外范，挖净内范，清除表面附着的渣铁和范泥等污物，使外观整洁、花纹及铭文清晰。铁狮子身披障泥，背负巨大的莲花盆，虽然匠人们的铸造技艺十分高超，但千百年的风雨侵蚀让它受损严重。为保护这座"国宝"级文物，沧州文物管理部门曾在全国范围内征集抢救方案。近些年，经过社会各界人士的不懈努力，镇海吼铁狮子又以全新的姿态出现在人们的面前。目前，被修复的铁狮子被安放于沧州市的狮城公园，这里也是沧州市新城地标之一。

二、交河魁星阁大钟

魁星阁大钟建于隋朝末年。隋代泊头匠人在泊头东南建起魁星阁，古时建此阁的目的是振兴文风。阁内有一个铁铸的大钟。隋朝实行科举制，所以此处有专人每日鸣钟，以此提醒、勉励读书人奋发向上，考取功名。这鼎铁铸的大钟高丈（1丈约为3.33米）余，圆径七尺（1尺约为0.33米），当被人敲击时，大钟发出的低沉声音传得很远。

三、泊头铁佛

1987年，在泊头市的西部出土了一尊高3米、胸径0.6米的铁佛。经专家认定，铁佛铸造于五代十国时期，内腔可见充满麻灰的泥土，外皮粘有一层可见麻纤维孔的硬泥。其中的麻纤维来源于一种叫苎麻的纤维作物，与黑漆搅拌后能形成铸铁防腐剂。正是这种防腐剂保护了铁佛。整座大佛由泥铸法铸成，见者无不感叹古人的铸造技艺与智慧。铁佛和沧州铁狮子相比，含杂质较多，内部气泡大且密，这对研究古代铸铁技术具有重要意义。"打行炉，倒犁铧"是泊头铸造人上千年传承下来的行内话。当年的手艺人少则十来人，多则二十来人组成团队，以扁担、独轮车为工具，带上风箱、炉子等用具，夜行日作，流动制作铁制用品。千百年来，他们踏遍大江南北，"哪里有铸造，哪里就有泊头人"的俗语广为流传。如今，虽然这些老手艺人的身影已经隐没在历史中，但他们却为泊头铸造业的发展打下了坚实的基础。

第五节 手工技艺的典型代表——灯彩（北京灯彩）

一、灯彩制作技艺的发展

灯彩的著名产地是大运河沿线或附近的城市，如开封、杭州，它们自宋代起就因制作灯彩而闻名。明代，苏州、扬州、丹阳、海宁、泰州、南京、青州等地也善制灯彩。明成祖朱棣迁都北京后，北京的灯彩需求量大增，全国各地的许多灯彩匠人经大运河来到北京，带来了各具特色的灯彩制作技艺。例如，扬州剪纸的代表人物包壮行创造了装饰型剪纸，并将其应用于"包家灯"上；以顾后山为代表人物的苏州灯彩在"吴门画派"的影响下，以亭台楼阁为主要造型，结合中国山水画，独有一番韵味。灯彩手工艺人有的在北京开设了手工作坊，面向大众制售灯彩；有的被征召入宫，专门为皇家制作宫灯。不同的灯彩制作技艺在北京交流、融会、创新，最终使得北京灯彩艺术汲取了全国各地灯彩艺术的精华（图4-35），制作水平大幅提高。

随着社会的多元化发展，灯彩这种古代中国的照明工具与装饰艺术品，因需求量逐渐下降而淡出人们的视野。随着近年我国非物质文化遗产的发掘保护和利用管理工作的不断深入，2008年，北京灯彩被正式列入国家级非物质文化遗产代表性项目名录。与南方的灯彩相比，北京灯彩较为典雅、华贵，并有很深的文化内涵。李邦华是国家级非物质文化遗产代表性项

图4-35 北京灯彩（组图）

目北京灯彩的北京市级代表性传承人，他所制作的灯彩非常生动（图 4-36）。

图 4-36　北京灯彩（李邦华灯彩作品）（组图）

二、灯彩制作的准备

（一）设计图纸

传统北京灯彩制作的第一步是设计图纸。图纸大多是手工绘制的，以传统图案为主。匠人会根据灯形对图纸进行尺寸修改，从而保证造型得体、比例合适，还会根据具体应用场景进行颜色搭配（图 4-37）。

（二）选料

第二步是选择材料。首先是面料的选择。灯彩面料多种多样，随着时代的发展，现在也出现了很多新型材料。北京灯彩的灯罩上需要画工笔重彩画，所以灯罩的面料用的主要是经过矾制、裁好的绢。其次是选做灯架的铁丝。由于灯彩是传统手工艺制品，对铁丝的软硬、粗细没有明确要求，不过应尽量选用相对软的铁丝。造型较大的灯架宜选用粗铁丝，造型精巧的灯架宜选用细铁丝。最后是选贴金花用的金纸、颜料、灯底的穗子，尽量选用相对传统的材料，保证传统手工艺品的独特性（图 4-38）。

（三）准备其他材料

第三步是制作糨糊和胶矾水。首先做糨糊。糨糊是用面粉等调成的可以粘贴东西的糊状物。在做灯的过程中，裹铁丝、糊灯面、贴金花都要用到糨糊。制作的关键是在糨糊中放

图 4-37　设计图纸（组图）

图 4-38　选料（组图）

白矾。胶矾水的作用则是矾灯，其成分是胶和矾，制作时比例是"一份胶两份矾"。

（四）选择制作工具

手工做灯的常用工具是锤子、鹰嘴钳和其他多种钳子、钢板尺和刀等。锤子用来打直铁丝，鹰嘴钳用来断丝。钳子用来把铁丝拧成各种形状。精细的操作用小钳子，大范围的操作用大钳子。钢板尺用来量尺寸。刀用来裁灯面，使灯彩边缘显得整齐。

三、灯彩制作的步骤

（一）加工灯架铁丝

首先对铁丝进行直丝、断丝操作，其次按照设计图纸将铁丝拧成灯架所需要的形状，最后使用工具对灯架进行细加工（图 4-39）。

（二）焊接灯架

拧好的铁丝是灯的零部件，需要将其组装成整体灯架。在手工操作中，以前铁丝连接的部位是用棉线绑定的，现在则使用电焊机焊接，更加省时省力（图 4-40）。

（三）缠裹灯架

在将布料糊到灯架上之前，需要在灯架铁丝上裹上一层宣纸，以使其更好地与布料贴合。

（四）矾灯

在需要绘画的灯面上刷上胶矾水，绘画完成之后再将灯面粘在灯架上。绘制灯面前进行矾灯是北京灯彩制作的特有步骤（图 4-41）。

（五）绘制灯面

工笔重彩画作为北京灯彩的精华部分需精细制作。工匠使用毛笔一点点地绘制，画面生动逼真，极见绘画者功底（图 4-42）。

（六）糊灯面

将绘制完成的灯面粘在灯架上的过程为糊灯面。要将灯面贴得平整无褶皱，需要工匠有长期的手工操作经验，这样才能达到较完美的效果（图4-43）。

（七）装饰

在灯面被糊好、晾干后，需裁掉接缝处多余的毛边，防止翘边。这需要极好的刀工，需笔直下刀，不能将灯面刺破。装饰包括溜金条儿、贴花边、挂穗子。溜金条儿是指将金纸剪成细条，沿灯架边缘贴好，这既能增强灯的整体美感，又能盖住剪完毛边的接缝处。工匠还可以在灯身上贴上用金纸剪成的花边、云头或回纹，最后挂上穗子（图4-44）。

（八）灯彩灯光效果展示

随着现代技术的进一步发展，以前灯里面点的是蜡烛，现多为LED灯，辅以声光电、遥控等新技术，更安全便捷。

灯彩并非一次性的用具，可以长期存放，存放时应注意保护，应使其尽量少见光，以减

图 4-39 加工灯架铁丝

图 4-40 焊接灯架

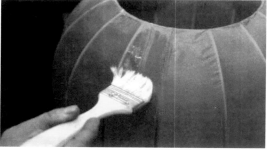

图 4-41 矾灯

图 4-42 绘制灯面

图 4-43 糊灯面

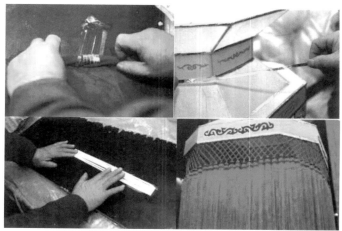

图 4-44 装饰

缓其氧化过程。

四、北京灯彩制作技艺的独特之处

（一）地域性

北京灯彩作为各地灯彩中别具一格的非物质文化遗产代表，其独特性源于一定的地域性。首先，北京是明清时期的政治、文化中心，这是北京灯彩得以发展的重要因素，同时各种节庆活动也增加了灯彩的需求量。其次，受北京的政治文化与宫廷文化的影响，北京灯彩具有鲜明的宫廷艺术风格。最后，北京是全国的政治、文化中心，这在一定意义上提升了北京灯彩艺术对全国的影响。

（二）材料属性

北京灯彩所用的材料如布料、铁丝、金纸、挂穗等均为传统材料。北京灯彩的特色是灯面的工笔重彩画，灯面布料多为绢，传统国画对其也有一定影响，故绘制前灯面需刷胶矾水等。

（三）加工工艺与传承方式

经过历代的传承与发展，北京灯彩在明清时期达到鼎盛，其独特的加工工艺蕴含着中国传统文化思想和历代手工艺人的智慧、审美情趣。例如，制灯用到糨糊，用糨糊粘合的灯面

平整无褶，灯被水淋过晾干后无痕迹，这都凝结着民间智慧。灯面上的图案和纹样等，多表达美好祝愿、祈求吉祥、寓意长寿等，体现出中国人的传统与审美。

北京灯彩制作技艺由传承人代代传授。老北京灯彩艺人韩子兴曾在清宫里制作、维修灯彩，后来他自办作坊制作球灯，产品深受欢迎，人们称他为"球灯韩"。目前，北京灯彩的传承得益于北京灯彩北京市级代表性传承人李邦华和工艺美术大师乐平的支持，他们带领学员手工制作灯彩。

（四）特定时代的生产力

灯彩艺术起源于汉代，经过历代发展，至明清时期在北京达到鼎盛。随着生产力的发展和社会经济的发展，人们有更多时间、精力去追求精神层面的享受，从而促进了艺术的发展。北京灯彩从艺术上凸显出北方皇家文化的庄严和奢华，同时反映出南方制作技艺的精湛和巧妙。北京灯彩所特有的宫廷艺术风格也反映出在封建集权的特定时代下艺术服务于政治的特色。

一、津门法鼓的发展沿革

法鼓源于佛教，是佛教的法器，最初为僧尼诵经和祭仪中不可缺少的一种乐器，后流传到民间，使用范围不断扩大。津门法鼓作为一种艺术形式兴起于明末清初，由津西大觉庵的僧人整理后流传于民间。清康熙、乾隆时期，社会昌盛、国泰民安，津门法鼓从单纯的酬神、祭仪中分离出来，逐渐转变为民间的群众性娱乐活动。如今，随着时代的发展，津门法鼓面临传统文化艺术氛围减淡、传承后继无人等困境。

法鼓是从佛教活动中衍生出来的一种传统的艺术形式，它的演变过程具有鲜明的传承性。一方面，法鼓音乐受到佛教、道教等宗教文化的熏染，是一种信仰、祭仪的产物。以前的宗教信徒在举行丧葬祭奠仪式时，所奏的曲子均以原形的法器曲为主。因此，一些法器曲在法鼓的演变过程中得以在民间传承。另一方面，法鼓会具有家族传承的特点，又称"子孙会"。

法鼓的演变也有变异性。如表4-1所示，法鼓演变为民间艺术形成后在乐器组成、乐队编制、演奏者和演奏风格上都与之前有明显的区别。其在演变为民间艺术形式前无论是用途还是形式等都比较正式，但随着时代的发展和民间需求的变化，法鼓不断发展变化，具有广泛性。

二、法鼓独特音乐形式的形成

（一）津门法鼓曲的形成规律

津门法鼓曲经过几代传承人的传承和传播，慢慢形成了一个完整的体系。一个固定不变的连接段（串联部）在法鼓曲中反复出现，中间插入多个段落独立的曲牌（歌诀或歌子），曲牌为主部，与连接段形成对比性乐段，构成了一种具有循环结构的大型法鼓套子（套曲）（图4-45）。

法鼓套子有两种形式：一是几首固定曲牌

表 4-1　法鼓的演变

时间	演变为艺术形式前	演变为艺术形式后
乐器组成	除法鼓的 5 种乐器外，有时还加用钟、大磬、引磬、手鼓等	5 种乐器，分别为铛子、铬子、鼓、铙和钹
乐队编制	每种乐器各一件，乐队由 5~7 人组成	除鼓外，其他乐器成倍增加，成员数量最高达到 200 余人
演奏者	僧、尼、道、俗	民间大众，广泛性更强
演奏风格	庄严、细腻	粗犷、奔放

用相同的连接段串联起来；二是几首不固定的曲牌用不同的连接段串联。在六至八首固定曲牌的中间，由一个展开性结构的连接段贯穿而构成的套子称曲牌固定的套子。这种套子是每道法鼓会中的拿手套子。如大觉庵金音法鼓会的《摇五通》就是由六首曲牌组成的固定的套子。

曲牌不固定的套子中的每首曲牌都是不同的，灵活多变，一般头钹或头铙的演奏者会根据时间、场地的需要，即兴组成套子来演奏。这种套子也是以前奏、连接段、尾奏为框架构成的。连接段一般仅由"常行点""改点""阴鼓"组成（图4-46、图4-47）。葛沽镇清音法鼓会

的《摇七点》、刘园祥音法鼓会的《隔一套五》均为曲牌不固定的套子。

（二）法鼓种类及特色

天津的民间法鼓在几百年的传承发展中逐渐形成三大类别，分别是文法鼓、武法鼓和音乐法鼓。

文法鼓以动听的音色及较快的节奏韵律为特点。其在设摆演奏时以坐敲为主，表演动作较少，故称"文法鼓"。祭祀活动中的神像出巡环节通常伴随文法鼓表演。大觉庵金音法鼓会就以文法鼓表演为主。文法鼓的套子在演奏

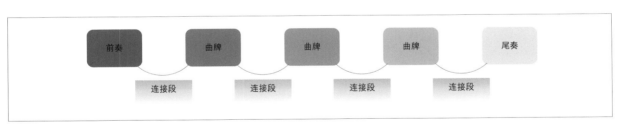

图4-45 法鼓套子的基本结构

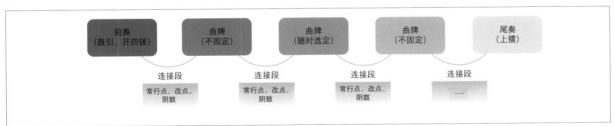

图4-46 曲牌不固定的套子的演奏顺序

图4-47 曲牌不固定的套子的演奏顺序示例

中速度变化比较多，呈现出慢、中、快的组合节奏（图4-48、图4-49）。

武法鼓在演奏过程中增加了很多表演动作。与文法鼓那种柔和风格不同，武法鼓更注重艺人在表演过程中的身段架势，讲究身手的观赏性。武法鼓的表演动作有很多，且在原有表演技巧的基础上借鉴了很多武术动作，每一个表演动作都有名称，如"抖钹""十字披红"等（图4-50、图4-51）。

除纯打击乐器的法鼓外，还有一种将法鼓曲牌与民间戏曲结合在一起交替演奏的法鼓，称音乐法鼓。音乐法鼓与文、武法鼓的不同之处是在法鼓会乐器之外增加了很多吹奏乐器，如笙、笛。音乐法鼓大多出现在天津近郊一带。多年来，民间艺人将法鼓与民间吹奏歌融为一体，交替演奏，逐步形成了独特的表演类别（图4-52、图4-53）。

（三）津门法鼓的表演形式

津门法鼓是一种综合性的民间广场艺术，由两部分组成：一部分是由各种道具组成的仪仗执事，另一部分是由演奏人员组成的法鼓乐队。法鼓会参加各种民间集会、演出等活动称"出会"。出会时，其表演形式有两种——"行会"和"设摆"。表演者按照指定的行进路线

图4-48　文法鼓1

图4-49　文法鼓2

图4-50　武法鼓1

图4-51　武法鼓2

在街上行走表演，称"行会"。表演者在规定的场地（固定的街道、表演场地等）上进行表演，称"设摆"（图4-54、图4-55）。

津门法鼓能够体现出古时盛行的宗教文化、民间音乐、舞蹈的审美特点，生产力的水平等，是特定时代背景下民众创造的独特的艺术形式。

1.法鼓结合的音乐、舞蹈深受佛教文化的影响

法鼓是从佛教活动中衍生出来的一种传统音乐艺术，最初带有浓厚的佛教色彩。从音乐来看，现存的几家法鼓会的曲牌都不尽相同，

与其他地区汉族舞蹈中的音乐也有很大区别。大多数汉族民间舞蹈中的音乐都是喜庆且充满活力的，而法鼓曲受到佛教影响，音色更洪亮、浑厚悠长，让人精神振奋的同时，又能感受到一种平静在其中。例如，天津有一套法器曲为《掌鼓板》。这套法器曲是由七首曲牌组成的大型套子，每件乐器单独演奏，并在每个连接段加"常行板"。现在，法鼓中的《叫五通》《摇七点》《隔一套五》《单打五出头》等套子的形式均是由此法器曲演变而来的。

法鼓的舞蹈动作不但包括使用乐器时的表演动作，还包括了一些武术动作，有舞武相融的特点。法鼓的舞蹈动作有两种，一种是行进

图 4-52 音乐法鼓 1

图 4-53 音乐法鼓 2

图 4-54 行会

图 4-55 设摆

的步伐动作，另一种是原地动作。行进的步伐动作称为"蹈步"，做动作时表演者肩挑40~60千克的茶炊和样梢，步伐像莲步一样轻盈飘逸，就像佛教所言的"步步生莲"。原地动作又称武场动作，主要是演员上身和手臂的旋、拧、翻、甩等动作，下身则扎起坚实的马步。其基本动作"抱钹"和"捧钹"的形象就好似佛像中的罗汉，给人一种端庄、肃穆之感。法鼓从词源、曲牌、动作等多方面都透露出佛教思想，而其润物细无声的仪式特点在宣扬佛教思想的同时，也提升了法鼓的社会价值。

2.法鼓的行会表演形式与妈祖文化有联系

津门法鼓的行会表演是法鼓队按照指定路线在街上进行祭祀、演出、集会的大型活动。与内陆城市不同，天津东临渤海，素有"九河下梢"之称。海洋文化造就了古时天津地区人民对妈祖的信奉，所以每当妈祖诞辰之际，天津均举行大型祭祀活动——皇会。而法鼓就在这皇会上承担随驾和护驾的作用。

妈祖出巡时的随驾法鼓会非常知名。现存的随驾法鼓会有刘园祥音法鼓会和杨家庄永音法鼓会。随驾法鼓演出队一般在妈祖出巡队伍的后侧，履行侍奉的职责。因此，随驾法鼓的道具除了伴奏的乐器外，还分别有圆笼、八方盒子、软硬衣箱、软硬茶梢、软硬样梢、软硬茶炊、气死风灯等。

现今留存最好的护驾法鼓会是挂甲寺庆音法鼓会。无论是随驾法鼓会还是护驾法鼓会，从其道具的精美程度、场面的恢宏壮阔来看，都显示出了妈祖文化对津门法鼓的影响（图4-56、图4-57）。

3.法鼓仪式受到民俗文化的浸润

法鼓中的表演道具和人员等反映出"好事成双"思想。"好事成双"主要体现在法鼓出会时，无论是人员还是器物都是成双成对出现的，虽然设摆不止一种表演队列，但无论是人员数量还是道具数量多少，总数都是双数。

图4-56　津门法鼓的行会表演1

图4-57　津门法鼓的行会表演2

第七节 传统武术文化的代表——沧州武术

沧州是全国有名的武术之乡（图4-58）。在古代，沧州的地理位置和自然条件并不适宜人类安居，这里河流众多，约有十条河流从沧州境内流过，当地人常遭受洪水和其他自然灾害的威胁。在洪水的侵蚀下，大片土地变成荒地，荒芜的田地和恶劣的环境无法为人们提供足够的食物。后来，京杭大运河从沧州经过，使沧州成为南北商品贸易交流频繁的地区，经济的繁荣也引来了一些江湖强盗，于是沧州的镖行便开始发展壮大起来，沧州成了官府、商贾走镖的要道。这里的镖行实力强大、闻名天下，各家都有自己的传家绝活。

在古代，除了地理位置距离稳定的中原地区较远外，沧州的经济文化也相对落后，是鲜受关注的边缘地带。古时沧州治安混乱，很多遭流放的犯人被发配至此，给沧州百姓的生活带来了困扰和多方面的不利影响。明清时期，一些重犯为了躲避朝廷官兵的追捕，隐姓埋名于此，他们武艺高强，多以传武为生，这也在一定程度上促进了沧州武术的发展。

此外，沧州自古以来便是军事要塞、畿辅重地，历代都是兵家必争之处，频发的战争也对沧州地区造成了不可磨灭的影响。不够安定的生活环境促使该地区的传统武术得到极大的发展，人们为了强健身体、抵御侵犯，非常重视习武。该地习武之风盛行，又因武者喜于交流，这里也诞生了许多武进士、武举人。有外出传武者，渐渐将这里的武术传播至全国。直至今日，沧州流传下来的拳种就有十余种，它们成为璀璨的文化遗产。

图4-58 沧州武术

　　船工号子是我国最具特色的劳动歌曲之一，也是大运河口头文学的重要符号，是船工等配合航运、船务等所创作的（图4-59至图4-62）。根据工作种类的不同，船工号子多以劳动内容命名，从开船到结束航程需要经过多少步骤，船工号子对应的形式就有多少种。据统计，《中国民歌集》中记载的船工号子有起锚号、立桅号、拉纤号、联络号等20多种。在元、明、清3代，北京为封建王朝的政治中心，大运河通州段的水运发展势头强劲。为方便合作、提高工作效率、减轻压力，运河船工的数量逐渐增多，船工号子被赋予了独特的艺术形式和人文精神。明清时期，大运河的水运进入黄金时期，每年至少有两万多艘运粮船在大运河上航行，繁忙时漕船首尾相连十余里，号子声响彻运河两岸。到了光绪末年，大运河水运衰败，朝廷将粮食税改为银税，取消了水运。随着水运的衰落、陆运的发展，运河码头的地位逐渐降低，船工号子也失去了生存的土壤，但其独特的曲调仍然受到人们的喜爱。

　　大运河的船工号子和船工的工作联系密切，与器具相关的船工号子也很多，如船工出船起锚时要唱起锚号；在起船时为了用篙将船头转

图 4-59　运河航船

图 4-60　运河纤夫雕塑

图 4-61　运河劳动场景

图 4-62　运河船工号子表演

正，使船向远处行进，要唱揽头冲船号，号子声稳健有力；当船只逆行升帆时要唱打篷号。行船至较为宽敞的河面，船工们会唱起悠扬平稳的摇橹号。为了方便挂帆拉纤，船工们在拉起桅杆时会唱立桅号，立桅号的唱词极少，多为船工们的即兴吟唱，将船工们饱满的精气神展现出来；跑篷号与立桅号作用类似，是船只升起篷布时船工们所唱的号子，相较于立桅号，跑篷号的节奏会更加缓慢。在行船的过程中，时常会遇到弯多滩险的危险区域，船工需要下水合力推船，使船只渡过险滩，这时所唱的号子为闯滩号。在逆水行船时，需要船工下船拉纤，为了提振士气，大家就会齐唱拉纤号，以此来集中拉纤的力量。在休船期间，船工会用绞关将船只拉到岸边停靠，这时会唱起绞关号。闲号主要是船工在休船期间，为缓解劳作压力而即兴编唱的号子。在停船后，船工卸货时会唱起富有旋律、豪迈乐观的出仓号，出仓号的节奏自由、轻快、简单，最能体现运河船工积极向上的劳动精神。

船工号子通常采用领唱和船工合唱的形式，领唱者起头与船工呼应，形成"一声一答，虚实呼应"的演唱形式。具有丰富航行经验的船工号子的领唱者负责指挥和协调船工在工作中的行动，控制工作节奏。"手扒沙，脚踏石，弯腰用力把船拉"是对纤夫拉船劳作场面的写照。在拉纤时，船工们为了集中力量唱起拉纤号，在船工号子的领唱者带领下众人齐唱"（领）拉纤了！（合）喂哟！（领）拉纤了！（合）哟呵哟呵哟呵……"船工们顶着烈日酷暑、漫天风沙，沿着河岸负重前进，耳边是响彻云霄的号子声。

大运河通南达北，往来各地的船只很多，船工号子也各具特色，在大运河上能听到各个地区的曲调音律。特别是通州地区，大运河日夜运粮，船工号子声也连绵不绝，住在运河两岸的人都称"八百万个嚎天鬼"。具有北京特色的船工号子因受南方曲调的影响，既有南方乐曲的音律，又带有北京话独特的儿化音。多数船工号子的曲调装饰音较多，兼具口语化和歌唱性的特点，节奏短促、有起有落，有着浓郁的地方色彩，如运河出仓号子。不同地区的船工号子反映出不同的民俗特色。在漕运发展的过程中，船工号子融合了地方唱腔、民间乐曲等多种地方文化，像天津《漕丁谣》就是清代天津码头船工们传唱的歌曲和小调，其中有《潮汛歌诀》《风信歌诀》《观天象歌诀》等，人们以七言的形式将天津地区漕运的时节、气象、风俗谱成曲，传唱开来。

第五章　　　　大运河资源的多维关联

大运河沿线的资源构成了一个庞大、复杂的综合系统，在多维度上深刻理解和研究大运河文化带所包含的各种文化资源是对其活化利用的前提。此处的多维度主要指文化维度、空间维度、产业维度这 3 个维度。大运河 2 500 多年的变迁对沿线各地区的社会、经济和文化发展都产生了深远的影响。本章以文化遗产与空间环境的关联为核心，从城市文化、城市空间、城市产业 3 个维度揭示大运河资源与京津冀地区的关联。

在文化维度上，本章从皇家文化、名人文化、市井文化这 3 个方面论证了北京地区与大运河资源的关联；在天津地区，这种关联体现在码头文化、民间艺术、西洋文化与本地文化的交融上；在河北，这种关联除了体现在武术、杂技、曲艺等方面的特色文化上，还体现在以运河为主导驱动的农业与手工业技艺的发展上。在空间维度上，本章将大运河的关联空间根据行政级别划分为市、镇、乡村等不同的级别，并结合具体情况论述了大运河对不同地区的空间产生的影响与不同地区基于大运河形成的文化特色。在产业维度上，本章则叙述了大运河文化产业发展的现状及问题、政策及导向、南方段的文旅产业发展经验。

一、大运河与京城文化圈

大运河沿线的京城文化圈是以北京城为核心形成的文化辐射圈。大运河北京段沿线的主要文化遗产有通州区张家湾古镇、西城区什刹海和朝阳区通惠河沿岸的仓库、闸门、码头等。它们同与大运河相关的水利文献、手工技艺、历史人物事件、法规典章、民间歌谣等共同构成了富有老北京特色的运河文化，并通过皇家文化、名人文化和市井文化体现出来。

（一）皇家文化对运河的影响

老北京人常用一句老话"北京城是从河上漂来的"来说明北京城与大运河的密切关系。这里所说的"河"便是大运河。早在东汉末年，古人就以白河沟为基础开凿了平虏、泉州二渠，京津冀一带的南北向运河航道形成。到三国时期，新开凿的新河、利漕渠、白马渠及鲁口渠又连通了以洛阳为起点向北至现在天津一带的白沟、平虏、泉州这3渠，使大运河的北京段渠道初步形成规模。隋炀帝在此基础上开凿了永济渠，一方面通过汇水给航道带来了充足、稳定的水流，使水道更加通畅；另一方面通过在沟口建设分水工程，方便船舟的直接出入，从而大大减少了以往换船或盘坝的困扰，从工程技术上强化了北京段运河航道的通行功能。在早期，开凿永济渠是出于军事的需要，形成了大运河北段航线，军械、货物、食品等源源不断地经由永济渠被运往蓟城（今北京附近），

到后期，永济渠的主要功能体现在文化传播和经贸往来方面。永济渠的开凿把北京周边地区与中原及南方的经济和文化密切联系到一起，此后直到元、明、清3代，它一直是首都的运输大动脉。漕粮、漕兵、皇城修建所需的物料以及维持皇城经济发展等的诸多资源都需要运河来输送，可以说运河是北京城建造与繁荣的基础，而北京城的不断发展也改造了运河的水道，造就了与皇家文化密不可分的运河文化。

在皇家建筑物料供给方面，故宫、天坛、颐和园等北京标志性的皇家建筑与园林所用的砖都来自距京城约400千米外的山东临清地区（图5-1至图5-3）。临清贡砖通过大运河被运至京城，为皇家建筑所用。临清地区成了明、清两代皇家建筑用砖的重要生产基地，因此临清的砖瓦窑厂在当地被叫作"官窑"。

此外，皇家建筑中的粗壮台柱木料都是经由大运河从云南、贵州、四川等地运送而来的。此外，像江南水乡地区大部分为平原，缺林木，所以其建筑所需木材主要靠邻近各省输入。木材运输以水运为主，运河运输就成了最便利经济的方法。早在元朝定都大都之后，为了有效解决都城食物不足等问题，官府便派遣了张瑄、朱清等人在南方督造平底船六十艘，运米四万六千石，经海道至都城。运粮船经海道至天津，再从天津沿河道行驶至张家湾。由于张家湾运河水较浅，运粮船不能直抵都城，于是在此改为陆运。从杭州、南京等地运送进大都

图 5-1　临清贡砖

图 5-2　北京天坛回音壁

图 5-3　北京天坛皇穹宇

的物资在此卸船，后经陆路运至大都。张家湾变成一处繁忙的漕运码头和货物聚集区。张家湾因张瑄督海运漕粮至此而得名。张家湾北侧的皇木厂村存留有古代的漕运遗迹，"皇木厂"这个村名也与漕运有紧密的联系。皇木厂村中心处耸立着一棵高大的槐树，树边有碑，碑文记述明永乐四年（1406年）至嘉靖七年（1528年）大量京城皇家建筑所使用的名贵木料沿大运河运到此处存储，管理官员便在木厂周围栽槐，今仅余此株。在元代，经由大运河运送而来的砖块和木料在张家湾卸船暂存，然后通过陆运被送至京城，棉布、丝织品、粮食等货物也以这种方式被运送至京城。这些货物在张家湾卸船后，在大运河两岸暂存等候陆运，由此这里产生了多个皇家御用码头。为了便于物品储存管理，官府还建造了多个仓场，如北新仓、南新仓、花斑石厂等（图5-4、图5-5）。大运河将沿线密布的湖泊和自然河道串接在一起，形成了四通八达的水路交通网，源源不断地为皇城提供物资（表5-1）。

北京地区有众多的建筑遗产与大运河息息相关，如官府、衙门、寺庙、宗祠、行宫、码头等。明清时期，朝廷通过建立严密的制度和保障体系，借助大运河把各地的粮食和货物运送到京城，在全国范围内调节、控制和重新分配社会资源，以满足国家的战略储备和紧急救援需求，保持中央集权的稳定性。这在客观上有助于调整地方的社会结构，促进经济发展。随着漕运的发展，经大运河运输的除漕粮等官方物资以外的民间物资的品种越来越丰富，大运河沿线的民间自发性贸易活动日益繁盛。参与贸易活动的客商来自五湖四海，贸易市集的形式多种多样。大运河将各民族和各地区的文化带到沿线的各个城镇，推动了不同风俗文化的融合和传统工艺的交流。

受皇家文化的影响，为大运河漕运管理部门营建的建筑或多或少都带有一些皇家印记。这一特点后来也影响到大运河北京段两岸的部分建筑，如具有典型代表性的护运神庙——敕

图 5-4　北京南新仓运河壁画

图 5-5　北京南新仓风貌

表 5-1　大运河为京城运输物资的主要情况一览表（作者自制）

运输物资	运输时间	运输路线	流向	用途
贡砖	明嘉靖年间至清乾隆初期	临清至北京	故宫、明十三陵、天坛、地坛、日坛、门楼、钟楼及鼓楼、各王府等	用于皇家建筑墙体的建造
金砖	明、清	苏州、常州、镇江以及池州等地至北京	乾清宫、坤宁宫、敬胜斋、敬宜轩等	用作皇家建筑的铺地材料
木材	明、清	广东、四川、贵州、云南等地至北京	太和殿、乐寿堂、长陵、文渊阁等	建造皇家建筑，制作木器
粮食	元、明、清	江苏、安徽、浙江、福建、江西等地至北京	南新仓、海运仓、北新仓、禄米仓等	供给北方戍边的军队
棉布、丝织品	明万历年间至清	南京、苏州、杭州等地至北京	皇宫	用于衣料

建安澜龙王庙。该庙与北京故宫一样，坐北朝南，建筑沿一条中轴线左右对称分布，大殿建筑规整华美，楼阁亭台齐全，好似个小皇宫。正殿供奉着大禹的塑像，偏殿则分别供奉四海龙王、井龙王、五湖水神等。从寺庙向东步行约 500 米，就能望见运河水缓缓流淌，至今，来往的船只依旧络绎不绝。敕建安澜龙王庙的建设受到皇家文化的影响，带有浓厚的皇家色彩，体现了皇家文化和运河文化的融合。

（二）市井文化受运河的影响

大运河不仅为北京生活物资的供应提供便利，还深深影响了北京的城市氛围和文化形式。大运河沿线形成了具有京城运河文化底蕴的独特风光带，其成为京城人民休闲散步的好地方（图 5-6、图 5-7）。民俗盛会、热闹市井形成了北京的特色文化。北京的市井文化既有明显的地域特色，又有强烈的世俗色彩，同时体现着皇权政治和民间世俗，这也是北京文化迥异于其他城市文化的一个特征。在晚清题材的老照片中，清代皇家、王府人员跟平民一样会到庙会参加各种节庆活动，故北京的市井文化具有大雅大俗、俗中有雅的特点。市井文化既以天子脚下、皇城根的平民百姓的生活为基础，又受到皇家文化的影响，是北京传统民俗文化最生动、最接地气的重要组成部分。大运河孕育了丰富的京味儿民俗文化，过年过节、遛鸟放鸽、扎纸鸢、抖空竹等都是北京人的生活乐趣。

运河商贸的繁荣使得沿线各个城镇之间交流频繁，也促使市井文化融汇多元内容、植根百姓生活，具有了极强的亲和力和包容性。例如，元定都大都后，元杂剧以大都作为创作和演出中心，融合了运河南北各地丰富的文化元素，创造出了绚丽多彩的作品，它们更加贴近地方生活。《感天动地窦娥冤》《闺怨佳人拜月亭》

《崔莺莺待月西厢记》《破幽梦孤雁汉宫秋》《冤报冤赵氏孤儿》《临江驿潇湘夜雨》等作品都成了广为流传的文学瑰宝，并为戏曲等艺术形式的进一步发展奠定了深厚的基础。柳敬亭被尊为中国曲艺界宗师，是明末清初时期的大说书手，在清康熙年间曾随漕运总督蔡士英由运河北上，抵达京城。途中他为同行人说书"谈隋唐间稗官家言"，入京后"以评话闻公卿"而"邀致踵接"。由此，扬州评话和扬州弹词在北方地区流传了起来，并融入了北方人气度豁达和爱论事理的特征。江南评话融入北京人的生活特点和文化氛围，产生了北京评书。清代中期，随着徽班进京、汉剧北上，徽调、汉剧交融，发展出以京话为主体的具有北京地方色彩的现代京剧。京剧为广大群众所喜爱，受到了上至王公大臣，下至普通百姓的欢迎与追捧，最后更是超越了昆曲被称为"国剧"，在国内外产生了重要影响，成为京味儿文化重要

图 5-6　北京后海历史街区 1

图 5-7　北京后海历史街区 2

的象征符号。

除此以外，大运河也促进了许多与市民日常生活相关的手工技艺的传播和融合，它们也是北京市井文化的重要表现。具有北京特色的铜胎掐丝珐琅工艺在元世祖忽必烈在位期间从阿拉伯地区经海上丝绸之路和大运河传到北京。铜胎掐丝珐琅因使用的珐琅釉以蓝色为主，故而得名"景泰蓝"。景泰蓝由紫铜制成，镶嵌细金丝和各种铜丝图案，最后上珐琅釉。其造型典雅，颜色鲜明，惊艳的外表体现出大气、祥和、富贵和优雅的特色，深得贵族的喜爱（图5-8、图5-9）。

清乾隆年间，景泰蓝制作技艺和雕漆、金漆镶嵌、玉雕等手工艺有显著发展。景泰蓝在北京随处可见。经过多年的发展，北京的景泰蓝形成了独特的风格。精美的景泰蓝给人以圆润、立体、细腻的观感，成为清代北京著名的手工艺品。到近现代，这种宫廷工艺美术才逐渐发展成现代民俗工艺美术。如今，以"老天利"为代表的传统老字号民营企业使景泰蓝的文化底蕴、传统技艺、现代要求相融相济，让昔日贵为御用上品的景泰蓝走出宫廷，"飞入寻常百姓家"。

在饮食方面，地方菜肴（如北京的烤鸭）和风味小吃等有着地道的"北京味儿"，已成了北京人生活中的重要味道。著名作家梁实秋的散文集《雅舍谈吃》中就描述过大批的京城特色美食，有全聚德、老便宜坊的烤鸭，正阳楼、烤肉宛、烤肉季的烤羊肉，厚德福的铁锅蛋、瓦块鱼、核桃腰，玉华台的水晶虾饼、汤包、核桃酪，致美斋的锅烧鸡、煎馄饨、爆双脆、

图 5-8　清嘉庆年间铜胎掐丝珐琅双龙耳尊

图 5-9　景泰蓝制作技艺

爆肚心，东兴楼的芙蓉鸡片、乌鱼线、糟蒸鸭肝，忠信堂的油爆虾等。这里提及的很多菜肴最开始并不是北京本地特色菜品，而是经大运河传来的其他地方的菜品不断发展形成的，构成了如今北京的饮食文化。其是北京市井文化不可忽视的一部分。

市井文化作为民众真实情感的反映，表达出民众最朴素、最单纯的生活态度。北京的民间市井文化与大运河商贸运输息息相关，且与大运河一样表现出极强的生命力与成长性，丰富了人们的日常休闲文化生活。

（三）名人文化与运河的渊源

在大运河发展史上，许多历史名人因大运河的挖掘、修缮、治理等与大运河产生了直接的联系，同时大运河的发展也成就了他们的事业，使他们成了为世人所熟知的人物。元代水利学家郭守敬（图 5-10）主持开凿运河。他在详细勘察了大都四周的水系情况后，明确了新运河及运河故道的综合运输线路。他最先的构想是把北京玉泉山的水源引到新运河，而后又想引保定一亩泉的水源，最后决定以昌平的神山泉为新运河的水源，进而规划了运河河道。

该规划以北京昌平为河道起点，向东南开掘，经由现在昆明湖，转至西水门入城，再通过积水潭与金代之前开挖的旧运粮河道交汇直达通州，与隋唐时期开凿的运河贯通。元世祖

将这条河道定名为通惠河，其总长 82 千米。郭守敬在这条河道上设置了 7 道水闸，方便及时调整河流水位，保障航运畅通。通惠河开凿完成后，从江南北上的船只可以通过水路直接进入北京的积水潭，从而免去了百姓陆路运输的劳苦，也使北京的积水潭及其周边形成了热闹的商业区。

可惜的是到了明朝，随着北京城修建计划的变动，通惠河河道被截断，南来的船舶不能再直接进入积水潭，只可到达北京城东南边的大通桥下。为减少运河水患，清李鸿章曾受命兴修南京、天津的水利工程，进一步完善大运河的河道系统。例如 1875 年，他负责开挖天津的马厂减河，河道全长 75 千米，西起今靳官屯的南运河，东至今滨海新区的赵连庄，完成南运河与海河的贯通。1881 年，他又对北运河河道进行开挖和修缮，形成今天新开河、耳闸的前身。

除了与大运河建设直接相关的名人外，还有一些名人对运河文化的传播起到了助推作用。中国古代四大名著之一的《红楼梦》是一部具有高度思想性和艺术性的伟大作品，成书于清乾隆四十九年（1784 年）。作者曹雪芹深受运河文化的影响。曹家与大运河有长达 80 年的不解之缘。曹雪芹的高祖曹振彦于清顺治十三年（1656 年）任两浙盐法道，他也是曹家最早走完京杭大运河全程的人。两浙盐法道的官署设在杭州，曹振彦随其父曹锡远从东北辽阳入关，

后在北京安家。因此，他上任的路线是从北京沿大运河到杭州。此后，曹家四代人的命运都与大运河密切相关。曹雪芹童年和少年时期随其祖父在江南生活，后来才迁至北京。大运河沿线的景致、人文、风俗、典故都在《红楼梦》中有所反映。曹雪芹自幼受大运河沿线文化的熏陶，在《红楼梦》中他将运河文化展现得淋漓尽致（图5-11、图5-12）。

著名作家刘绍棠的家乡儒林村临近北运河，故刘绍棠又被称为"大运河之子"。1955年，他出版了第一部长篇小说《运河的桨声》。他

的大部分作品都描写了北运河的人、事、景。虽然每部作品的时代背景不同，但都没有离开通州这片土地。老舍是生在北京、长在北京的旗人，最爱积水潭。其代表作《茶馆》《骆驼祥子》等生动地描绘出了老北京特有的市井文化下的京味儿生活。他是新中国第一位获得"人民艺术家"称号的作家。

另外，古代许多科举士子、地方官吏都经大运河来到北京，一些文人在来京和居京期间创作了不少有关大运河沿线自然风光、风景名胜和地方风物等的诗文游记。例如，袁中道就

图5-10 郭守敬雕塑

图5-11 《红楼梦》中的运河场景庭园人物图

图5-12 《红楼梦》元妃省亲图（局部）中的运河场景

曾写下很多游玩京城的游记，其中不少资料在史学家谈迁的《北游录》中被记载，内容涉及大运河沿线气候变化情况以及大运河封冻、解冻的时间。另外，外国的商人、传教士、旅行者等通过大运河游历中国，并记载沿途风光和民风民俗，这对中国文化和运河文化的对外传播起到了一定的积极作用。元大都是很多外来人士最向往的目的地之一，在来此游历的外国人写的游记中，有大量的关于元大都的描述。如《马可·波罗游记》不但描述了元大都繁荣的商贸场面，而且还细致地描写了宫廷建筑、宫廷礼仪与聚会、传统节庆和皇家打猎活动等。《鄂多立克东游录》用很大篇幅描述了元大都及大运河沿线的情况。柏朗嘉宾从中国回罗马后著的《柏朗嘉宾蒙古行纪》和鲁布鲁克著的《鲁布鲁克东行纪》对元大都也都做了相应的记述。另外，欧美传教士在元大都的大运河沿线传教，带来了西方的文化。

围绕北京及周边区域形成的与大运河相关的人文特色，以皇家需求和礼仪、市井生活民俗和名人群体等为媒介，在漫长的岁月中与大运河的发展互相影响，融为一体，形成了大运河文化带中重要的人文特征的一部分。

二、大运河与津卫文化圈

天津，旧称"退海之地"，是离北京最近的出海口，在大运河沿线城市中的地位非同一般。天津地处南运河和北运河的交界处，是古代漕运、海运、陆运的交通枢纽。旧时天津卫的文化以三岔河口为核心进行辐射。津卫文化因天津开埠而具有了开放、多元、中西合璧的特点，同时又有传统的津味儿。津卫文化主要有妈祖文化、码头文化、曲艺文化。以上这些造就了天津土洋结合的津味生活。

（一）富有特点的北方码头文化

天津从明初的卫戍城市逐渐发展成商贸都市、我国北方主要的水运港口和商品集散地。从清代开始，大量河北、山东、山西的难民迁来天津。许多难民在码头辛勤工作，称"跑码头"。水运的发展带动了港口的开发，为以运输和搬运货物为生的人们提供了工作的空间和固定场所。

以前，天津就拥有华北地区重要的传统海陆贸易港口、运河上的码头，很多人从事河运和海运方面的工作，慢慢形成了不同的帮派。漕帮多出现在上海、天津以及长江下游的贸易港口，以大运河上的漕运生意为主业，负责船舶的航行与停靠、货物的装卸、运输手续的办理和安全保障等工作，故此漕运文化最初集中形成于码头与港口一带谋生的群体中。这个群体以朴素的"生存利益"为本，以"义气"为纽带，遵守一些约定俗成的行业规范与道德准则，促使以"利""义"二字为核心、既重利益又重情义的码头精神形成。码头上的贫苦人爱拉帮结派，以求互相照应，由此形成了天津人喜好扎堆儿、爱热闹的行为习惯。老天津人多有知足常乐的心态，认为只有卖力气干活儿才能换得稳定的生活，这也是古时码头文化的体现。

天津拥有北方重要的商业港口和码头，吸引各方人士来此经营和生活，同时因为大运河的通航，南方来的船民给天津方言带来了很大的影响。天津因大运河而受到江淮方言的影响，天津话成为北方话中比较特殊的一种方言。简洁、爱吃字儿是天津话的一个重要特点，如天津人称"劝业场"为"劝场"，称"耳朵眼炸糕"为"耳眼炸糕"。天津方言反映了码头文化对天津人日常生活的影响。码头上的工作是枯燥的、艰苦的，在空闲时，人们往往通过自嘲、互嘲、开玩笑的方式打发时间，久而久之，天津人给人留下了幽默、机智、善言谈的印象。

俗话说"吃尽穿绝天津卫"，"吃"在天津人的日常生活中有着特殊的地位与意义。漕运文化促进了中国南北方美食在天津的交融。饮食文化也是天津码头文化的重要组成部分。馒头、炸糕、薄烤饼等很多天津传统食品可以就地速食，能节约人们的时间。比如天津的煎饼馃子，人们可以边走边吃，不仅进食方便省时，而且制作简单、价格便宜，深受天津人的喜爱。在天津，从饭店宴席到民间小吃再到家常饮食，我们常能看到大运河沿线城市美食的影子。天津的宴席菜主要受大运河沿线的鲁菜和淮扬菜的影响。而天津人喜欢吃海货的习惯与大运河

沿线的浙江和山东相似。在运河文化的影响下，天津形成了具有自身特色的饮食文化。

天津的码头文化深深植根于天津人的日常生活。作为一个因漕运而兴盛的城市，天津的民俗文化有着高度的亲和力和广泛的群众基础。民俗文化影响着一代代天津人，并使天津呈现出鲜明的特色。

（二）依存码头而生的民间艺术

俗话说"九河下梢天津卫，三道浮桥两道关"，这是对天津这个典型码头城市的形象描写。在清代，北方部分城市时常受水灾影响，很多难民以"闯码头"出卖劳动力的方式涌入天津，寻求生存出路，同时也将其家乡的地域文化带到天津。当时的天津码头"三不管"地带也由此成了不同文化的聚集地。天津码头文化起源于社会底层平民。码头成了一个大舞台，为艺人谋生提供了场所，相声、快板、双簧、杂技、戏曲等民间文化在此发展并深深扎根，促进了码头的发展、繁荣（图5-13、图5-14）。

天津的码头素有"曲艺码头"之称。从清代开始，码头便是茶楼、戏院、书店的聚集地，也是艺人展示功夫的主要舞台。天津作为大运河沿线繁荣的港口城市，南来北往的人很多，各地的山歌、小曲随南来北往的人传播到天津，通过不断融合与改进，逐渐演变出具有天津特色的时令小曲。天津时调是一种说唱结合的曲

图 5-13　天津海河沿岸古文化街 1

图 5-14　天津海河沿岸古文化街 2

艺表演艺术形式，它与天津相声并称"天津曲艺双绝"。天津时调最初由船工、纤夫、装运工人、人力车夫等劳动者所创作并演唱，多反映运河码头的生活场景，是典型的大运河文化传播的产物。天津京东大鼓对天津戏曲艺术的传承和发展也具有重要作用。京东大鼓发源于大运河沿线的天津宝坻、河北香河一带，形成于清代中叶。其歌词具有浓郁的乡土气息，没有生涩的词句，易于学习、理解、记忆和传播。河北梆子、评剧、大鼓、快板、时调、相声等曲艺形式都是天津文化的特色载体（图 5-15、图 5-16）。以前的天津有很多戏棚、剧团，是戏曲艺术家、戏迷、乐迷的聚集地。

此外，天津还有很多知名的民间艺人，具有代表性的有"泥人张""风筝魏"等。泥塑往往是父母买给儿女的"耍货"，最早见于南方，如清代的潮州浮洋镇大吴村和无锡惠山等地就有"家家善塑"之说。大运河带

来的商贸交流促进了沿线村镇产业和小手工艺作坊的繁荣。天津作为重要的水运码头，有很多泥塑手艺人来到此地，天津的妈祖文化也使以前的天津人有去天后宫拴泥娃娃求子的习俗，以上两点使天津泥塑得到了发展。天津泥塑在张明山（1826—1906 年）手上得以发扬光大。19 世纪，天津因漕运而兴盛，张明山幼时便随父亲张万全从浙江绍兴迁居天津，从事泥塑的制作与贩卖。他将特殊的制泥技术与彩绘技术相结合，在传统国画的创作技法中融入民间工艺，创造出雅俗共赏的泥塑风格。他做出来的泥塑广受欢迎（图 5-17、图 5-18）。

张明山因为当时的戏曲名角们制作泥人而声名大噪。据说其在看戏时就能于袖中捏泥，一出戏还没唱完，他的泥人已经制作完成了。《天津志略》中记载："张明山，精于捏塑，能手丸泥于袖中，对人捏像且谈笑自若，顷刻

图 5-15　河北乐亭大鼓书会

图 5-16　河北梆子经典名剧《宝莲灯》

捏就，逼肖其人，故有'泥人张'之称。"

　　泥人张第二代传人张玉亭承袭了其父的捏塑特点。现天津博物馆中就收藏有其为梅兰芳制做的《黛玉葬花》戏装泥人玩偶。依托天津码头的繁荣商业和毗邻京城的优势，张明山和张玉亭父子二人及其后代逐渐使天津"泥人张"享誉全国。"泥人张"成为中国北方泥塑艺术的代表，并于 2006 年入选国家级非物质文化遗产代表性项目名录（图 5-19、图 5-20）。

　　"风筝魏"创始人魏元泰的经历与张明山相似。他也是因生计而辍学，到当时的天津北门外蒋记"天福斋"扎彩铺当学徒。魏元泰制作的风筝因造型精美、飞行平稳而广受赞誉。清光绪十八年（1892 年），他正式在天津鼓楼东大街开办了"魏记长清斋扎彩铺"。他制作的风筝往往选用高级织物和上等毛竹作为材料，成品可以折叠、展开，不仅造型逼真、色彩明艳，而且品种丰富。魏元泰一生制作的风筝达 200多种。"风筝魏"的风筝得到达官显贵的争相订购，很快打响了品牌。1915 年，11 件"风筝魏"的作品参加了为庆祝巴拿马运河开通而举办的巴拿马万国博览会，并荣获金奖，从此"风筝魏"更是名声大震，享誉世界（图 5-21、图 5-22）。

　　杨柳青木版年画作为天津另一项驰名海内外的非物质文化遗产，同样与大运河渊源颇深。杨柳青木版年画的发源地杨柳青镇本身就是北方大运河沿线的重要城镇。大运河的开通不单使杨柳青镇商业繁荣、人口增加，也将南方深厚的艺术底蕴和精细的手工制作技艺带到此地，为杨柳青木版年画的风格形成奠定了良好基础。宋元时精湛的绘画技艺以及制作精良的笔墨、

图 5-17　张明山作品《和合二仙》

图 5-18　张明山作品《观书仕女》

图 5-19　张玉亭作品《看手串》

图 5-20　张玉亭作品《扁鹊采药》

图 5-21　"风筝魏"开创者魏元泰

图 5-22　"风筝魏"第四代传人魏国秋展示风筝制作技艺

颜料和纸张都为杨柳青镇年画在制作材料和工艺上的突破奠定了基础。天津的民俗文化使杨柳青木版年画在创作主题、画面形式上注重吉祥喜庆和人物造型的饱满鲜活，其慢慢发展出木刻水印结合手工彩绘的套印工艺，逐渐形成独具一格的北方年画风格，在商业上也大获成功（图 5-23、图 5-24）。

由于天津漕运和海运的繁荣，妈祖文化逐渐在天津发展起来，天津的天后宫正是在这样的历史背景下逐渐兴盛起来的。妈祖祭祀活动在天津被称为皇会，为我国非物质文化遗产之一，是天津地区流行的传统民俗活动。皇会实际上是一种民间自发组织的活动，参与者有钱出钱、有力出力，开办庆祝活动。表演内容有净街、门幡、太狮、捷兽、中幡、跨鼓、扛箱、重落、拾不闲、法鼓、旱船、胶州大秧歌、花鼓、绣球、宝鼎、宝辇、銮驾、接香、灯停、接驾、华盖宝伞、顶马、报事灵童、日罩、灯扇、大乐、棚屋等，基本反映出天津传统民俗的精髓。以皇会为代表的妈祖文化是运河文化、海运文化与天津地域文化深度融合的特色产物。

（三）土洋结合的津味生活

运河的变迁对天津人的生活有巨大的影响。元朝定都于大都，使天津成为门户城镇，拥有重要的战略位置。天津成了南北文化的聚集地，天津码头文化随运河文化而生。明永乐二年（1404 年），天津被正式命名，朝廷在直沽修筑城墙，设立天津卫。这一时期，天津码头作为南粮北运的枢纽，为城市的后期发展奠定了基础。清代，清政府推出"以漕养漕"的方法，鼓励当地利用漕运来缓解巨额运费带来的经济压力，由此天津商贩云集，外来人口不断增加。随着清王朝的衰落和一系列不平等条约的签订，天津受到外国列强的入侵。同时，西方的产品和制造技术被引入天津，给天津的传统制造业和民族经济带来了极大的冲击。天津正是在土洋文化的杂糅中不断发展的，并逐步成为中国北方具有一定规模的商业大都市和最大的综合性贸易港口。

天津的土洋生活不仅体现在天津人朴实、精细、热情好客的生活方式上，还体现在历经

图 5-23　杨柳青木版年画代表性传承人　图 5-24　杨柳青木版年画（组图）
霍庆顺彩绘年画

时代变迁而独有的城市风貌上。俗话说"北京四合院，天津小洋楼"，天津这座历史名城的魅力在于其建筑的独特美感。天津的近现代建筑富有多种风格，如英式建筑、德式建筑、法式建筑、意式建筑、日式建筑等，几乎涵盖了现代西方建筑的所有风格。五大道地区是天津小洋楼的代名词，被称为"万国建筑博览馆"。小洋楼文化体现了天津在开埠时西方殖民者带

来的思想和生活方式（图5-25至图5-30）。

19世纪，在天津，传统的北方民居、意式风格的街巷、法式小洋楼和码头附近的大钱庄、官银号并立，穿西服、大衣和中式长袍的人穿梭其中，这种"土"中有"洋"、"洋"中带"土"的特色城市文化和风貌融入了天津百姓的生活。同时，中西文化在天津的碰撞与交融奠定了天

图 5-25　天津小洋楼 1

图 5-26　天津"小洋楼"内景

图 5-27　天津小洋楼 2

图 5-28　天津小洋楼 3

图 5-29　天津小洋楼 4

图 5-30　天津小洋楼 5

津本土文化与异国文化融合的基础（图 5-31、图 5-32）。如今，天津鼓楼，历经沧桑的三岔河口，弥漫着运河味道的老街，反映着辉煌历史的、极具文化艺术性的杨柳青木版年画，天后宫，声名在外的"狗不理"包子与十八街麻花以及人们喜闻乐见的相声、大鼓等，形成了

图 5-31　天津官银号

图 5-32　天津袁世凯故居

天津的特殊文化印记。此外，水运码头文化、市井文化、租界文化也造就了独特的土洋结合的津味生活。

三、大运河与燕赵文化圈

河北省南靠黄河，东临大海，西枕太行山脉，北依燕山。由于古燕赵地形复杂，燕赵文化和传统意蕴的形成深受其地理环境的影响。古时，在河北大运河流经之处常有洪水发生，沿线的居民不得不长期面对险恶的生存环境，从而形成了崇武尚义的精神和豪迈磊落的胸襟。燕赵文化以汉族文化为主，主要体现为旱地农耕文化、手工业文化、武术杂艺文化等。

（一）华北平原的农耕文化

大运河的开凿给华北平原的农业生产带来了积极影响，不仅方便了农田灌溉，还促进了农业生产技术的交流和农产品的流通。南运河流经河北省，连通了海河、滹沱河、滏阳河、漳河等各大水系，与周边平原共同孕育了独特的农耕文明，形成了典型的汉族文化特征。尽管古代运河的开凿以便利交通为主要目的，但是对沿岸农业的稳定发展也起到了直接的推动作用。

大运河促进了河北地区农业的发展，在农田改造、土壤改良、土地利用等方面的作用十分明显，运河沿线也建造了便捷的农田灌溉设施。早在三国时期，曹操就以邺城（遗址位于今河北省邯郸市临漳县西）为中心，在华北平原开凿了多条运河，构建了纵横交错的水运网。他利用永济渠、漳水及其他河道开挖运河、引水灌溉，促进了农业生产的迅速发展。大运河北段沿线成为北方重要的产粮区。河北人利用发达的水系，开挖河塘、修治方田，同时还发展了渔业养殖与水稻种植，促进了当地农业生产的发展。在发达的农业的支撑下，大运河沿线城镇成为河北人口集中的区域。到了宋代，朝廷结合水利修治开展淤田工程，治理盐碱地，增强土地肥力。因水利之便，宋代的大运河河北段沿线是发达的农业区，农耕技术成熟，耕牛使用普遍，同时畜牧业与渔业也得到了一定发展。

大运河河北段的农业种植呈现出多样化的特点。大运河沿线的经济作物以桑、麻为主，粮食以粟、麦、黍、稷、菽等为主，间种水稻。古时大运河流经的大名府（现河北省大名县）一带曾是北方水稻的主要产区。大运河河北段南段地区为黄河冲积平原，适合小麦和谷子等温带作物生长。大运河沿岸区域因土壤条件差异性大，农作物品种不尽相同。大名府是重要的产棉区，棉花也是清河主要的经济作物，在吴桥、东光、南皮等地棉花的种植也较广，除棉花外，玉米、甘薯、花生等的种植也很普遍。此外，沧州水果种植规模大，泊头是久负盛名的鸭梨之乡。河北省依靠大运河便利的水运条件，将农产品向北销往北京，向南销往南方诸省。

多样化的农产品是古时河北的经济支柱，也是河北平原经济长期发展和繁荣的关键因素。

由于大运河促进了南北交流，南方先进的耕种方法、灌溉方法、脱粒方法、粮食加工方法在河北得以广泛传播，各类种植工具、运输工具、储存工具得以普遍使用，提高了河北农业的生产力水平。大运河沿岸区域成为河北农业最发达的地区，出现了沧州金丝小枣、泊头鸭梨等特色农产品。

（二）运河孕育的手工业文化

大运河将沿线城镇联系起来，促进了南北方经济文化的全方位交流。大运河沿线北方城镇的经济开始出现新变化，主要表现为农作物品种变得丰富、农业产业化经营以及手工业兴盛。大运河以丰富的水资源和便捷的运输条件，为手工业的发展和商品流通提供条件。

纺织业是古时大运河河北段沿岸州县最普遍的手工行业。大运河沿线区域桑、麻的广泛种植促进了丝麻纺织业的发展。在两晋时期，纺织已成为大运河沿线区域农户的主要家庭副业。除民间经营外，官府亦设作坊，所出织物花色多样、织工精湛，有很高的工艺水平。沧州、景州等处的丝、绢、绫、绵等织品量大且质优，多为贡品。《新唐书·地理志》记载，河北每年都向朝廷进贡各类土特产品及手工制品。这也反映出了河北地区纺织业的发达。

沧州地处沿海地区，秦汉时就成为北方的重要产盐区，大运河水运网为沧州海盐的运销提供了便利条件，使河北的海盐产量激增，运销活跃。盐商卖完盐，又可以从其他地区收购粮米，如此周而复始地进行水上运输。这种畅达且广泛的水运贸易，对河北地区的经济发展起着重要的推动作用。

此外，大运河河北段的金属冶炼与铸造业历史悠久，大运河沿线曾设有滏口局、武安局、白间局3个冶金管理机构，这反映出当时一些区域金属冶炼水平较为发达。泊头传统铸造亦有悠久历史，"哪里有铸造，哪里就有泊头人"的说法广为流传。泊头曾出土五代十国时期的铁佛以及铁狮子，它们都是泊头铸造技艺的有力佐证（图5-33）。泊头地区向外输出大量的铸造人口。这些人或务工或开作坊，成为现代化机器铸造业之前手工铁器铸造生产的生力军。

明代，明成祖大规模修建北京城，大运河河北段沿岸及邻近各州县均设窑烧砖，客观上促进了大运河沿线砖瓦业的发展。大运河沿岸就曾有从命名就可以看出其与砖瓦业关系的村庄——窑口村（今沧州市青县王黄马村）。砖瓦业的兴盛带动了建筑业的发展（图5-34至图5-36）。这一时期兴建的沧州文庙、献县单桥、泰山行宫、清真北大寺，均以优美的造型、高超的技术、独特的风格成为建筑精品。

邯郸馆陶县有悠久的制陶历史，黑陶便是

图 5-33　泊头博物馆中五代十国时期的铁佛

图 5-34　沧州文庙牌楼

图 5-35　清真北大寺

图 5-36　泰山行宫

馆陶地区的特色陶器。黏土是制陶的天然原材料，大运河使馆陶地区拥有了大量优质的黏土。在馆陶卫河岸边，人们挖掘发现了皇城砖窑72座，它们多为明代砖窑遗址，除生产贡砖外也生产陶器，这也证实了馆陶制陶业历史的悠久。

　　大运河发达的水系直接推动了造船技术水平的提高与造船业的兴盛，古时冀州邺城就形成了造船基地。此外，人们利用运河的水力资源改进生产技术，使用水磨加工粮食。大运河沿岸区域在两千多年的水运经济发展历史中形成了独特的产业形态。

（三）运河之畔的武术杂艺文化

　　大运河沿线成为吸纳外来文化的重要区域。多种文化随南北往来的官船、商船在大运河沿线传播，形成开放的文化氛围。

1.沧州武术

大运河河北段沿线是中华武术文化发源地之一，武术文化历史悠久。这片区域也孕育了杂技、曲艺、舞蹈等丰富的燕赵杂艺文化。

在古代，河北地处中原与北方游牧民族聚居区的交界区域，军事冲突的频发与恶劣的生存环境使河北自古便形成了尚武之风，名将辈出，此谓"燕赵多慷慨悲歌之士"。河北沧州是著名的"武术之乡"，古时这里是犯人发配地，加之生存环境恶劣，尚武文化在这片土地上逐渐发展起来。此外，大运河开凿后，沧州地区因运河穿境，成为交通要冲，四方商品在此集散。无论政府漕船还是民间商船为保平安，均会雇镖押运，镖行文化发展起来。通过长期的兼收并蓄、广采博引，沧州的武术门类和独立拳械技艺愈加丰富，许多拳械套路经过提炼、改进和创新，独具沧州特色。此外，在沧州以外，大运河沿线的香河、大名等地也发展出尚武文化，习武之风在河北长期盛行（图5-37、图5-38）。

2.吴桥杂技

沧州市吴桥县素称"杂技之乡"。杂技民间俗称"耍玩艺儿"。吴桥有非常浓厚的杂技文化，民谣说"上至九十九，下至才会走，吴桥耍玩艺儿，人人有一手"。吴桥杂技以惊、险、奇、绝的独特魅力于2006年被列入国家级非物质文化遗产代表性项目名录。

吴桥县是大运河从山东进入河北的第一县，也是南运河沿线的县城。《吴桥县志》载，逢年过节，"掌灯三日，放烟火，演杂戏，士女喧阗，官不禁夜"。每到这时，人们就会涌上街头，翻跟斗、叠罗汉、打拳脚、变戏法，热闹欢腾，通宵达旦。元代以后，大运河的贯通使吴桥成为南运河沿线的重要城镇之一，南来北往的人流、物流不断，庙会兴盛。庙会上不

图5-37 沧州武术1

图5-38 沧州武术2

仅有神灵祭祀活动、商品交易活动，还有各式各样的民俗表演，其中最受欢迎的就是集惊、险、奇、绝等表演魅力于一身的杂技。

大运河的贯通给吴桥杂技提供了广阔的发展空间。传统吴桥杂技艺人在表演时边敲锣边表演，以吸引观众，创作出一首首朗朗上口的锣歌。吴桥杂技艺人"跑码头"表演用的道具很简单，日常生活中常见的锅、碗、盆、勺、桌、椅、几、凳、刀、枪、棍、棒等都被艺人所用，从而创造出具有特色的杂技节目（图5-39、图5-40）。吴桥杂技人或父子，或师徒，或一家老小，肩挑手推着简单的道具，沿着大运河北上沧州、天津、北京，南下德州、济宁、徐州、淮安、扬州、南京、苏州、杭州等地进行表演。民间传说吴桥杂技为八仙之一吕洞宾所传授，故吴桥杂技以吕洞宾为祖师爷。以前，大运河沿线的一些码头多建有吕祖庙，供杂技艺人进行祭拜。

吴桥杂技的产生与发展与古时当地的恶劣环境不无关系。古时在吴桥县，交叉的河流网占去大片土地，且土地盐碱化严重，水灾频繁。再加之吴桥又是战乱之地，为求生存，吴桥人多选择以杂技为谋生手段，浪迹江湖，卖艺糊口。他们主要在闹市"撂摊"，有时也去富人家中演堂会。吴桥杂技经两千多年的传承演变，形成的独特的表演形式与大运河的发展密不可分。

3.河北梆子

河北梆子是梆子声腔的一个重要支脉，广泛流传于京津冀地区，在北运河沿线尤显兴盛。河北梆子又称直隶梆子、京梆子、笛梆子、反调等，中华人民共和国成立后定名为河北梆子。在最兴盛时，河北梆子艺人曾沿大运河北上天津、北京，南下山东、江苏、上海，最远至哈尔滨、广州等地，其影响较大。

明清时期，山西富商巨贾辈出，以山西商

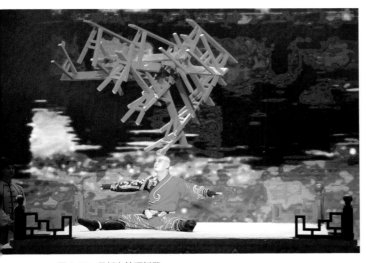

图5-39 吴桥杂技顶板凳

图5-40 吴桥杂技转花碟

人为主组成的商号、商帮和商队遍布全国各地，影响巨大。河北毗邻山西，山西商人经营的钱庄、酿醋坊、酿酒坊、织造坊分布于大运河河北段沿线城镇。出于自身的喜好以及联络客商、汇聚朋友等的需要，山西商人把家乡流行的山西梆子也带到了河北。

山西梆子流入河北后，艺人在演出过程中根据河北的语言习惯和民俗风情不断改革、创新。河北本地演员也开始表演山西梆子，随着时间的推移，山西梆子不断创新、演变，逐步发展为河北梆子。现河北梆子在河北中部的大运河沿线城镇以及北京、天津等地广泛传唱，并在戏曲界得到一席之地。河北梆子通俗易懂，念白和声韵夹杂河北方言、口语和歇后语，富有浓厚的乡土气息。其唱腔高亢激越，伴奏铿锵有力，善于表现慷慨悲愤的情感，深受运河两岸人民的喜爱（图 5-41）。

4.沧州落子

沧州落子是指河北中部盛行的有浓郁地域特色的传统民间舞蹈，最初起源于南皮县。如今，落子主要流传于沧州的南运河两岸，在泊头、盐山、孟庄等地最为常见，与地秧歌、井陉拉花并称"河北三大民间舞蹈"。沧州落子最初源于农村小曲。古时，农村小曲和南皮民间的小戏、对唱、武术及其他花会项目一起出演并互相融合，在吸取了秧歌等的艺术成分后，逐步形成唱、跳、戏并重的固定演出方式。其歌曲形式主要为民间小曲，内容主要表现农村妇

女的恋爱与劳作生活，为广大观众所喜闻乐见，如《茉莉花》《放风筝》等。沧州落子有文武之分，以唱为主的为"文落子"，以动作表演为主的则为"武落子"。武落子融合了很多武术与杂技动作，颇具沧州地域特色。沧州落子与大运河流域的民俗文化联系紧密，于 2008 年被列入国家级非物质文化遗产代表性项目名录（图 5-42）。

丰富的大运河文化在河北历史与文明的发展中起到了不可替代的作用。大运河为古时河北的农业、手工业、商品经济的发展提供了便利的交通条件。河北借大运河实现纵向发展，大运河沿线城镇成为河北经济与人口发展的中心。大运河促进了河北商贸经济的发展，也带动了民俗文化的传承。

四、大运河与传统文化的关系

千百年来，人们在大运河上行舟，形成了对水的敬畏。逐水而行的舟民与枕水而居的岸边村民产生了与河水有关的水神信仰。这些被人们信仰的运河水神的原型多为在历史上被歌颂的道德高尚之人和治水功臣。大运河沿线有很多重要的文化遗产，它们也承载着很多可歌可泣的故事，借由大运河这一巨大的载体广泛传播。在古代，大运河还推动了我国与其他国家的文化交流，使伊斯兰教、基督教等在内陆地区得到广泛传播。

图 5-41　河北梆子《卧虎令》

图 5-42　沧州落子

（一）水神文化

大运河沿线的自然环境复杂，人们在运送漕粮的过程会遇到很多艰难险阻。在古时，受思想观念和技术水平所限，在诸多险阻面前，人往往无能为力，于是水神信仰应运而生，形成了独特的运河水神文化。运河水神的原型有以下三种。

一是历史上或传说里著名的治水疏灌之人，如鲧禹治水中的大禹。大禹高度重视实地勘测和统一指挥，鼓励官民开辟农田，并带领人们开挖人工渠、疏浚河道，建造排水系统，为后世的发展打下了基石，后人视大禹为水神。春秋时期挖掘邗沟的吴王夫差以及在汉代开凿运盐河的吴王刘濞都曾被当作运河水神。战国时期的李冰，明代的黄守才、张居正、白英以及清代的朱之锡等著名治水官吏和能人也被人们称为水神，受到大运河沿线人们的崇拜和祭祀。

二是在古代被人们视为道德典范的名人，他们被慢慢神化，如大运河沿线被祭祀最多的金龙四大王之一的谢绪、苏北地区的露筋娘娘被当地渔民尊为水神。

三是从宗教或神话中演化而来的形象，最典型的就是妈祖。妈祖是大运河沿线最知名的水神。妈祖又称天妃、天后。传说，她原是五代时期福建莆田沿海村子里的一个普通女子，经常帮附近渔民预测天气、采药治病，在 28 岁时因在海上救人而不幸遇难，妈祖的故事逐渐在民间传播。妈祖被神化，进而受到皇家的推崇。妈祖文化随着海洋贸易的发展在沿海地区迅速传播，妈祖逐渐成为海员和从事海上贸易的商户的守护神。

在元代，海运是粮食运输的主要方式之一。当时天津处于我国海上运输的最北端，粮食被运到天津后再经通惠河等到达北京。在这一过程中，妈祖文化逐步地在京津冀地区得到传播。水旱灾害的频发也使人们对水神和雨神崇拜起来。虽然祈祷、祭祀对防治水旱灾害并无帮助，但在当时的生产力水平下，也对当地社会产生了重要影响。

由于大运河流域的文化形态多样，同一段运河的不同河道沿线的人们信奉不同的水神，有的河道甚至有"诸神并行"的现象。所以，大运河沿线城镇不仅是繁荣的商贸文化区，而且是水神供奉的密集区。

（二）本土文化信仰

儒家思想具有鲜明的中国文化特色。大运河作为连接南北的主要水道，不仅有效提升了我国的水运效率，还促进了儒家文化在南北方的传播。大运河带来的便利的交通条件促进了漕运和沿线城镇的兴旺繁荣，南北文化交流极

其频繁，为儒学的大范围推广提供了契机，文庙、书院、贡院等儒家建筑在大运河沿线城镇广泛出现，如通州就有极具特色的文庙。通州文庙在布局上以位于中轴线上的占地最大的大成殿为主体。佛教的佑胜教寺、燃灯佛舍利塔（图 5-43）和道教紫青宫分列其左右后侧，这反映了当时人们对宗教信仰多元包容的前提下依旧以尊孔为核心。通州文庙（图 5-44）作为北京地区最古老的孔庙，主体院落的部分建筑修建于元代，比北京国子监孔庙修建得还要早，这充分证明了大运河对沿线孔庙建筑形成的影响。在天津和沧州两地，我们同样可以发现大运河沿线修建有文庙。这些儒家建筑承载着儒家思想，是儒家思想产生、形成与发展的主要载体，也证实了大运河对儒学发展的推动作用。

大运河河北段沿线是典型的农耕社会，随着大运河的发展，多元的文化和信仰慢慢融入当地百姓的日常生活中，使大运河周边城镇的

图 5-43　通州燃灯佛舍利塔

图 5-44　通州文庙

文化呈现出多维度、多层次的发展趋势。

（三）外来文化信仰

大运河经过 2 500 多年的沉淀形成了融汇多元文明的复合型文化系统，伊斯兰文化是这一文化系统中独具特色的组成部分。海上丝绸之路让我国同阿拉伯国家联系密切，大运河则是伊斯兰文化在我国传播的大动脉。伊斯兰教在中国的发展最早可追溯到唐朝，其后中国不断与阿拉伯国家进行贸易往来，这对中国产生一定影响。在历史上，从海上丝绸之路过来的阿拉伯各国使臣、商贾、传教士、旅行家等大多经大运河北上京城，这给伊斯兰教在大运河沿线的传播带来便利条件。商贸的繁荣也吸引了越来越多的穆斯林到大运河沿线城镇经商落户，所以伊斯兰教也成了大运河沿线群众信仰的宗教之一。

伊斯兰文化沿着大运河向北传播。南北走向的大运河与海上丝绸之路、陆上丝绸之路衔接，实现了跨国商品贸易。长期生活在中国的穆斯林不断向大运河沿线迁移，利用大运河的优势开展商业贸易。穆斯林依靠大运河生活，他们不仅是运河的保护者，也是运河的经营者。由于穆斯林多沿大运河开展商业活动，于是他们在经常歇脚的码头建造清真寺，以满足宗教生活需求。如天津的杨村和北京通州等地都建有清真寺。大运河北端的终点北京在明代就在前朝的基础上兴建了锦什坊街清真寺（清真普

奉寺）、花市清真寺等，这些清真寺成了伊斯兰教在北方传播的中心（图 5-45、图 5-46）。

河北沧州的泊头清真寺位于泊头市清真街南端，北距沧州城区 40 千米，始建于明永乐二年（1404 年）。泊头清真寺的建造就与大运河有关。传说元末时，一支运送木材的元兵船队到北京修皇宫，走到泊头时，元大都已被明军攻破。这些元兵无家可归，于是就地解甲，在当地定居下来，并用这批木材建起了泊头清真寺。因为使用了这些高大的木材，泊头清真寺与北方砖石结构的清真寺不一样，完全采用了砖木结构的南方清真寺风格。

大运河沿线的常营清真寺为常遇春屯兵时而建；天穆清真寺也是明朝将领沿大运河到通州又到天津天穆镇兴建的（《天穆志》记载）；明朱棣扫北后从山西迁出众多穆斯林到山东、河北等地。到了明清时期，除了武将，朝廷里出现了众多的穆斯林文官。这一时期回儒兴起，清初的刘智就是代表人物之一，后来"以儒释回"的现象也说明了伊斯兰教和伊斯兰文化在我国的繁荣发展。

唐代，诸多海外僧侣来到我国传播佛法，他们中的大多数人是通过海路而来的。扬州、杭州、洛阳等大运河沿线城市都有众多的佛寺，它们是中国禅宗文化的重要传承中心。在南宋，杭州成为大运河沿线城市中的佛教中心，城里有禅寺、教寺、法寺 3 类寺院约 480 座。元代，

图 5-45 花市清真寺 1

图 5-46 花市清真寺 2

藏传佛教占据主要地位，并传播到北京和大运河沿线。元世祖忽必烈尊藏传佛教萨迦派八思巴为大元帝师，并赐他金玉印，可见其地位之高。大运河沿线寺院、僧人众多。江苏、浙江等地就有不少知名的寺院和高僧。明代袾宏、真可、德清、智旭 4 位高僧学识渊博。尽管禅宗的发展在清初受到了限制，但大运河沿线城镇一直是禅宗活动的中心，镇江金山寺、扬州高旻寺、常州天宁寺、宁波天童寺等合称我国佛教禅宗的四大丛林（图 5-47、图 5-48）。

除了伊斯兰教、佛教、道教、儒教等，在大运河流域流传的还有摩尼教等多种宗教。摩尼教发源于古代波斯，于六七世纪传入我国新疆地区，于 7 世纪末传入汉族地区。到了宋元时代，在中国摩尼教已有高度汉化之势，在江南大运河沿线拥有众多信徒。摩尼教提倡素食、禁欲，崇尚俭朴生活等，受到贫苦农民的信奉。

大运河是贯穿京津冀地区的一条流动的文化线路，在中国文化发展进程中具有包容与融合的独特功能。在 2 500 多年的发展过程中，大运河起到了传播、交流、融合和发展的作用。运河文化与多种文化互相关联，对我国文化多元化格局的形成起到至关重要的作用。

图 5-47　镇江金山寺

图 5-48　扬州高旻寺

一、大运河文化遗产与城市空间

大运河的繁荣兴盛带动了其沿线城市的发展变迁。随着社会发展格局的变化和技术的迭代更新，大运河北方段的航运能力逐渐衰退，沿线城市的发展也深受影响。与大运河关联密切的城市需要在产业形态、经济模式、文化输出等方面不断优化提升，深入发掘大运河资源价值，利用好大运河文化遗产，延续和传承好运河文化和城市历史，立足时代需要，推动空间形态优化，形成产业联动，在展现运河文化与城市文化的同时，创造更丰富的经济和文化价值。

（一）运河终点——北京

在历史上，北京是大运河北上运输线的终点。大运河漕运保障了京城的重要物资供给，这些重要物资有京城建设所用的建筑材料，也有百姓需要的粮食和日用品，还有战略物资。大运河北京段作为北京的"输血管道"在长时间的发展中和北京慢慢地融为一体，彼此交织，不可分割。也正因如此，北京的发展也在各个方面深刻地影响着大运河北京段的空间形态，促使大运河及其周边水道网络、货运码头、城镇市集、仓储区域的形态和风貌发生变化。

1.运河构建城市水网，调节城市空间环境格局

大运河北京段是通惠河，其向西衔接北京古城的护城河，向东连接北运河，流经朝阳和通州两区。其河道的主体部分开凿于元代，由郭守敬主持开凿，又历经明清两代的建设，在极大程度上影响了北京的城市水网空间格局。通惠河的前身是金代以高梁河为水源、以白莲潭（今北京积水潭）为蓄水池、沿中都北城壕沟直达通州的闸河，其引水南下形成了当时金中都的护城河。它的贯通既有利于城墙防守，也为百姓的生活提供了一定的水源保障。

根据《元史》中《郭守敬传》的记载，元至元二十九年（1292年），郭守敬亲自主持，历时一年多，对金代闸河故道开挖整修，以白浮泉为源头，汇合一亩泉、马眼泉。河流穿过玉泉山流入瓮山泊（今昆明湖），再东出长河（玉河），从和义门（今西直门）北侧流入大都。入城后，河道在今德胜门小关转向东南，汇入积水潭和太液池（今北海、中海、南海），再流向东南，流经今天的地安门外的东不压桥向南，出皇城汇入护城河，然后过北御河桥（今北京饭店西侧）经台基厂二条、船板胡同、泡子河向东流向通州高丽庄，最后流入白河，河道全长约82千米。这一开挖举措使得通惠河从原来的"城外河"变成了"城内河"，让漕运河道流经了当时元大都的和义门、德胜门、积水潭、地安门大街、河沿大街、南水关、护城河。为了方便行人和车马往来，通惠河上修建了9座桥梁，在当时水利工程建设还不发达的时代，形成了都城内壮丽惊人的人工河道景观，奠定了北京的城市水网空间格局。

至明初，因上游河道淤塞，通惠河逐渐无法行船，漕运船只改在北京城东南边的大通桥停靠转陆路运输，这导致原本用于蓄水和航运的积水潭及其码头废弃。至此，大运河北京段的漕运通路不再像过去一样直达北京城内部。北京城内的水道在空间上被保留，在功能上则转变为景观河道和日常取水河道。积水潭、泡子河一带的水系不再有航运功能，周围热闹的商贸区也转变为沿河居住区和滨河漫步道。同时，河道沿线的商业建筑逐步变为官邸、宅园，结合过去遗留的寺庙建筑，这一区域兴建的园林慢慢由较为开阔的公共空间转为宁静的半私密空间。

到清代，大运河北京段的变化主要分为两部分。城外部分的河流主要以玉泉山为源头，经高粱河至城西分为两条河道，一条从城北经地安门、朝阳门东进入通州，另一条由小关进入北京城内城。内城部分的河流同样分为两支，一支经东不压桥转向，进入皇城的东北隅，另一支自西步粮桥进入皇城，流向西北方，经玉河桥流出，形成紫禁城的护城河。

可以看出，随着时代的更迭，大运河的主干脉络一直深深影响着北京城的核心区域。在今天北京的城市水网空间中，我们可以看到通惠河主河道保存依然完整。它西起北京站和东二环，沿着通惠河北路至京通快速路，途经东三环、东四环、东五环一路向东直到通盛北路。在水网空间上，它西面勾连护城河，后分为南北两支，北上这支穿过玉渊潭和八一湖，形成水道分叉，分别经京密引水渠连通颐和园昆明湖，经永定河引水渠连通永定河。南下这支则直接汇入凉水河，奔东南方向直抵北运河。

北护城河一段则由于各种原因在城市核心区内与通惠河主体断开，在西端与环绕故宫的筒子河及北海公园水域（北海、中海、南海）、什刹海水域（西海、后海、前海）连成一体，并通过转河北上汇入颐和园昆明湖，在东端接入坝河一直向东最终汇入北运河。

由此可见，因大运河而逐渐连通的水系围绕故宫遍布北京二环城区，向外则一直延展到北京的西四环、南四环、北五环和通州区，其所影响的北京城区的水网与交通网的覆盖面极大。同时，这种连通的水网脉络也将北京市区内众多因水系而形成的公园联系起来。通惠河主干沿线分布有明城墙遗址公园、庆丰公园、惠水湾森林公园、龙王庙（高碑店漕运历史文化游览区）、西会公园、八里桥公园、西海子公园、三教庙区域、运河文化广场；其延展出的水系则流经颐和园、什刹海公园、北海公园、陶然亭公园、龙潭中湖公园等。这些公园与绿化区域串联在一起，犹如由一颗颗珍珠串成的项链。各水系沿岸进行大面积的绿化改造，一方面沿岸小气候得到了良好的调节，形成了"城市绿肺"；另一方面也促进了城市绿地系统和水网系统的生态协同共生，为绿色生态廊道的保护和开发奠定了基础。

2.运河惠及民生，形成沿河而居的生活区

在 1949 年以前，城市服务系统并不完善。老百姓的生活区域多靠近水源。以通惠河为主体形成的北京大运河水网对北京人的生活区域及其人口密度产生了一定的影响。如位于南锣鼓巷（图 5-49）和东不压桥之间的雨儿胡同、蓑衣胡同、帽儿胡同等居住区就有很多居民临运河而居留下的生活印记。很多名人如著名画家齐白石等曾在运河旁居住（图 5-50）。古时，漕运需要大量的人力，由大运河航运衍生出的行当多分布在水陆交通枢纽区域，元、明、清三代漕运在北京城内城外的情况变化也使得依赖运河而生的人的聚居地发生变化。例如，元朝在确定大都城墙位置时，将西侧城墙定位在积水潭西岸的顺城街以西，如此一来，作为汇水池存在的积水潭便位于全城中心的位置。同时，由于通惠河将通州段水道与积水潭、高粱河等贯通，且沿线修筑了很多闸，城中居民沿河聚居，人们纷纷来此散步、踏青、戏水。运河沿线成为当时元大都人气最为旺盛的区域，大天寿万宁寺、大护国仁王寺等壮观的皇家寺庙也陆续建成。以积水潭为中心，通惠河沿线形成了多种人群交融的、热闹非凡的城市空间。

3.运河仓储区促进城市商贸区逐步形成

元朝时期河道的修整使得商船、货船得以直接驶入北京城，故在历史上除通州以外，北京城内外也设有重要的码头和仓廒，用于装卸和存储货物。例如，现在位于南河沿大街以西的磁器库胡同、缎库胡同、灯笼库胡同等就是过去河道两岸的仓库所在地，这些仓库均是依照功能命名的。元、明、清三代一直实行南粮北调的漕运制度，每年朝廷从山东、河南、江苏、浙江等地征收的米、麦、豆类等，均通过大运河向北京城输送，故仓廒中最大的一类就

图 5-49　北京南锣鼓巷

图 5-50　雨儿胡同齐白石旧居纪念馆

是粮仓。早期受通惠河、坝河的影响，北京城的仓厫主要设置在北京内城今朝阳门至东直门一线，以方便漕粮入仓。明初，积水潭一带的码头逐渐荒废，东便门外的大通桥一带成为主要的卸粮地点。漕粮运抵后主要存储于北京内城和通州两地的仓厫。根据统计，到清乾隆年间，北京内城和通州两地共有官仓 15 座、厫口（储藏粮食的仓房）1 332 座。其中北京内城有官仓 13 座、厫口 932 座。13 座官仓分别为：朝阳门南的禄米仓，朝阳门北的旧太仓、南新仓、富新仓和兴平仓，朝阳门外的太平仓和万安仓，东直门内的海运仓和北新仓，东便门外通惠河北岸的裕丰仓和储济仓，德胜门外的本裕仓和丰益仓。其中，朝阳门附近粮仓最多，到了填仓时节，从南方经大运河运送而来的粮米要经由朝阳门进城，因此朝阳门又被称为粮门。朝阳门瓮城的内墙壁上刻有汉白玉谷穗一束，寓意"朝阳谷穗"，成为当时京城一景。随着时间的推移，漕运制度不断发生变化。清光绪三十一年（1905 年），漕运制度被彻底废止，朝廷将征粮食全部改征银两后，北京内城和通州的许多粮仓逐渐闲置。近年来，通过城市更新，大量粮仓作为历史文化遗产得到相应改造，转变为文化和商业旅游场所。

元朝时期，通惠河的开凿使得江南漕船能直达积水潭码头，码头周边非常繁华，相关建筑和生活配套设施不断完善。积水潭码头是元代漕运北上的终点码头，当时从南方沿大运河进京的人都在积水潭边的万宁桥畔登陆，故此

桥边各种酒楼、旅店林立。在其北部的凤池坊间的斜街也发展出饼面市和果木市。元代诗人杨载在《海子桥送客》中形象地描述了当时的情景："金沟河上始通流，海子桥边系客舟。此去江南春水涨，拍天波浪泛轻鸥。"进入明朝初期，河道的变化使得大通桥至二闸一带的码头区逐渐热闹起来，在这里运输的漕粮量非常大。伴随着码头货物装卸量的增加、周边居民的不断聚集，酒肆赌坊、商旅会馆等建筑也慢慢增建，二闸一带逐渐繁荣，在民国时期更是发展成北京著名的风景名胜地。

相对前两者，高碑店村的历史更为悠久，可以追溯到元大都兴建前。随着通惠河的开凿，这里进一步焕发生机。为了方便调控通惠河的水位，利于漕运船只的通行，自瓮山泊至通州的河道上共修建有 24 座水闸。伴随着闸口的调整和水利设施的完善，高碑店村的码头使用起来也更加方便了，渐渐发展成依托水运的商贸区。

仓库和漕运码头的发展直接促进了周边商业区的发展。受河道变迁的影响，在金迁都燕京（今北京）以后，通州一带成为漕运转陆运的枢纽，曾一度成为人员和物资的汇集区，这里随之出现了各地商会，会馆云集、配套齐全的繁华商业区也逐步形成。除此以外，在京城内外还有皇木厂、花斑石厂、上下盐厂、瓜厂、砖厂和江米店等，它们逐渐向周围拓展形成商业街区，带动了区域的经济发展。

时至今日，北京借助三朝遗留下来的丰富的大运河资源和水域风光，自北向南形成了北京大学、清华大学与圆明园、颐和园相结合的学府商业片区，什刹海、北海公园、故宫博物院相结合的皇家旅游商业片区，以及以北运河为基础的运河文化广场、大运河博物馆和城市绿心森林公园、三教庙相串联的线性运河文化旅游观光商业片区。

这些大型片区利用不同的大运河资源发挥了重要的作用。近年来，北京市政府牵头汇集各方专家等社会力量，对什刹海和南锣鼓巷之间的玉河故道遗址进行保护与再开发，打造了以东不压桥胡同为起点的，包含帽儿胡同、婉容皇后故居、梅兰芳故居、春风书院、玉河庵、故道遗迹、雨儿胡同等景点的线性旅游街区。该街区配套有许多以四合院建筑为载体的咖啡吧、餐厅等，与毗邻的南锣鼓巷的民俗小吃街形成业态互补。短短480米长的玉河故道为北京塑造独特的城市风貌、推动城市更新、重塑文化商业空间注入了新的驱动力（图5-51至图5-54）。

图5-51 复建后的玉河庵1

图5-52 复建后的玉河庵2

图5-53 复建后的运河故道1

图5-54 复建后的运河故道2

（二）天子渡口——天津

天津是京畿门户、漕运枢纽和海河转运节点。天津的地理位置极为重要，它"拱京畿，坐拥首都空间地理格局的'津'角之势"。天津城市空间的发展与大运河的渊源很深，大运河对天津的影响不仅仅限于市内的码头或商业区，还辐射到了周边乡镇，如杨柳青、河西务、独流镇等地。这些传统聚落空间的发展、兴衰都与大运河有着千丝万缕的关联。1937年的《益世报》曾这样评价杨柳青："到了杨柳青，你能看到人烟稠密、商贾云集，河里是船、路上是车，四下里红男绿女活动着，一幅漕运繁忙的活动画面。"

1.运河与海河共同构筑天津城市的发展形态

大运河天津段北至武清木厂闸，南至静海九宣闸，全长约195千米，流经武清、北辰、河北、红桥、南开、西青、静海7个区。大运河与海河汇聚于市内的三岔河口。大运河与天津密集的水网、湿地连通，构成了"九河下梢天津卫"的城市空间格局。

天津的商业圈主要以传统街区为空间形式，商业圈的兴起离不开运河商贸。早期，三岔河口附近形成了多元化的商业市场，如针市街、估衣街、小洋货街、锅店街、缸店街、西杂粮店街、曲店街、肉市口、茶叶店口等。距此不远还有商会会馆（如山西会馆、江西会馆和闽粤会馆）等商业文化交流活动空间和仓库。

估衣街是一条拥有超过600年历史的古老商业街（图5-55至图5-57）。主街两侧店铺林立，形成天津早期服装业的商业摇篮。最早，估衣街只有估衣铺。清光绪年间，在估衣街，除了估衣铺外，绸缎、棉布、皮货、瓷器各业商店也发展起来。特别是20世纪30年代初期，估衣街的商贸活动达到鼎盛，这里成为华北地区绸缎、布匹、毛皮、服装、笔墨文具、中药

图5-55 天津估衣街1

图5-56 天津估衣街2

图5-57 天津估衣街3

材及日用小商品的集散地。一些老字号如谦祥益、瑞蚨祥、瑞生祥、元隆、老胡开文、老茂生等都集中在这条街上，加之摊贩遍地，这里异常繁华。

在南运河、北运河和海河交汇处的三岔河口，南来北往的商船接卸粮食、货物，贸易十分活跃。附近的天后宫是当年人们祭祀妈祖的地方，香火非常旺盛。这里还有很多大型粮仓，是天津人最早沿河而居的聚居地。

随着海河水系、大运河水道的不断发展和完善，天津开始形成具有独特风格的城市空间形态——以海河水系为发展轴线，由西向东依次逐步展开的带状城市格局（图 5-58）。这种结构也影响了天津近代城市的空间发展格局——以海河和京津塘高速公路为轴线的，以

中心城区和滨海新区为"双核心"的城市结构。

2.运河水利设施展现近代天津工业实力

对天津来说，大运河不仅是促进城市经济、贸易发展的大动脉，而且具有防洪、抗旱、排涝、蓄水、输水和农业灌溉等水利功能。水闸、大坝、码头是大运河沿线最重要的水利设施。大运河天津段的水利水工类遗产主要包括筐儿港坝、九宣闸、耳闸、屈家店闸等。筐儿港始建于清康熙年间，是目前天津现存年代最久的一处水利枢纽工程，现已发展为筐儿港水利枢纽，在龙凤河、北运河交汇处。它包括十六孔分洪闸、十一孔分洪闸、六孔旧拦河闸、三孔新拦河闸、六孔节制闸、穿运倒虹吸 6 座涵闸，形成了集拦洪、分洪、排污、蓄水和灌溉功能于一体的大型水利枢纽（图 5-59）。

图 5-58　海河水道

图 5-59　筐儿港水利枢纽河闸关系图

3.续写河海津韵，打造运河国家文化公园

在大运河申遗成功后，为满足天津新时代的发展需要和保护利用大运河资源的迫切需求，2021 年印发的《天津市大运河国家文化公园建设保护规划》提出，建设三岔河口、杨柳青古镇两个核心展示园和三岔河口集中展示带，按照"留古、承古、扬古、用古"的总体原则，在具体的工作中通过"停拆、止损、抢救、织补、赋能、清源、培根、铸魂"8 项原则，打造文化传承的载体、文化建筑的圣地、文化交流的平台、文化消费的场所，打造以"市民乐活家园"为目标的大运河国家文化公园。

杨柳青大运河国家文化公园是大运河国家文化公园的重要节点。从清道光年间的《津门保甲图说》中我们可以看到，杨柳青以东西渡口为核心，形成了生活、商贸、餐饮的聚集区。1949 年以前，杨柳青元宝岛上有 10 余条街巷，还有玉皇庙、文昌阁（图 5-60）、龙王庙、紫竹庵、佛爷庙等 5 处庙宇。

同时，作为杨柳青重要的文化符号，杨柳青木版年画始于明代，盛于清代中叶，是中华运河文明的精彩图腾。阿列克谢耶夫在《1907 年中国纪行》中写道："我不知道世界上还有哪一个民族像中国人一样以画过年，我也不知道世界上还有哪一个地方有 6 000 画工共同作画的场面……"

未来，杨柳青大运河国家文化公园将发展

图 5-60　杨柳青元宝岛文昌阁

成大运河沿线国家级标志性项目，展示大运河2 500多年的文明历史，呈现大运河的魅力，凸显大运河在天津城市建设中的文化价值。

　　天津为打造以"天子渡口、河海津韵"为核心主题的古运河文化生态旅游名片，精心设计特色旅游线路，开发系列特色旅游产品，同步释放大运河现有的旅游资源。天津围绕大运河古文化街码头、大悲院码头、杨柳青古镇码头，加快完成停车场、酒店等配套设施的建设；加强大运河的水系管理，统筹推进北运河旅游航运，加快北运河天津段至河北段的互联互通；连点成线，打造大运河沿线的商贸文化经济带、绿色生态宜居带、缤纷乡村旅游生态带。

（三）渤海明珠——沧州

　　大运河沧州段全长约250千米。沧州是境内大运河长度最长的城市。大运河在沧州主城区的河道全长约为30千米。隋朝时，大运河沧州段称御河或卫河，清代以后称南运河。这段运河自隋代开凿以来，到清代一直是国家的交通命脉。大运河沧州段两岸有十分丰富的古文化遗址，如古城、古镇、渡口、码头等。

1.依河而建、依河而生的沧州城

　　沧州旧城原有5座大城门，南门为阜民门，北门为拱极门，东门为镇海门，西门为望瀛门，小南门为迎薰门。5座城门形成了一批商品贸易与集散市场，小南门城厢一带渐渐演变成沧州固定的商业空间。除了促进了商贸的发展，大运河也促进了民族宗教、民俗文化的传播和发展，如大运河沿线的泊头清真寺、水月寺、清真北大寺、东光铁佛寺等都曾是重要的宗教活动场所。沧州市区南湖公园旁有明代修建的沧州文庙，其建筑庄严肃穆；大运河之畔的清风楼散发着浓郁的文化韵味。

　　为减杀大运河水势，防止洪水漫溢决口，沧州修有多条减河，其中比较有代表性的水利设施有世界文化遗产连镇谢家坝。另外，建于明代，用于分洪的捷地分洪闸至今仍是南运河上发挥重要作用的分洪闸之一。

2.凸显运河特色，构建未来发展前景

近些年，为改善沧州的城市风貌，提升城市品质，沧州市围绕"一带、两核、四片区、多轴、多点"的结构进行规划。"一带"是运河风貌带，沧州将其作为凸显城市核心风貌特色的重点，以打造滨水环境为主，体现大运河的古风古貌。"两核"中的一核是城市中心结合运河风貌带塑造的城市公共休闲核，另一核是西部新区城市开放空间。"四片区"指的是由西到东分布的行政综合风貌区、生态宜居风貌区、综合商贸区及产业风貌区。"多轴"则指由特色道路构成的景观轴及由东西两侧绿地组成的生态轴。"多点"包括商业副中心、公共服务设施中心、工业办公核心区、高教核心区、物流中心等。该规划力求将沧州市打造为彰显运河古韵、兼具现代都市风情的特色城市。

沧州市的规划还提出应注重在大运河两岸建设宜居带，以大运河沿线各特色城镇带为集聚点，以线串点、以点引面，带动整个大运河沿线的新型城镇化体系快速高效协同、融合发展；加快对吴桥大运河杂技文化旅游特色名镇、东光生态名镇、沧县旧城铁狮文化名镇、兴济运河小吃文化名镇等的建设，在改造、提档、巩固、升级的前提下，充分利用大运河的历史特色和文化优势，汇集旅游资源，延长商贸链条，打造大运河产业经济发展功能聚集区；汇点成片、聚片成面，进一步推动大运河沿线城镇化水平提升，实现区域产业协同发展。

二、大运河文化遗产与乡镇空间

从古至今，大运河的建设对沿线乡镇的空间形态和布局产生了巨大影响，也对沿线乡镇的社会经济和文化生活的形成和发展起到了举足轻重的作用，孕育发展出多个具有深厚文化底蕴的古镇，如张家湾镇、杨柳青镇、安陵镇等。

（一）运河名镇——张家湾镇

大运河张家湾段现有通运桥、萧太后河运河故道、通惠河漕运故道、土桥等多处文化遗产。自元代起，大运河的漕运物资多在张家湾进行水陆转运。随着转运物资的不断增多和商贸影响力的增大，张家湾镇除了吸引了大量转运行业的劳动力外，还产生了多样化的配套服务业态，形成了一个被称为"长店街"的长达千米的商业空间。由于南来北往的客商在此聚集，张家湾镇形成了包容三教九流于一镇的独特的文化氛围，运河庙会、商贸市集、民俗活动让镇子热闹非凡。清咸丰五年（1855 年），黄河夺道入渤海，导致今天大运河山东济宁段淤塞，南北不通，由此大运河北方段的航运开始衰败，河北段、北京段多处河道陆续淤塞废弃，后来这些河道就完全停用了。伴随着大运河北方段河道的废弃和漕运的衰落，张家湾镇逐渐衰落。

在大运河申遗成功后，伴随着对大运河沿线文化遗产的开发，张家湾镇抓住这一契机重新焕发生机。古镇的总体规划及实施方案提

出以原有古镇记忆为资源，再造沉浸式街区，实现张家湾镇的重新定位与升级转变，综合发展区域性的多种文化和服务功能，实现核心资源与周边区域的融合开发，打造优质的主题影视公园、休闲旅游古镇与湖滨度假体验区；同时，为周边区域文旅空间的整体打造提供重要的历史文化资源，形成动静结合、功能互补、协调发展的城乡综合文化发展空间格局。

具体方案提出，打造以城墙、码头为核心，以长店街、张梁路为十字轴线的格局；梳理各个时期的历史文化资源点，展现张家湾镇从古至今各个历史时期的文化风采；结合当地的历史文化与空间特征，规划构建"一带、两轴、三区"的城市发展空间结构。其中，"一带"为大运河滨水文化带，"两轴"分别为近现代文化展示轴和漕运文化展示轴，"三区"分别为古城遗址片区、产居融合片区和张湾镇村片区（图 5-61、图 5-62）。

（二）民俗古镇——杨柳青

北宋年间，朝廷为御敌，在大清河沿岸建碉堡，并在其周边栽种大量柳树，形成了杨柳堤，杨柳青古镇因而得名。借助大运河通达南北的便利交通，杨柳青的匠人们将具有当地特色的民俗木刻版技术与南方的绘画材料、高超画技相结合，创造出独具特色的杨柳青木版年画。这种代表着北方审美的年画深受人们的喜爱，并作为北方民俗文化中的一项重要遗产成为杨柳青镇的支柱产业。为充分展现民俗特色，杨柳青镇建设了长达 4 千米的南运河景观带和具有明清风格的御河人家民俗风情街，打造石刻园、年画园、风筝园、精武园、杨柳青园 5个观景区域，初步形成了大运河沿岸的民俗文化旅游空间。近几年，杨柳青镇又陆续启动了大院文化和以杨柳青木版年画为重点的民间艺术复兴工程，逐步恢复杨柳青古镇当年的画乡风貌，打造在全国独树一帜、富有特色的年画

图 5-61　张家湾古镇通运桥

图 5-62　张家湾公园

民俗文化小镇（图5-63、图5-64）。

目前,杨柳青镇进一步立足地方文化特色,积极谋划古镇文旅产业的协同健康发展。杨柳青大运河国家文化公园建设项目分为3个重点发展板块,分别为元宝岛板块、历史名镇板块和文化学镇板块。该项目重点建设反映杨柳青地域特色和文化内涵的中国年画博物馆、崇文书院、玉皇桥等重要节点,打造杨柳青曲苑堂、运河水街、沉浸式明清民俗民居牌坊群等核心景点。元宝岛通过打造国家生态民俗文化传承示范生态小镇,建设沿河亲水生态廊道和景观长廊,还将定期策划、组织木版年画相关活动、民俗艺术现场表演、运河游船、灯光走秀和巡游展演等各项大型主题活动,增强古镇民俗文化的观赏性。杨柳青镇通过与大运河紧密相连的3个板块带动全镇文化旅游事业的发展（图5-65）。

图 5-63　杨柳青民俗博物馆 1

图 5-64　杨柳青民俗博物馆 2

图 5-65　杨柳青古镇京杭大运河导览图

（三）险工重镇——安陵镇

古代开掘运河时，为减缓水流速度，缓解河水对堤岸的冲击，会在水位落差较大、容易决堤的河段设计弯道，延长运河流程。但在这种情况下，水流过急仍会导致决堤。为防治洪水，人们又在运河转弯处修筑河堤，其称"险工"。

大运河河北段的转弯处有多处土坝遗址，保存较好者有景县华家口夯土险工、连镇谢家坝与朱唐口险工遗址。这 3 处堤坝均修筑于清末，建筑工艺相同，即用灰土加糯米浆夯筑坝墙。华家口夯土险工与谢家坝为全国重点文物保护单位。2014 年 6 月 22 日，中国大运河被联合国教科文组织列入《世界遗产名录》，成为我国第 46 项世界遗产项目和第 32 项世界文化遗产项目。华家口夯土险工与谢家坝亦成为世界文化遗产点。

华家口夯土险工位于景县安陵镇华家口村东南的运河左岸。据景县县志的记载，大运河景县段开挖于隋大业四年（608 年），通航于隋大业七年（611 年）。因地处运河转弯处，大运河华家口段曾多次决口，仅晚清时期被载入县志的决口就有两次。一次是清同治九年（1870 年），村庄全部被冲毁；另一次是清光绪二十年（1894 年），庄稼全部被淹。决口给当地百姓带来了沉重灾难，也影响了当时作为运输大动脉的大运河的航运。华家口夯土险工建于清宣统三年（1911 年），全长 250 米，剖面呈梯形，

南北走向，顶宽 1.3 米，高 5.8~6.7 米，平均收分 20%。堤内坡坝墙每步宽 1.8 米，厚 18 厘米，分步夯筑。底部采用坝基抗滑木桩施工工艺，外坡与顶部由素土夯实而成。坝体的弧形曲线符合流体力学原理，受力面合理，能最大限度地缓解河水的冲击。经 100 多年的河水冲刷和几次大洪水的侵袭，大坝主体依然较好。

该险工为研究人员研究清代夯筑防水技术和运河堤岸防护发展史提供了实物。但是由于其建成年代久远，多年来受河水、雨水、风力侵蚀，冻融风化及坝顶过往载重车辆震轧，甚至地震等多种因素的影响，坝体已失去内聚力，出现了剥落、疏松、不均匀沉降、内坡下滑等现象。为加强对华家口夯土险工的保护，2012 年 8 月，景县对华家口夯土险工进行了修缮保护，在加固维修时最大限度地保证了险工的原真性和完整性。加固工程采用糯米、石灰夯筑工艺，耗用了上百袋糯米。同时，景县对大运河河道及华家口夯土险工进行环境整治，制定了《中国大运河华家口夯土险工保护管理规定》。

大运河申遗成功以后，当地政府着手进行华家口夯土险工景点建设，沿大运河左岸投资建设桃花休闲区项目、玫瑰园二期建设项目等，发展旅游、生态产业。近年来，安陵镇又把推进运河文化村及华家口村改造提升项目作为一项城建重点实施项目，推动华家口村大运河历史文化生态旅游空间的开发，包括华家口村入口空间景观建设、道路

铺装、村内绿化、坑塘改造、基础设施改造提升以及运河文化展馆建设等工程。这一系列工程有效地促进了华家口村对大运河文化资源的保护，通过协同利用与科学治理，打造集生态游览、表演体验、休憩度假等多功能于一体的大运河生态景观带（图5-66、图5-67）。

三、大运河文化遗产与村落空间

大运河经历了漫长的历史演变，沿线村落的兴衰发展也与之相伴。大运河沿线村落由于远离城镇，受到城市商业化的影响少，村民的生活空间、日常活动、信仰习俗与大运河联系得非常紧密，可以说这些村落保有更朴素、更贴近本源、更具真实活力的大运河文化遗产。在对其进行保护和后续协同利用的过程中，相关人员必须谨慎处理大运河文化遗产和村民之间的关系，使大运河文化遗产的保护和传承日常化、常态化和生活化，同时应更加注重保护

历史遗产的整体性。这种保护有助于在城、镇两级之外，建立更加符合大运河历史真实风貌的大运河文化遗产点，有助于避免"千村一面"现象的出现，形成真正具有地域特色和独特风貌习俗的运河乡村。

（一）皇木古渡——皇木厂村

皇木厂村遗址位于北京城东南方向通州区的张家湾镇一带，距今已有约200年历史。此处古时被河流环绕，得天独厚的区位条件使这里形成了一个天然的货运码头。

明永乐皇帝朱棣迁都北京后，为尽快营建紫禁城，分次遣派大臣先后到四川、江西、湖广（湖北、湖南）、浙江、山西等省采伐珍贵木材，木料分别装船再经大运河运输到皇木厂码头卸货，并储存堆放在这里，再经过陆路运进皇宫。因为这些木料专供皇家建筑使用，故码头所在村子得名"皇木厂村"，有"先有皇

图5-66　华家口夯土险工1

图5-67　华家口夯土险工2

木厂，后有北京城"的说法。在木料的处理和转运过程中，大量的车户、运夫长居于此，使这里逐渐形成村落早期的聚落形态，即以木料的处理和转运场所为核心，居住和附属功能环绕的空间形态。如今，原有的建筑等虽已无法再现原貌，但其所遗存的巨木仍能带我们一起见证当时的辉煌。现今村中有一株干径达1.6米、树龄达600多年的古槐。古槐是当年管理木材的官吏在皇木厂东南角种下的。历经600多年的变迁，大运河改道，皇木厂消失，而这棵古槐依然枝繁叶茂，见证这里曾经喧嚣热闹的场景（图5-68、图5-69）。树旁专门立有一座碑，记载了从明永乐四年（1406年）到明嘉靖七年（1528年）间，北京皇家建筑所用珍贵木材在此存储、运输的过程，碑刻上特别注明了管理木材的官吏在木厂周围广植槐树。

皇木厂村还是东北、西北、华北地区的运盐中转站。当年这里大木成山，车辚辚，马萧萧，运河号子响彻云霄，盛况空前。在皇木厂村的村口摆放着几块巨石。它们是皇木厂村旧村改造时在村南出土的。这些石头看似平常，实际却是花斑石厂的遗石，在当年是用于修建皇家宫殿和陵园的。皇木厂的石权是极有代表性的文物。等候入厂的运河漕盐都要通过石权称重。

皇木厂村还有独特的民俗文化，其中最具代表性的就是竹马会，民谣称"马营的秧歌、张家湾的会，皇木厂的竹马排成队"。皇木厂村的竹马会始于元代。随着大运河的贯通，大运河沿线很多地方都有竹马会，但是其他地方的竹马会和皇木厂村的不一样，主要表现在其他地方的竹马会只有马，没有骆驼，而皇木厂村的竹马会不仅有骆驼，还会给马搭上黄袍，很有特色。1949年以后，竹马会曾演出过，但没几年就消失不演了。如今，皇木厂村的村民

图 5-68 皇木厂村古槐 1

图 5-69 皇木厂村古槐 2

逐渐恢复了这一民俗活动。

皇木厂村曾在 1997 年左右进行过一次乡村空间的重建，重建工程围绕村落的古树展开，以"绕树而作、动中有静"为设计理念，发掘原有文化遗存二次利用的潜力；结合历史文化，在村内开凿人工河，并大量种植树木，希望通过重塑过去皇家木厂的盛景开发旅游产业，使过去的木料仓储村落转型为京郊旅游度假村落。

（二）古运码头——马头村

马头村的"马头"与"码头"谐音，因作为漕运码头而得名。在元、明、清时期，马头村是大运河上重要的码头之一，承担着大量物资的转运暂储功能，历史文化深厚，现有马头集遗址。马头村地处北京市通州区漷县镇，早在辽代，村北的运河边就建有码头。明代，大运河的漕运达到鼎盛，大运河上船只南来北往，络绎不绝，马头村被称为民用商船进京的第一码头。

马头村的码头设在大运河南岸。此处大运河北侧河道的特点是河面较宽而河床较浅，只有河道中心适合较大型的货船通行。在漕运兴盛时，民用商船一般在两侧浅滩处等候，优先让官船通过后再行驶。在等候官船通过时，为增加收入，船只会在一侧岸边停靠，商人和运输船队往往利用等候时间摆摊售卖物品。年长日久，这一原本被动的商业行为反而吸引了四面八方来做生意的商人。这些外来人口在此地建店经商，并定居和繁衍，造就了马头村独特的"千姓文化"，到现在为止，村里就有 130 多个姓氏。

由于拥有悠久的运输与商贸史，不同于其他古镇乡村隔三岔五的流动集市，马头村天天有集，开设常规市场，每逢阴历五日、十日有农贸大集，形成了独具特色的马头集。马头集保留了马头村依大运河而兴盛的村落特色。

此外，源于辽代的"邑会结社"发展到明代演变为漕运码头上的民间花会。马头村就有灯车老会、龙灯会、小车会、高跷会等许多民间花会。这些民俗花会的表演形式均与漕运文化有着密切关系。如小车会来源于明代一家 5 口推着小车沿大运河北上逃难时发生的故事，这一家人最后的落脚处就是马头村，村民使用秧歌的形式将故事通过幽默滑稽的方式表演出来，使其成为村民喜闻乐见的演出形式。一些演出的小团体又在不断演化发展过程中自发联合起来，成立有组织的民间大型地方花会。在店铺开业、举行庆典活动时，或在每年当地的庙会庆典期间，马头村都会举行民间花会表演，吸引周边百姓和游客前来观看，从而逐渐地提高了民间花会的知名度（图 5-70、图 5-71）。

随着大运河保护工作的开展和美丽乡村建设的推进，马头村抓住旅游商业契机，打造"一村一巷一主题"的文旅项目利用运河文化、千

图 5-70　马头村龙灯会

图 5-71　马头村小车会

姓文化、民间花会等特色资源，建设古漕运码头文化主题街、龙灯庙会文化主题街、姓氏文化主题街、历史文化主题街等历史民俗文化主题景观街区。同时，村庄规划还提出在开发特色民俗旅游的过程中，要注意保护乡村原有的生态空间，保留村庄现有植被，补植柿子树、玉兰、海棠等特色树种，保证三季有花、秋季有果、冬季有绿的景观效果。整个规划实施完成后，马头村将吸引更多游客，为大运河沿线的乡村旅游添姿增色。

（三）漕运庙会兴盛地——高碑店村

高碑店村位于北京市朝阳区高碑店乡，于辽代成村，曾名郊亭，后改名为高碑店。由于通惠河流经此地，附近有平津上闸，使其在清代逐渐发展成北京著名的漕运村落、古运河的接驳口和漕粮运输的必经地。由于明清时期驳运制的实施，大运河北京段沿线的闸坝周边逐级形成由码头、桥梁、建筑等各类设施组成的驳运区，以更好地服务于物资运输。这也直接促进了各闸坝周边村落的快速发展，高碑店村就是其中的典型代表。

高碑店村曾因作为漕粮及各类商品的集散地而兴盛一时。时过境迁，伴随漕运的衰落，高碑店热闹的商贸交易场景已不复存在。但漕运带来的各地民风民俗却扎根于此，与当地的风土人情慢慢融合，形成了高碑店村的特色文化。

高碑店村的特色漕运庙会有 700 多年的历史。在这里，无论是当地村民，还是被庙会吸引远道而来的周边百姓，都可以免费欣赏小车会、舞狮子、跑旱船、踩高跷等民间传统节目（图 5-72、图 5-73）。庙会上还有各类老北京

图 5-72　高碑店村舞狮子

图 5-73　高碑店村踩高跷

特色小吃，人们摆摊售卖各种小物件。庙会集市沿大运河河岸展开，全长 1.5 千米，有百余个摊位售卖各色商品。庙会活动一方面通过各类风味小吃、民俗工艺品以及土特产品吸引外来游客，提升村子人气，给村民带来一定的经济收入；另一方面，也能弘扬运河精神、传播传统民俗文化，丰富周边村民和市民的节假日休闲生活。

在每年的漕运庙会上，人们都会特地在码头上竖起一面"漕运"大旗。据当地老人说，这是一种特色漕运传统。早在明清时期，每当南方的运粮船到达码头，一面大旗都会高高升起。如今，这种升旗的形式被保留下来，作为庙会的一项重要纪念活动，也成为大运河活态文化遗产的一部分。

每年农历正月十五元宵节，高碑店村都会举办漕运灯会。热闹的灯会包含放河灯、升漕运码头河灯、打灯笼游河等特色活动，吸引了周边的北京市民。人们聚集在高碑店村漕运文化广场上观看表演、赏花灯、猜灯谜、闹元宵。在元宵漕运灯会上，除了传统的大红灯笼，还有近千盏各种造型的创意彩灯，在夜幕中为大运河文化的再度兴盛画出绚烂的一笔（图 5-74、图 5-75）。

高碑店村凭借具有自身特色的大运河资源，发展传统庙会、灯会，传承民俗文化，成为北京地区具有代表性的国际民俗旅游文化村，被评为市级民俗村、全国农业旅游示范点、2006年度北京最美的乡村。

图 5-74　高碑店村元宵漕运灯会

图 5-75　高碑店村彩灯龙船

第三节 大运河资源与京津冀地区在产业维度上的关联

一、大运河文化产业发展现状及问题

（一）文化产业的分类

文化产业包含的内容和门类丰富，是一个多系统组织构成的有机整体。目前，在国际上的各种文化产业分类标准中，英国著名经济学家费希尔在1935年出版的《安全与进步的冲突》一书中提出的三大文化产业综合分类法得到了专家和学者的广泛认可。他根据社会生产活动的历史发展顺序，将全部经济活动划分为第一产业、第二产业和第三产业。第一产业为农业，第二产业为工业和建筑业，第三产业主要指服务业或商业。

从世界范围看，以组织结构为依据，文化产业基本可以划分为3类：一是生产与销售有独立形态的文化产品的行业（如图书、报刊、音像制品等行业）；二是以劳务形式出现的文化服务行业（如戏剧舞蹈演出、体育、娱乐、策划、经纪等行业）；三是向其他商品和行业提供文化附加值的行业（如装潢、形象设计、信息咨询、文化旅游等行业）。

2002年，党的十六大明确提出加强文化建设，推进文化体制改革。2004年，为贯彻落实党的十六大关于文化建设和文化体制改革的要求，改进和完善文化产业统计工作，规范文化及相关产业的口径、范围，国家统计局会同多个部门广泛调研、共同研究，在《国民经济行业分类》（GB/T 4754—2002）的基础上制定颁布了《文化及相关产业分类》。2012年、2018年，国家统计局又对分类进行了修订完善。根据2018年颁布的《文化及相关产业分类》，文化及相关产业主要包括文化产品制作、文化产品销售活动、文化用品生产和销售活动等六大类，分为核心层、外围层和相关服务层（表5-2）。

伴随大运河后申遗时代的到来，我国对大运河资源的研究和开发进入了更深层次的阶段。特别是在大运河北方段，在其不以航运为主要功能后，对大运河资源进行发掘和转化，使其

表5-2 《文化及相关产业分类》划分层次（作者自绘）

核心层	新闻服务，出版发行和版权服务，广播、电视、电影服务，文化艺术服务
外围层	网络文化服务，文化休闲娱乐服务，其他文化服务
相关服务层	文化用品、设备及相关文化产品的生产，文化用品、设备及相关文化产品的销售

与文化产业深度融合，有助于使其成为区域发展的新增长点。大运河沿线文化遗产与文化产业的融合既有助于大运河待开发资源的激活，又有利于地方的经济增长和民生建设。通过田野调查和信息普查对大运河资源中具有文化产业特点的资源进行分类，有助于实现资源的有效对接和深入利用。

根据与大运河的相关程度，大运河资源可分为核心层、外围层和文化及相关产业的相关服务层。核心层包括大运河新闻服务、相关书籍出版发行和版权服务、影视制作、文化艺术服务；外围层包括大运河相关网络文化服务，文化休闲娱乐服务和其他文化服务；相关产业的相关服务层包括大运河文创产品、文化用品的生产和销售。

同时，按照空间分布以及与大运河关系的紧密性，大运河资源可划分为核心资源和关联资源。核心资源包括：大运河河道；与航运、水利等直接相关的历史文化遗产，如桥梁、船闸、堤坝、圩堰、驳岸、纤道、码头、仓库、船厂、航标灯塔、碑、船舶、关榷、皇帝行宫、御用码头和漕运、盐运与治运管理机构遗址等；非物质文化遗产方面如名人事迹、诗文字画、造船技艺、水工技术、传说故事、戏曲、船工号子、水上习俗等。这类资源与大运河的演变和发展的关系十分密切。关联资源包括：大运河沿线的城乡与大运河密切相关的历史文化遗产，如古城镇、历史村落、园林石碑、民居名宅、庙宇古墓、会馆商行、市场、工厂等；非物质文化遗产方面包括各种口述文化资料、实物文化资料等。这类资源都是在运河沿线发展形成的。

（二）大运河沿线文化产业发展存在的问题

大运河沿线文化产业的发展在不同的地域有显著的差异。一方面，经过几千年的演化发展，各地的风土人情不同；另一方面，伴随我国经济的高速发展，各个河段流域的社会产业结构和经济水平的差距较大。这就形成了大运河沿线文化产业发展中的诸多问题，主要体现为以下5个方面。

1.大运河南北段流域发展不平衡

比较近10年各省市发布的统计报告的数据，各地文化产业增加值占国内生产总值（GDP）的比例呈现出较大的差异，江浙地区文化产业相对成熟。苏州、淮安等地作为积极发展新兴文化产业的先行者有着丰富的经验。其中，苏州的自然人文资源丰富，政策环境良好，经济发展水平、科技创新能力处于前列，文化产业与旅游业融合发展带动了文创产品的消费升级。位于大运河中段的河南（新乡、郑州、开封等）、山东（济宁、聊城、泰安等）、安徽北部等地人口密集，大力发展文化休闲娱乐产业，不断探索城市转型的新思路，但从统计数据来看，这些地方的文化产业还有较大提升空间。

大运河沿线文化产业的发展水平不均衡，梯度较为明显。大运河南北两端区域的文化产业发展强劲，中部地区的发展则相对落后。南方的文化产业发展水平高于北方，北方只有北京的文化产业发展较为突出，文化资源转化得比较好，文化产业已逐步成为首都经济发展的新引擎之一。南方的城市在大运河文化产业发展方面做得比较突出，杭州、苏州、扬州都以大运河文化产业的开发作为重要的经济增长点。

2.运河沿线城市、乡镇、村落之间发展不平衡

由于大运河流经的地区很多，不同地区的发展水平不均衡，同一地区的城镇和乡村的发展水平也不均衡，一般以城镇发展为主，再以城镇发展带动乡村发展，驱动力递减，资源分配不均。目前，我国乡村发展滞后的局面仍然存在，缩小城市、乡镇、村落的发展水平差距、促进经济社会协调发展的任务依然艰巨。

目前，大运河沿线的城市以大运河的发展为契机，通过文化产业带动周边资源的开发与利用，形成了发展合力，但大运河沿线的乡镇、村落在发展大运河文化产业方面还需要进一步强化。大运河沿线的乡镇、村落拥有丰富的物质与非物质文化遗产，但受政策导向、地理环境、资金支持、人力资源等方面的制约，加之相关配套服务和公共设施不完善，在文化产业发展方面遇到了难题。尤其是在大运河沿线的乡村，乡村文化、民俗产业等的发展方式趋同，没有形成自己的特色。

3.文化资源未转化为文化产业优势

在大运河沿线，以优秀传统技艺为代表的大运河非物质文化遗产没有形成有影响力的文化品牌。以河南为例，一些城市虽与江浙地区的城市的大运河文化遗产数量相当，但文化产业发展水平较低，这说明这些城市的文化资源优势并没有转化为文化产业优势。同时，由于这些城市没有统一的文化产品技术标准和品牌形象，导致文化产品市场混乱，缺少真正有影响力的拳头产品。许多宝贵的文化资源仍处于开发的初级阶段，未能得到有效的市场化开发。某些城市在发展大运河文化产业的过程中也存在着对文化产业认识不足，对文化资源粗放式开发，同质化、低价、低质竞争严重等问题，一些宝贵的文化资源被低水平开发，甚至遭到毁灭性破坏。

4.运河工业遗产的再利用仍处于起步阶段

大运河沿线拥有丰富的工业遗产，这些工业遗产由于大运河航运能力的下降以及传统产业的变革，大多处于荒废状态。如何将这些工业遗产转化为创意产业资源，服务大运河文化品牌建设，用创意产业驱动资源整合，是大运河文化带建设者们面临的新问题。

随着我国创意产业的发展，工业遗产转化为创意园区的成功案例和改造经验已十分丰富。

大运河沿线遗址遗迹丰富，但是遗产散点过多，各地大运河文化产业开发的主体复杂，缺少协同，这导致大运河沿线缺少有影响力的文化品牌，无法统领资源的整体开发。大运河文化带的建设者们应将零散的、可利用的遗产资源转化为创意产业资源。同时，大运河沿线各地应通过大运河文化带的整体建设，打造真正的以大运河资源为主题的系列园区，通过园区的影响力逐步让大运河文化品牌增值，这也是未来文化产业发展的现实路径。

5.大运河文化产业与相关产业融合度低

大运河文化产业与旅游、互联网、教育、数字媒体等行业均存在关联，并且随着科学技术的不断进步，它们之间的融合将会越来越深入。

文化产业作为第三产业中的一种特殊的经济形态，是以生产和提供各种精神产品为主要活动，以满足人们的文化需要为目标，以文学、音乐、绘画、工业产品、建筑、环境为媒介进行文化方面的创作与销售的产业。此外，通过其他行业或商品提高文化附加值也是为大运河资源增值的另一个重要渠道。这就决定了我们对于大运河文化产业的开发要有力地挖掘文化产业和相关产业的融合性，借势发力，努力通过多种形式让大运河资源助力相关产业的价值提升，为相关产业提供可持续的服务。

二、大运河文化产业发展的政策与导向

大运河地跨北京、天津、河北、山东、河南、安徽、江苏、浙江8个省、市，连通了海河、黄河、淮河、长江、钱塘江五大水系。不管是在时间上还是在空间上，大运河巨大的发展跨度都使其文旅资源极富多样性。大运河沿线不同区域的人文、地理、经济、历史各具特色，犹如一本文化资源"百科全书"，具有巨大的文旅资源发掘潜力，因此有人将大运河文化带称作"活古迹""历史画廊"。

在如何更好地发展大运河文旅产业的问题上，从国家部委到地方政府，各层级、多部门近年来开展了多项工作，推动大运河文旅资源开发提速增效。

文化和旅游部、国家发展改革委于2020年联合印发了《大运河文化和旅游融合发展规划》（以下简称《规划》）。《规划》强调大运河沿线各地要做到保护优先和合理利用并举，始终把保护放在第一位，弘扬中华优秀传统文化、革命文化和社会主义先进文化；要以大运河国家文化公园建设为统领，构建全域统筹、区域协同的文化和旅游发展格局；坚持以文化和旅游融合为主线，以融合发展为导向，促进文化和旅游资源叠加、优势互补，更好地带动大运河沿线经济社会的高质量发展。

京津冀地区积极响应大运河文化和旅游资源区域协同发展的要求，于 2018 年编制《京津冀大运河旅游观光带规划》，推进三地跨市域旅游合作，共同塑造大运河北方区域旅游形象品牌。该规划对自北京通州经天津至河北吴桥的大运河沿线资源进行了系统分析，提出建设中国大运河北段运河旅游廊道，以大运河为载体，系统展示大运河文化资源特色，促进文旅融合，为进一步统筹京津冀大运河旅游一体化发展提供有力保障。

北京市 2020 年 4 月公布的《北京市推进全国文化中心建设中长期规划（2019 年—2035 年）》中指出，大运河、长城、西山永定河承载了大量的城市发展记忆，是北京文化脉络乃至中华文明的精华所在，提出北京要系统开展大运河文化遗产保护，营造蓝绿交织的生态文化景观，打造文化旅游魅力走廊。

天津市 2020 年编制出台了《天津市大运河文化保护传承利用实施规划》，该规划进一步整合天津市大运河沿线资源，以文化和旅游融合发展为导向，以文促旅、以旅兴文，构建享誉全国的北方运河缤纷旅游带，积极推进大运河天津段旅游资源开发工作。

河北省 2021 年编制了《河北省大运河整体景观和建筑风貌规划》，用于指导沿河各市县景观和建筑风貌规划设计，推动文化和旅游融合发展，完善旅游公共服务配套设施，打造优质的旅游品牌。

三、大运河南方段的文旅产业发展经验

（一）大运河南方段的旅游产业案例

自 2018 年起，大运河南方段沿线的 8 个城市——苏州、无锡、常州、镇江、扬州、淮安、宿迁和徐州联动，开发大运河文化带旅游项目。江苏省在大运河的遗产保护宣传、资源开发利用、文化展示传承方面积累了大量经验，鼓励社会资源参与大运河文化旅游长廊、生态旅游长廊、旅游产业长廊的建设，为大运河旅游风光带的构建提供了良好范本。

大运河南方段的文旅产业之所以发展得较好，是因为大运河南方段沿线文化遗产较多，并且其流经的区域整体经济水平较高，文旅资源的开发充分借助了区域效应，同时各个文旅项目又能较为切实地从自身特色出发，避免重复雷同、低质竞争，将特色优势与区域规模相结合，形成良性竞争局面。在大运河北方段的文旅资源开发过程中，相关人员应借鉴大运河南方段文旅资源开发的经验。

1.淮安里运河线性文化长廊建设

里运河始建于公元前 486 年，位于大运河江苏段的中部，全长约 170 千米，连接中运河和江南运河，旧时也称"淮扬运河"。该段运

河包含清江大闸、青口客运枢纽两个遗产点，历史积淀深厚，旅游资源丰富，地理位置好，景区周边交通便利。2013 年，淮安市政府利用这一优势，决定打造里运河文化长廊，规划的长廊北起大闸口，南至巷子口，规划范围合计 45 平方千米，河道总长度约为 15.6 千米，建设总面积约为 10.8 平方千米，包含大小项目数百个，总投资约为 260 亿元。

里运河文化长廊（图 5-76）按里运河沿线不同资源的特点，分为六大特色区段，包括：以淮扬特色美食街、各种会馆和运河文化博物馆为主的"黄金水岸"段；以中式传统茶楼、棋馆、绣楼、染坊、戏园以及街头庙会等民俗项目为主的"十里金粉"段；以高难度的特技舞蹈表演为主的"水舞间"段；以七彩花田婚庆活动基地为主，结合滨水书吧、咖啡馆的"田园水乡"段；以沿滨水景观带和小商业街展开的包含酒吧、书吧、咖啡厅的"运河春天"段；以天下粮仓博物馆、文化大讲堂、漕运码头、漕船制造体验馆为主的"榷关怀古"段。里运河两岸设置了蜿蜒的慢行步道，市民和游客可以在此漫步赏景，进行骑行运动和跑步健身等，同时观赏运河美景。

里运河文化长廊建成后，成为人们日常休闲健身和旅游打卡消费的热点地区。结合线性联系的六大特色区段，里运河文化长廊景区组织举办了全民健步走、微型马拉松、汉服婚礼、中秋拜月、新春灯会、萨克斯音乐会等系列活动，组织开展了廉洁文化书画展、运河申遗三周年文艺会演、非物质文化遗产联展等主题活动，吸引了大批市民和游人，弘扬了当地特色文化，强化了深度体验式旅游，极大提升了自

图 5-76　里运河文化长廊局部风光

身知名度。2014 年，淮安里运河文化长廊正式成为国家 AAAA 级旅游景区。

里运河文化长廊借助自身的区域优势，深挖大运河文化资源，紧扣江淮生态经济区、淮河生态经济带、大运河文化带"一区两带"的政策导向，创造性地推动线性运河旅游资源带的建设，创造性地打造大运河文化带文旅样板项目。

2.苏州望亭镇打造生态特色农业小镇

望亭镇隶属苏州市相城区，坐落在苏州市西北、太湖之滨，介于苏州和无锡的两大高新技术产业开发区之间。大运河蜿蜒穿过该镇。

"望亭"古名"御亭"，曾名"鹤溪"，是一个具有近 2 000 年悠久历史的古镇。2019年，望亭镇入选"2019 年度全国综合实力千强镇"；望亭稻香小镇被列入苏州第二批市级特色小镇创建名单。得天独厚的地理区位和优势明显的生态环境铸就了望亭镇特色农业小镇。望亭镇确立了"西部新门户、美丽新家园、产业新优势"的总定位。特别是作为一个拥有丰富的大运河旅游资源的乡镇，望亭镇把优化改善大运河以及周边环境条件作为发展的重中之重，从"治水、治气、治尘、治路、去产能、优环境"6 项重点工作入手，全面打造、提升望亭镇的整体形象，加快推进经济社会转型升级。望亭镇有针对性地解决当地生态问题，使群众满意度逐渐提升的同时，也吸引来不少外地游客。这对其他运河古镇的生态旅游建设起到了很好的启发作用。

近几年，望亭镇积极推进大运河文化带的建设。2019 年 5 月，总占地面积约 20 万平方米的运河公园暨历史文化街区落成开放。其集遗产保护、文化研究、生态旅游、特色党建等功能于一体，恢复了御亭、皇亭碑、驿站、石码头牌楼等历史遗存，并新建望运阁、文化展示馆，成为望亭"吴门文化新地标"，获评"2019 苏州十大民心工程""像规划城市一样规划农村，像发展工业一样发展农业，像经营企业一样经营农田"，这已成为望亭人的共识。作为相城区唯一拥有太湖与大运河资源的乡镇，望亭镇围绕特色水稻田园乡村建设，加快推动第一、第二、第三产业高质量融合发展。依托稻田资源，望亭镇高起点规划、高标准建设北太湖旅游风景区，全面整合太湖、大运河等优势资源，建设完善了长洲苑湿地公园、稻香公园、游客中心等各类旅游载体，"食味南河港"农家乐主题街区、咖啡馆、民宿等各类旅游配套设施，运河公园暨历史文化街区等充满文化元素的旅游打卡地（图 5-77）。

3.徐州窑湾运河古镇复建水乡风貌

窑湾古镇位于江苏省新沂市西南，西傍大运河，东临骆马湖，三面环水，碧波粼粼，景色秀丽，是一座拥有 1 400 多年历史的水乡古镇。明末清初，中运河开通后，窑湾古镇扼南北水路之要津，成为大运河的主要码头之一，曾经"日

图 5-77　望亭特色农业小镇局部风光

过樯帆千杆，夜泊舟船十里"。镇中店铺林立、商贾云集，设有 8 省会馆和 10 省商业代办处，有邮局、钱庄、当铺、商铺、工厂、作坊等。这里素有"黄金水道金三角"和"小上海"之称。

如今，窑湾古镇中仍有一些古民居建筑。这些古民居建筑既有北方建筑的质朴庄重，又有南方建筑的秀雅灵巧，建筑围合的街巷幽深。2012 年，窑湾古镇成功创建国家 AAAA 级旅游景区，先后修复建设了吴家大院、赵信隆酱园店、窑湾民俗史话馆、华棠酒坊、山西会馆、天主教堂、东当典、江西会馆、苏镇扬会馆等 20 多处景观景点；建设、运营了窑湾船菜馆、窑湾味道特色小吃美食集聚区、龙舟驿客栈、三晋别院客栈、运河商都酒店，大大提升了景区的食宿接待能力。另外，镇内还有以"夜猫子集"为文化内核建设的民俗文化商业街。经过 10 余年的保护开发，窑湾古镇先后获得"江苏省历史文化名镇""全国特色景观旅游名镇"等荣誉称号 20 余项（图 5-78、图 5-79）。

窑湾古镇在对古居民建筑保护开发的同时，还深度挖掘、展示古镇的历史民俗、商业和饮食文化。窑湾至今仍保留有"星夜赶集，黎明结束"的传统早市"夜猫子集"，拥有有"窑湾三宝"之称的绿豆烧酒、甜油和桂花云片糕，以及以鲜、融、健、爽著称的窑湾船菜。

近年来，随着各方对大运河文化带建设的高度重视，窑湾古镇也迎来了新的发展契机。根据中央对大运河文化带建设的决策部署要求，江苏省委省政府编制了《大运河国家文化公园（江苏段）建设保护规划》。根据规划定位，窑湾古镇将建设大运河国家文化公园核心展示园。核心展示园项目北至劳武路，南至运河大堤，东至古镇大道，西至运河大堤与劳武路的

图 5-78　窑湾古镇风貌 1

图 5-79　窑湾古镇风貌 2

交会处，规划占地面积约 165.5 公顷，总投资约 30 亿元。其主要包括窑湾历史建筑群修缮、旅游服务设施建设、水上旅游开发、大运河文化集中再现四大工程，进一步带动周边资源开发，实现该地大运河文旅产业发展的新风貌。

（二）大运河南方段的文化创意产业案例

文化创意产业强调以文化创意为核心驱动力，通过媒体、环境、衍生品等完成产业链的闭环，从而在市场上创造新的价值。传统工业的转型和互联网的兴起对文化创意产业的快速发展起到了很大推动作用。高质量的文化创意项目需要大量优秀的文化素材，大运河文化遗产作为文化创意生产的素材，具有涵盖范围广、

应用面宽、文化形态独特的特点。目前，大运河北方段与大运河相关的文化创意产业的发展还处于初始阶段，文化创意转化路径窄，成果转化效率低。

大运河南方段文化创意产业发展得较好，尤其是无锡和杭州的大运河文化创意产业起步较早，体系较为完善。它们将文化遗产、自然景观与产业发展相结合，将古运河、古城和现代城乡建设相结合，把古运河的文化资源作为文化创意产业发展的基石，并不断对其进行整合，充分利用大运河文化遗产拓宽文化创意产业的来源。大运河南方段具有借鉴意义的文化创意产业案例很多，其中无锡运河外滩建设、杭州富义仓改造利用等都是可以借鉴的案例。

遗产注入了时尚活力。二者的天然属性使它们自然地契合在一起。

运河外滩建设项目总体量达到 5 万平方米，由 6 栋保留建筑、5 栋新建筑、1 个外滩艺术中心及周边环境构成，属于较为成功的利用工业遗产开发文化创意产业的典型案例。该项目以打造"生活美学博物港"为核心主旨，力图优化现有的公共空间，激活工业遗产，使大运河焕发生机。12 栋高低错落、形态各异的新老建筑沿梁溪河一字排开，构成了紧临大运河的开敞式文化创意主题街区及建筑空间（图 5-80 至图 5-84）。

1.开源机器厂工业遗产转型为运河外滩文化商业综合体

无锡的运河外滩文化商业综合体（以下简称"运河外滩"）位于无锡市滨湖区河埒街道湖滨路无锡市档案馆旁，紧临大运河。此处曾是无锡四大家族之一的荣氏家族在 1948 年建的开源机器厂。该项目的老工业建筑见证了我国民族工业发展初期的历史。

在更新改造前，该厂的大量厂房空置。无锡市进一步将工业遗产的再利用与文化创意产业的发展相结合，让其相互输血，以激发活力。工业遗产的空间是文化创意产业发展的天然沃土，其自由的空间形态适合文化创意产业的孵化；文化创意产业的前沿性、时尚性也为工业

该项目很好地利用了部分原有工业厂房开阔、高挑的空间，将富有时尚品位的用于文创产品售卖、艺术展演、手工制作体验等的多种空间通过"屋中屋"的方式置入整体建筑中，使空间显得通透明亮；利用周末市集来配合烘托商业氛围，吸引广大青年的关注。还有一栋较为低矮的厂房则采取打通内部空间的方式引入城市人文空间品牌"棉仓"，将时尚品牌和休闲餐饮融合，在单一的工业空间中打造复合的商业模式（图 5-85 至图 5-87）。新建部分则借助入口、排窗和局部外露结构等与旧有建筑形成整体，同时复古红砖的使用使得整个街区呈现出统一的风貌，文化创意商业的"空间品质感"得以增强，商业审美价值和驻留空间的体验感得到强化。

图 5-80　运河外滩原有工业遗产 1

图 5-81　运河外滩原有工业遗产 2

图 5-82　运河外滩室内商业空间

图 5-83　运河外滩艺术装置

图 5-84　运河外滩生活美学展厅

图 5-85　运河外滩棉仓外立面

图 5-86　运河外滩棉仓室内空间 1

图 5-87　运河外滩棉仓室内空间 2

这些文化创意产业的引入，为运河外滩注入了更多的文创体验内容，形成了商业、文创、办公等多种业态共存的复合街区空间。该项目不仅考虑到工业遗产与大运河文化资源的整合利用，还完美地将它们融入城市发展的肌理之中，在再现民族工业精神的同时，让新型的城市文化业态反哺城市，成为城市创新的新动力。利用这一空间载体，无锡承接了第二届大运河文化旅游博览会等多个会展项目，使得众多与大运河相关的文创产品得到展示，为该区域带来了较高的人气与商业回报。

2.民族工业茂新面粉厂转型为工业旅游打卡地

建筑往往是一个城市历史记忆的片段，而城市中的工业建筑遗产随着时代的发展和变迁，会逐渐成为一个时代的记忆和缩影。随着城市产业的变化，目前很多工业遗产处于废弃和闲置的状态，面临着被拆除的命运。将工业遗产的保护与城市更新结合在一起，从文化遗产保护的角度将文化创意产业和文旅产业深度融合是城市实现转型发展的一条新路径。

无锡茂新面粉厂原名保兴面粉厂，位于无锡西水关外（今振新路 415 号），由我国著名民族工业家荣宗敬、荣德生兄弟和朱仲甫等人筹资创办于清光绪二十六年（1900 年）。该厂是无锡第一家机制面粉厂，1916 年更名为茂新第一面粉厂，1937 年遭日军轰炸并烧毁，1946 年重建。该厂厂房由上海华盖建筑事务所著名

设计师赵深、陈植设计，包括 3 层的新式麦仓、6 层的制粉车间和 3 层的办公洋房各 1 栋。该厂是荣氏家族最早创办的民族资本企业之一和我国早期的股份制企业之一，是中国民族工商业发祥地的一个缩影。这样一处保存完整度高、遗产价值高的工业遗产在全国非常罕见。茂新面粉厂作为工业遗产，在 2018 年入选中国工业遗产保护名录。为了让茂新面粉厂更好地发挥作用，无锡中国民族工商业博物馆在这里成立。

建设人员在对茂新面粉厂进行改造时，充分提炼建筑原有的空间特点，在保留工业遗产特有价值的基础上，本着修旧如旧的原则尽可能地保留原有建筑的历史风貌。

原来的制粉车间和办公洋房被提升改造为展示空间，服务于工业旅游，通过大量的实物照片、模型和展板生动地介绍在中国民族工商业发展史上做出卓越贡献的人物及企业，展示了上海滩无锡实业家名录以及近代由无锡人创办的久负盛名的老字号品牌，展现了中国著名民族工业企业的发展脉络（图 5-88 至图 5-94）。

茂新面粉厂面对产业结构调整，通过对旧有工业遗产价值的二次发掘，未采用过去大拆大改、再重新建设的方式，而是通过转型开发工业遗产资源，打造工业旅游打卡地，在工业遗产的保护与更新利用中寻求平衡，找到将产业文化转化为文旅经济资源的发展路径。

图 5-88　无锡中国民族工商业博物馆外立面（组图）

图 5-89　无锡中国民族工商业博物馆室内空间

图 5-90　无锡中国民族工商业博物馆内部展陈空间

图 5-91　茂新面粉厂展陈的设备 1

图 5-92　茂新面粉厂展陈的设备 2

图 5-93　茂新面粉厂展陈的设备 3

图 5-94　茂新面粉厂展陈的设备 4

3.文化遗产富义仓转型为艺术地标"创意粮仓"

在城市的快速发展进程中，很多历史街区和文化遗产的保护利用出现了千篇一律的现象。在对建筑文化遗产进行保护利用时，如何凸显其独特属性和突出价值是我们应着重关注的问题。富义仓是大运河漕运和沿线仓储产业的历史缩影，对其进行保护和利用要以充分尊重建筑原有风貌为前提，突出其仓储功能的现代转化，通过嵌入富有时尚气息和前沿艺术风格的文创空间使其原有功能与文化创意产业进行很好的对接，以完成功能转化，恢复其原有的风貌与活力。

富义仓位于浙江省杭州市霞湾巷 8 号，坐落在京杭大运河河畔、胜利河与古运河交叉口，占地约 2.36 公顷。富义仓始建于清光绪六年（1880 年），是由当时的浙江巡抚谭钟麟耗费一万一千两白银建成的。由于其紧靠大运河，便于停船装卸，当时的朝廷贡粮就从这里开始北运。当时，富义仓内共有五六十间粮仓，每间面积约为 20 平方米，可存四五万石谷物。这里曾是杭州百姓的最主要的粮食供应地，也是江南粮米的集散地。目前，富义仓是杭州现存的唯一的古粮仓，与北京的南新仓并称"天下粮仓"。中华人民共和国成立后，其功能发生过多次改变，作为"天下粮仓"，其是运河文化、漕运文化、仓储文化的实物见证（图5-95、图5-96）

富义仓改造项目在"微改造、精提升"的过程中，坚持以建筑修复为核心，注重保护古建筑的原有风貌，同时引入新的建筑空间；将原主轴线上的3组庭院进行功能转化，将原来最大的储谷仓改造为粮仓咖啡馆；保留烧毁的十二号楼遗址，将周边空地改为一个露天剧场；

将三号楼和四号楼转化为创意产业园的一部分。粮仓的内部公共空间有一些时尚玩偶和艺术装置，使时尚的元素和质朴的建筑之间形成鲜明的对比。强烈的视觉冲突和对比使公共空间对参观者更具吸引力。转化为文化创意产业空间的部分对外招租，吸引了大量影视广告、设计创意、休闲时尚等行业的设计工作室。老建筑为这些创意人群提供了惬意的工作空间，成为艺术品牌和创意人士的乐园。富义仓东南角的花园也进行了提升改造，作为内部庭院融入原有建筑的肌理当中。新增加的茶室、咖啡吧成为很多文艺青年驻足的场所。

改造后的富义仓转变为集创意产业、办公、商业、休闲于一体的"创意粮仓"（图5-97至图5-99）。粮仓建筑形成一个浏览主轴，并连接运河滨水步道，成功地通过步行系统将附近的古水街环楼和遗址公园联系起来。如今的富

图 5-95　富义仓外部空间 1

图 5-96　富义仓外部空间 2

图 5-97　富义仓内部艺术空间 1

图 5-98　富义仓内部艺术空间 2

图 5-99　富义仓庭院空间

义有石门、木窗、马槽、水缸，修旧如旧后，古风颇为浓郁，吸引了多家文化创意机构进驻。曾经古老的"物质粮仓"成为公众文化艺术生活的"精神粮仓"，创造出一种当代艺术、时尚文化与历史建筑共存共生的新方式。

4.拱宸桥桥西历史文化街区转型为工艺美术博物馆群落

拱宸桥桥西历史文化街区位于杭州市拱墅区大运河主航道的西岸，因位于拱宸桥西侧而得名。其位于杭州市城市发展建设重点区，且临近大运河，故当地政府一直将其作为杭州市城市滨水空间多种功能融合的样板来打造。经过多年发展，目前拱宸桥桥西历史文化街区在城市更新、遗产保护、文化创意、风貌提升等方面已成为当地的标杆项目。

该街区北起石祥路，南到大关路，长约 3.4 千米。街区内历史悠久的明代古桥拱宸桥是京杭大运河最南端的标志。在历史上，这片街区先后成立过世经缫丝厂、通益公纱厂（中华人民共和国成立后的杭州第一棉纺织厂）、浙江麻纺织厂、杭州市土特产集团有限公司、杭州红雷丝织厂等知名棉纺轻工企业。随着杭州市在"退二进三"战略下城市更新的加速，该区域原有工厂陆续关停，很多有规模的厂房、仓库停用。为了进一步活化利用该街区，当地政府保持街区的现代工业文化、商铺文化和市井文化，将其塑造成杭州大运河文化带上重要的文化聚落（图 5-100 至图 5-103）。

在对其进行全方位保护时，当地政府注重将工业遗产，特别是手工业遗产作为城市记忆的重要载体，增强其文化的识别性；将该区域众多的工业厂房转化为工艺美术馆。这种方式既保护了原有传统工业印记，又使工业遗产很好地与当下的生活紧密地结合在一起，在传承手工技艺的同时，将具有文化艺术附加值的富有创意的工艺美术产品带给消费者，形成了特色文化产业集群，吸引了大量游人驻足（图 5-104、图 5-105）。

拱宸桥桥西历史文化街区立足平民化的定位，坚持在改造中对旧有工业遗产进行全方位保护，努力实现对城市记忆的尊重和保留，打造让人"看得见"的运河工业文明的"活烙印"。设计改造人员除了在街道立面和建筑设计上注重新老对话，在业态的打造方面也非常注重结合大运河和杭州的非物质文化遗产优势。整个项目以实体展馆为媒介和基础，传播优秀的民间传统工艺，成功地使旧有工业遗产群得到保护、城市文脉得到延续，使大运河历史文化底蕴的彰显与整个街区文化活力的释放自然地结合在一起，成为大运河资源与产业接轨的成功案例（图 5-106、图 5-107）。

图 5-100　大运河拱宸桥段 1

图 5-101　大运河拱宸桥段 2

图 5-102　拱宸桥桥西历史文化街区 1

图 5-103　拱宸桥桥西历史文化街区 2

图 5-104　拱宸桥桥西历史文化街区手工艺活态馆 1

图5-105　拱宸桥桥西历史文化街区手工艺活态馆2（组图）

图 5-106　拱宸桥桥西历史文化街区风貌 1

图 5-107　拱宸桥桥西历史文化街区风貌 2

第六章 大运河资源的多元协同

　　为了更好地对大运河资源进行保护、利用，最大限度地激发其潜在的文化活力，本章从系统化、整体化保护的角度出发，以充分的田野调查为基础，从区域共同协作治理的视角，探索北京、天津、河北三地大运河文化遗产保护、开发与利用的新模式。作为研究大运河资源活化策略的篇章，本章在研究和撰写过程中引入"协同学"的研究理论，通过对这一理论的梳理提炼，结合这一理论在文化遗产开发层面的应用，尝试探讨大运河文化遗产与所在区域协同发展的模式与潜力。

　　通过对加拿大、荷兰、日本等国家运河资源成功活化的案例的剖析，本章分析了大运河资源在保护、传承与发展上各部门、各区域相互割裂、资源活化能力不足的现状；在具体策略路径层面，则聚焦北京城市核心区、北京通州区，天津海河沿线、杨柳青文旅区、津郊村落区，以及以沧州为代表的大运河河北段运河名城等，对上述区域内的大运河资源与文化、旅游、工商业的协同发展进行细致的分析，提出整合重构多层级旅游圈，打造多元化文旅线路，并在这一策略指导下打造区域协同创新的大运河资源开发新模式，完成对重点文化遗产点的协同升级打造的建议。本章通过构建多维协同的方式，对大运河文化资源价值进行发掘，构建系统性、整体性和协同性的跨区域、跨部门合作方式，即通过建立城市之间、城乡之间的共建共享机制、沿河协同监测体系和高效的信息共享平台，助力三地运河资源的整体统筹和多元发展。

一、"协同学"理论的概念

"协同"一词源自古希腊语，其意思是协调、协作、合作。"协同学"于 20 世纪 70 年代由德国物理学家赫尔曼·哈肯创立。其主要内容是用演化方程来研究协同系统的各种非平衡定态和不稳定性。"协同学"理论主要包括以下3 个基本原理。

（一）协同效应原理

协同效应是"协同学"理论的基础概念。协同效应能实现 1+1>2 的效果，体现的是由协同引发的整体效应的增强。在系统内部，子系统间的关系直接影响系统的整体效应。各系统互相配合、有机协作、同频共振，就能实现整体大于局部之和的效果。反之，子系统各行其是，步调混乱，则会导致系统进入无序状态，整体效应消失。

（二）伺服原理

伺服原理可以用一句话来概括，即快变量服从慢变量，序参量支配子系统的行为。系统在接近不稳定点或临界点时，系统的突现结构通常由序参量决定，系统其他变量的行为由序参量支配或规定。正如"协同学"的创始人赫尔曼·哈肯所说，序参量以"雪崩"之势席卷整个系统，掌控全局，主宰系统演化的整个过程。

（三）自组织原理

这是"协同学"理论的核心理论，描述的是在一定条件下，系统结构可以通过信息控制和各类反馈方式对系统内部进行有效的组织。自组织原理强调，即便没有足够的其他组织指令和外部组织能力，其内部子系统也能够按照自定规则达成默契。

1983 年，迈克尔·波特首次将"协同学"理论与产业发展结合，提出产业本身的发展过程中就存在融合与协同的作用。2002 年，乔治·斯蒂格勒构建了产业动态演化的理论分析框架，为区域协同发展提供了理论支持。现今，区域协同发展已经成为一个"热词"，被广泛应用。在国际上，很多运河水系的治理也以"协同学"理论为指导，推进运河水系与其周边资源的协同发展，并已取得了一定成效。

二、国际上运河水系与其周边资源的协同发展

（一）里多运河与冰川资源的协同建设

里多运河于 1832 年竣工，位于加拿大的东南部，连接了渥太华和金斯顿，有 19 千米长的河道是人工建成的，其中 7.8 千米穿过渥太华市区。里多运河是目前北美地区保存最为完好的并持续通航的古老运河。里多运河有 47 个石建水闸和 53 个水坝，是加拿大的世界文化遗

产。冬季的加拿大气候寒冷，地面自12月中旬至次年3月中旬会有大量积雪，里多运河就变成了世界上最长的天然的冰上项目的娱乐场地。

里多运河在文化遗产的保护与利用上基于本身特有的冰川资源、生态环境，打造冰川经济业态，顺应天时、地利开发旅游资源并取得成功。2004年，加拿大公园管理局、安大略省与渥太华市的相关部门及相关旅游机构积极筹措资金，开发和利用里多运河的旅游资源。政府结合冰川文化对里多运河的旅游资源进行全盘谋划，并发展四季旅游。在冬季，里多运河上的滑冰、滑雪和雪地摩托等项目深受游客欢迎。里多运河拥有世界上最长的滑冰场，每年2月都会举办渥太华冰雪狂欢节，所有活动都围绕冰雪主题展开，滑冰项目就是其中最具特色的一项。冰雪狂欢节中的冰雪活动种类丰富，包括冰雕展、冰上曲棍球赛、雪橇活动、雪鞋竞走活动、冰上驾马比赛、破冰船之旅等（图6-1、图6-2）。除了冬季旅游项目，里多运河还开发了春、夏、秋3季旅游产品，积极举办捕鱼、游泳、远足和野营等方面的活动，成功开发出四季生态旅游业态。

当地政府在以上项目取得成功的基础上，深入挖掘里多运河的价值，开展综合性多元化旅游开发研究。2016年，政府成立了里多遗产路线旅游协会，建立了里多运河遗产廊道（图6-3、图6-4）。廊道经过田园乡村、森林和里多湖区，游客可以选择水上交通方式，如

图6-1　里多运河冬季冰上项目1

图6-2　里多运河冬季冰上项目2

图6-3　里多运河多元旅游开发1

图6-4　里多运河多元旅游开发2

乘坐独木舟、皮划艇、摩托艇等进行游览，也可以选择陆上交通方式，如乘汽车、骑自行车或步行进行游览，感受里多运河丰富的文化和自然遗产风光。

政府结合里多运河沿线风光，建造了一系列世界级博物馆、画廊，并举办节庆活动和美食体验活动，使里多运河遗产廊道成为北美首屈一指的旅游体验廊道。此外，里多运河遗产廊道也整合了沿线城镇和乡村，开发了"乡村一日游"。游客通过运河可以从渥太华到金斯顿，不仅能观赏到田园诗般的湖泊景色和历史船闸风貌，还能游览沿岸古朴、恬静的乡村。政府协同当地居民举办社区活动、节庆活动和集市，让游客深入体验该地区的乡村文化，成功地带动了乡村旅游的发展。

里多运河以协同发展为基础，主打冰雪文化游，后来又综合更多的旅游资源，建立了里多运河遗产廊道，推动沿线艺术、娱乐、餐饮、酒店、乡村旅游的共同繁荣。多元协同发展使里多运河沿线游客的数量大增，沿线城镇和乡村的人们的经济收入显著增长，同时游客的高质量和真实的体验反馈使里多运河成为加拿大文化旅游发展的典范。

（二）阿姆斯特丹运河的"城市——运河"一体化发展

阿姆斯特丹是荷兰最大的城市，也是荷兰的首都，在荷兰有"北方威尼斯"的称号。阿姆斯特丹运河由上百条河流组成，其上有上千座桥梁，运河环绕着老城连接了100多个岛屿。这使得具有国际大都会风格的阿姆斯特丹拥有了丰富的旅游资源。阿姆斯特丹政府在运河保护上结合城市特点，协同当地文化产业、旅游业，推动"城市——运河"一体化发展，打造国际文化交流高地。

政府在统筹规划下，对阿姆斯特丹运河和当地旅游业进行协同和一体化发展。阿姆斯特丹运河纵横交错，贯穿并环绕整个城市，构成了从中心向外的"同心圆"形态的城市空间格局。运河沿线的特色建筑、艺术、文化、港口吸引着世界各地的游客。城市以中央火车站为中心，景点主要集中在城市中心半径约1.5千米范围内的运河周边，博物馆、图书馆、酒吧等小型文化空间也基本沿着运河分布。

由于运河与城市的空间关系，乘坐运河游船是欣赏阿姆斯特丹美景的最好方式（图6-5）。在阿姆斯特丹，不管是春夏还是秋冬，不管是白天还是黑夜，运河上都有游船。游船项目有1小时观光游、4小时烛光晚餐游，游客可以透过游船上的玻璃窗，欣赏运河两岸色彩斑斓、历史悠久的建筑。

运河两岸倾斜的房子是阿姆斯特丹历史与城市融合的产物。2010年，辛格尔运河以内的阿姆斯特丹17世纪同心圆形运河区被列入《世界遗产名录》。对于 1 天或 2 天的运河游，游客可以住在阿姆斯特丹特色船屋中。阿姆斯特丹约有 2 500 艘船屋，它们大部分停泊在市中心的运河上，游客可以在水上过夜，体验这种独特的住宿方式。船屋由阿姆斯特丹旧时航海的贸易船修复而成，大多船只有超过 100 年的历史。修复后的船保留了原有的航行功能并配备了现代化生活设施，不仅可以供游客住宿使用，还是运河与城市的特色（图 6-6）。

阿姆斯特丹的"城市—运河"一体化发展还体现在文化产业上。运河沿线众多的文化遗产长久以来一直都是艺术创意的温床。文化产业借助运河发展兴盛，也有力地反哺着运河与城市。荷兰 EYE 电影学院坐落于阿姆斯特丹中心地段的河畔地区，其独特的建筑外观已成为阿姆斯特丹鹿特丹新区的视觉地标。荷兰 EYE 电影学院独特、醒目的外观完美地与阿姆斯特丹运河相融合，与这座城市的文化、环境相得

益彰，产生了新旧的碰撞。

阿姆斯特丹的旅游业、文化产业的发展增强了城市活力，这都得益于阿姆斯特丹"城市—运河"一体化发展的成功，让游客体会到阿姆斯特丹水城的独特韵味。如今，这座城市的大型活动、庆典都会在运河上或其周边举行。阿姆斯特丹水上灯光节是欧洲五大灯光节之一，而且是唯一在水上举办的灯光节（图 6-7）。水上灯光节展现了阿姆斯特丹这座城市与水的亲密关系，也展示了这座城市的艺术活力。每年都有许多灯光设计艺术家来此参加展览，同时水上灯光节也吸引了大批国内外游客前来参观。除了水上灯光节，政府为了增强游客和市民的体验感，还开展了一些水上活动，如水上音乐会、水上赛艇、水上艺术展览等，这都有助于推广宣传阿姆斯特丹的水城形象。阿姆斯特丹比较著名的活动还有国王节运河巡游、帆船节、运河花园周、王子运河音

图 6-5　阿姆斯特丹运河游船

图 6-6　阿姆斯特丹运河船屋

乐会、国际夏季舞蹈节、博物馆周、郁金香节、阿姆斯特丹世界新闻摄影大赛等。每项活动都凸显了阿姆斯特丹城市文化与运河文化交融的特点（图6-8）。

阿姆斯特丹的城市空间与运河关系密切，依城市空间特性而生的旅游业、文化产业又进一步加深了城市与运河之间的联系，最终形成了阿姆斯特丹现今"城市—运河"一体化发展的特色。

（三）庞特基西斯特输水道与运河沿线的政府、公众、学校协同营建

英国庞特基西斯特输水道与运河建成于1805年，是英国最长的，也是世界上最高的输水道与运河。它曾为英国工业革命时期的经济腾飞做出重要贡献。1808年至1944年，庞特基西斯特输水道与运河的运营对地区经济产生巨大的影响，使得输水道与运河沿线煤炭开采、金属加工、石灰石开采和石灰生产迅速发展，威尔士的农业也因运河崛起而受益。

1944年以后，输水道与运河在区域供水方面的功能逐步衰落，但因其沿线景色宜人，政府和运营部门开始挖掘输水道与运河的旅游功能（图6-9至图6-11）。2009年，英国庞特基西斯特输水道与运河因精巧的工程结构、丰富的历史遗迹及深厚的人文积淀，被联合国教科文组织正式列入《世界遗产名录》。政府、公众、学校协同营建庞特基西斯特输水道与运河，为运河文化带来了生机。

政府结合庞特基西斯特输水道与运河独特的地理风貌、优美的自然风光、特殊的工程结构和悠久的历史文化，制定了一系列政策和计划对其进行宣传，让输水道与运河成了英国重要的旅游胜地。政府基于输水道与运河的特色建设了配套设施，开发了多元化旅游设施，在输水道缓冲区建立了国家公园，开发了国家级

图6-7　阿姆斯特丹水上灯光节

图6-8　阿姆斯特丹运河活动

图 6-9　庞特基西斯特输水道与运河 1　　　　图 6-10　庞特基西斯特输水道与运河 2　　　　图 6-11　庞特基西斯特输水道与运河 3

运河游步行线路，串联起兰迪谷、马蹄瀑布、庞特基西斯特输水道等相关遗产，结合路桥、输水道、牵引道等构建了多条文旅线路。此外，政府还在遗址及缓冲区举办大型活动吸引游客，如举行兰戈伦国际音乐节，吸引世界各地的音乐爱好者来此旅游；在缓冲区内举办户外活动，发挥兰戈伦峡谷和魁瑞格山谷的优势，吸引步行者、垂钓者、自行车车手等到此游玩。政府进行了全面的统筹规划，搭建了多种文化活动平台，成功地推动了运河文化的传承和弘扬。

除了政府的统筹，公众也积极参与了庞特基西斯特输水道与运河的保护、开发。在该输水道与运河申遗过程中，输水道与运河申遗指导小组鼓励多方（包括遗产管理人员、地方政府、当地社区、非政府组织和其他相关团体等）参与申报文件编撰。在该输水道与运河申遗成功后，公众也参与了输水道与运河的日常管理。地方政府组织当地社区、商家、非政府组织和其他相关团体共同成立"庞特基西斯特之友"自治组织。该组织承担了输水道与运河管理、民意调查等工作，以确保输水道及运河沿线的公众切实参与运河文化的创建。政府鼓励当地商家和社区举办丰富的户外活动吸引外地游客，如在输水道与运河沿线的图书馆、博物馆和其他公共场所、居民区举办庞特基西斯特输水道与运河旅游展。当地群众积极发扬水道划船传统，每年使用古老的窄船吸引大量参与者参加划船运动。民众积极组织输水道与运河宣传活动，各种民间设计组织了"晴天锻炼会""家庭乐趣节""奶油茶售卖"等活动，进一步充实了运河文化的内涵。

学校在运河文化的传播过程中也扮演了重

要角色。政府积极与学校合作，开展了丰富的运河文化教学活动并开设主题课程，让学生们通过查找资料、玩游戏、制作模型等方式学习运河历史和文化。输水道与运河托管组织通过举办专题讲座、建立线上平台等手段吸引师生参观输水道与运河，并为参观的师生提供便利，如师生提前预约，可以免费参观庞特基西斯特输水道与运河，还可以免费使用停车场和游客休息中心等。此外，英国政府还鼓励学界就庞特基西斯特输水道与运河的经济、水利、运输、旅游等各方面开展研究，并发动学者基于运河文化进行创作，丰富输水道与运河的文化价值。

输水道与运河沿线的地方政府与公众、学校建立了密切的协同合作关系，共同提升输水道与运河的形象，不断扩大其文化影响。现今，庞特基西斯特输水道与运河已成为在国际上传播英国形象的文化名片。

（四）小樽运河与手工业、旅游业的协同发展

小樽运河修建于日本大正时代，位于日本小樽市，是北海道唯一的也是最古老的一条运河。小樽运河拥有重要的港口，曾支撑着小樽的对外贸易，使小樽一度成为北海道的经济中心。但随着更大规模的现代化港口的发展，小樽一度随运河的衰落而没落。近十几年来，在小樽市的城市现代化建设过程中，有人多次提出放弃这条运河，但多数有识之士则将小樽运河视为北海道的历史文物，极力反对废河之议，就这样，小樽运河被保留了下来。20世纪七八十年代，当地民众发现了运河的旅游价值，发起了"小樽运河保存运动"，使运河与当地的手工业、旅游业协同发展，形成了相互促进的态势，带动了小樽市经济、文化的繁荣。目前，小樽运河已经成为当地乃至北海道的标志性景观及旅游区域。

小樽市的手工业产品种类繁多，包括玻璃制品、八音盒、海鲜、芝士蛋糕等，此外小樽运河两岸的建筑、景观也颇具特色，所以政府协同发展运河与当地手工业、旅游业，使运河沿线形成了以手工业体验、购物体验、餐饮体验、住宿体验、博物馆体验为主的旅游业态（图6-12、图6-13）。极具特色的商业圈使小樽市成为大受欢迎的观光胜地。运河两岸的历史建筑群也得到有效利用。运河沿线的一部分旧仓库被改造为运河博物馆，展示小樽运河的历史和自然文化。结合手工业的发展；一部分旧仓库被改建成专门制作及出售各式八音盒的海鸣楼，商家时常在此开办古董八音盒鉴赏会、八音盒制作体验课程，让游客更好地了解八音盒。

一些旧仓库还被改造为酒吧、餐厅、工艺品店、玻璃工坊等，游客可以在喜欢的手工作坊中参观与体验。随着小樽运河与手工业、旅游业的协同发展，八音盒、玻璃制品、小樽啤酒等逐渐成了小樽市具有代表性的特色产品。这座人口不足20万的小城市在航运贸易大环

境变化后一直被称为"夕阳都市",但随着小樽运河的改造,手工业、旅游业协同发展的模式为小樽市注入了新的城市发展活力(图6-14、图6-15)。

除了产业的发展,小樽市还积极举办参观、学习、庆典等方面的活动,传播运河文化,对小樽运河及两岸的历史文化进行发掘,通过文化学习活动持续教育年轻一代,培育当地居民对运河文化的认同感。在小樽港的庆典中,当地人会在广场和历史建筑群中举办文化教育活动,每年都能吸引超过300万人参与。此外,小樽市还举办过小樽工匠会、运河纸画剧场演出活动、小樽运河研究讲座、小樽运河清扫活动及各式各样的义卖活动等,让公民讨论的话题从保护运河一直延伸到重新认识小樽文化。这些文化教育活动不仅使小樽运河的历史文化不再仅以博物馆中的展示物呈现,还让更多的人产生了城市文化认同感。

走一趟小樽运河虽然只需30分钟左右,但其交织的历史与文化让人流连忘返。

图 6-12　小樽运河沿线餐饮业态

图 6-13　小樽运河沿线工艺品店

图 6-14　小樽运河上的乘船旅游情景

图 6-15　小樽运河冬季的旅游情景

（五）米迪运河从线性到面状的旅游带构建

法国的米迪运河于 1667 年开始修建，于 1681 年竣工。它连接地中海和大西洋，是欧洲最重要的工程之一。法国修建米迪运河的目的是避开直布罗陀海峡、海盗和西班牙国王的船队，促进贸易的繁荣。米迪运河以前主要用于货运与客运，现在的主要功能是旅游、休闲、娱乐，吸引着无数慕名而来的游客。

随着水路旅游业的发展，米迪运河从线性的旅游观光的发展转向面状的旅游带的系统构建，以促进运河资源与周边城镇资源的协同发展。如今，米迪运河旅游业的年产值达到约 1.22 亿欧元。

米迪运河的游览方式以乘游船和骑自行车为主。运河两岸建有不少游船码头，但目前尚无涵盖运河全段的旅游线路，游客主要游览相关的水利工程及其邻近河段。以贝济耶到马尔帕斯隧道的河段为例，游客可乘游船通过梯级船闸，一边欣赏运河沿岸风光，一边了解运河历史和船闸的构造。除了水上交通外，游客也可以沿河散步闲聊、骑单车赏风景、自驾露营等。典型的运河沿线城市图卢兹在规划时就着力设计自行车道以满足运河游的需求。自行车道从图卢兹延伸到运河的地中海入海口，热爱运动的游客可以租赁自行车一直沿着运河骑行观光。政府还根据运河环境建设特色城市，根据米迪

运河图卢兹段两岸植物种类较多的情况，在运河流经区域每隔一段就设置一个不同的植物主题公园，构建多种多样的堤岸模式，如此一来，景色的变化让运河沿岸自行车道上骑行的游览者不会产生视觉上的疲劳。政府对运河相关遗产点的景观进行了细化设计，加设休息平台和小花园，为骑行游客提供停留休憩的空间。图卢兹市政府在米迪运河图卢兹段沿线设置展板，介绍运河的历史、景观、生态等多方面知识，让游客边骑行边了解运河文化。很多市民也会在运河沿线运动和野餐。运河旅游有效地促进了图卢兹的市政建设，运河沿线的景观也成为丰富居民文化生活的资源，促进了当地社会的稳定和谐。

法国政府在开发米迪运河沿线旅游景观的同时，也开发邻近的旅游点，将线性的运河游览带扩展为面状的旅游带。政府连通运河与中心城镇的水路，设立自行车道和游船码头，使游客能够快捷地通过水路和陆路进入沿岸城镇游览。

政府积极开发多种主题的运河旅游线路，如运河与葡萄酒观光线路、运河与清洁派城堡观光线路等。以圣费雷奥尔水库为例，其是米迪运河的制高点，完整保存了有 300 多年历史的水坝、引水渠、水道和溢洪堰。政府开发了从圣费雷奥尔水库到朗科拉湖的自行车观光线路，沿途有餐馆、度假村、租车处等。水库旁还建设了松林保护区、人造湖滩，供游人享受

日光浴,目前这里已成为游客的度假胜地。此外,运河的面状旅游带的规划还兼顾了地域景观、植被的协调。米迪运河两岸等距种植了数万棵悬铃木,它们在加固堤岸的同时,也使运河沿岸的景观呈现出庄重典雅的法国古典园林风貌。每到夏季,郁郁葱葱的梧桐树将米迪运河装扮成一条绿带。米迪运河的保护与规划重视地域景观和美学价值,追求整体旅游带的环境和谐,是法国规划史上第一次如此大尺度的运河旅游规划(图6-16、图6-17)。

米迪运河沿线各地积极举办文化活动,如展览、体育比赛、教育活动和学术研讨活动等。以图卢兹市为例,该市就经常举办运河展览、运河艺术之旅、运河纪念刊物发行、运河书籍出版和有关运河的学术研讨活动等。米迪运河也为多项体育运动提供了便利,如划艇运动、骑行运动、沿河岸的远足运动等(图6-18、图6-19)。法国政府在米迪运河沿线不仅修建了大量的自行车骑行场地和旱冰运动场地,还组织公益长跑活动,将运河保护经费筹集与公众体育活动结合在一起,将组织各项活动收取

图6-16 米迪运河风光

图6-17 米迪运河游船观光

图6-18 米迪运河自行车观光

图6-19 米迪运河划艇项目

的报名费用于米迪运河河畔植被的恢复。米迪运河沿岸的学校也时常组织学生进行运河游览活动。如圣皮埃尔圣安娜学校组织学生开展米迪运河之旅，带领学生参观船坞、运河博物馆、中世纪古城，通过运河游使学生全面了解米迪运河的文化遗产及其内涵。

法国政府将米迪运河的资源与邻近旅游点的资源协同整合，增加旅游项目，延长游览时间；对米迪运河进行旅游线路、基础设施、景观植物、文化活动等方面的协同规划，将其融入市民的生活，保证了运河遗产的存续力。

三、大运河京津冀段的区域协同发展

（一）资源的开发利用现状

目前，大运河北京段重点以大运河起点"五河交汇之地"的通州为核心节点，打造运河文化景观和产业形态。北京通州区出台了多项政策，将生态建设、文化建设的理念植入城市的建构中，打造了河源文化、运河风情、历史人文、生态教育、运动健康、商务休闲主题板块。区域内布局了多种产业形态，如多媒体制作、文化会展交流、商务办公，还有商业街区、高档酒店等。作为北京市目前努力建设的城市副中心，通州提出"一核五河"的理念，进行城市功能和空间的布局。"一核"即新城核心区，位于以运河文化为主的五河交汇处；"五河"

是指在此处汇集的北运河、通惠河、运潮减河、小中河、温榆河，它们构成了通州的北部水城特色。

天津着力利用大运河资源打造特色区域。西青区着力建设中北运河文化旅游区，该区杨柳青镇整合大运河资源建设大运河国家文化公园；武清区建设北运河郊野公园；北辰区借助大运河资源，建设融自然、艺术、文化、经济为一体的文化产业园区；红桥区利用自然生态本底与历史文化资源优势，基于南运河打造天津市面积最大的滨水带状公园；三岔河口周边的各区借助历史文化，推动运河与海河的文旅发展。

在河北省，各大运河流经城市结合自身的特色，开发利用大运河资源，其中沧州市的运河文化城市建设初见成效。沧州市推进运河景观改造工程，建设了运河生态产业区、文化旅游功能区，致力于发掘区域运河特色文化，将文化、武术、杂艺、体育、旅游等有机融合，组建了大运河文化产业协会，促进多样化的文旅资源的协同发展。

（二）区域协同发展的新模式

因蕴含的历史和文化价值十分厚重，大运河已经成为我国的一张文化名片，对推广中国文化、中国价值、中国形象具有极高的现实意义。我们应借鉴国际上知名的运河水系与其周边资源协同发展的经验，强调"互动、协调、共生"的理念，破解现今大运河文化遗产孤立性保护的问题。

各大运河沿线城市应借鉴里多运河冰川文化建设的理念，开发不同季节的旅游产品，灵活发展区域经济；阿姆斯特丹形成的"城市—运河"一体化发展的模式也有很强的借鉴意义，引发我们从多维度出发总结大运河京津冀段的城、镇、乡、村的不同特点，并根据它们的不同特点和地域优势进行统筹规划，使其为大运河的发展蓄势发力；关注庞特基西斯特输水道与运河的治理方法，借鉴政府、公众、学校协同营建的方式，在我国的大运河保护过程中充分发挥社会组织的力量，鼓励普通民众做运河保护的参与者，为大运河的保护建言献策、出资出力；学习小樽运河与手工业、旅游业协同发展的做法，充分挖掘大运河京津冀段的遗产资源，利用新的方法构建新模式，促进新产业的协同发展；米迪运河从线性到面状的旅游带的构建，也为我们探索大运河京津冀段的保护带来新的视点，如将局部分段化治理、点状保护的方式调整为全域综合治理利用和立体化、多元化保护的方式。大运河京津冀段沿线的各地政府应立足当下的发展需要，在多方协同的基础上，构建多点连线、多线成网、相互交织、多点联动的区域协同发展的大运河治理新模式。

目前，大运河沿线各地都在立足本地实际的基础上，开展大运河文化带建设，并取得了一系列进展。但与此同时，一些地区和部门在对大运河文化带建设中，存在认识片面、缺少协同配合等问题。有的地区仅注重区域范围内的系统性、整体性、协同性，但忽视了跨区域的协作协同。有的地区政府部门对大运河文化带建设的积极性高，但未能有效发动企业、社会组织和广大群众参与大运河文化带建设。

对于大运河的整体发展，曾有人如此形容："假如将大运河比作一条蜿蜒的文化长龙，龙尾（杭州段）已然高扬，龙身（江苏段）还在隆起，而龙头（京津冀段）还在睡眼惺忪中。"尽管北京、天津、河北在努力盘活大运河资源，但相较于大运河南方段而言，京津冀对大运河的资源利用和产业开发相对不够，运河文化作为这些城市的特殊资源和文化印记体现得不充分。在大运河后申遗时代，打造京津冀大运河旅游文化资源带，加强三地的资源协同开发、产业深度合作、文化优势共享等应是未来三地大运河资源开发利用工作的重心。

在工作的协同方面，大运河京津冀段沿线城市应加快推动共建共享机制构建，如建立沿线各城市的协同监测体系，统筹监测站网布局，更新监测手段，建立监测信息发布和交换平台，实现监测活动的协同和信息共享；建立沿线各城市水利、环保部门之间的定期联合执法机制等。同样，在文化运河和经济运河的建设方面，各城市在建立共享机制和平台方面也有许多开创性的工作需要开展。

在资源的统筹方面，京津冀三地应积极鼓励相关智库、行业协会、社会组织等建立跨地区、跨部门、跨行业的合作机制。如以世界运河历史文化城市合作组织（WCCO）为统一平台，整合大运河沿线各城市运河区域的国际项目，开展运河文化交流、运河遗产保护、运河城市治理、运河旅游互动方面的国际合作，形成全方位的协作共享合力；整合地方资源，建设三地运河协作机制，建立相关智库。各地充分发挥地域文化特色，为大运河文化带输血，构建多元化的发展模式。

在社会力量协同方面，京津冀三地各级政府应在大运河文化带建设中发挥主导作用，同时鼓励社会力量、社会组织、社会资本积极参与大运河文化带建设；借鉴国际上和我国大运河南方段沿线城市在运河保护方面的成功案例，利用国家、地方和社会的资本，对大运河进行保护、开发和利用；形成大运河文化带京津冀段共建共享的全社会合力，协同推进大运河文化带的建设与创新。

大运河是活态的、系统的文化遗产，但大运河的文化保护、传承、利用工作分散在不同部门、不同区域，要想做好大运河的保护、传承、利用就必须抓住"协同发展"这个关键词。未来，京津冀三地必须从战略规划、体制建设、资源配置和具体实施等方面齐抓共管，将大运河文化带的建设作为一个整体目标和系统工程，只有这样才能持久地做好区域协同发展工作。

一、大运河北京段资源的协同利用

北京市编制了《北京市大运河文化保护传承利用实施规划》《北京市大运河文化保护传承利用五年行动计划（2018—2022年）》等文件，确保大运河文化的保护、传承、利用落到实处。北京市着力通过保护传承、研究发掘、环境配套、文旅融合、数字再现5项重点工程，打造具有北京特色、时代气象的北京市大运河国家文化公园,并推出了一批标志性运河项目。

（一）北京城市核心区与大运河资源的协同

大运河北京段的流向是从西北到东南，形成了一条生态水脉。北京市以大运河文化资源最密集的区域为发展核心，活化利用沿线的遗产点。北京城市核心区大力挖掘大运河的文旅资源，强化皇家文化特色和休闲功能，对京韵民俗文化进行活态利用，从京味儿文化出发打造具有北京特色的文旅产品。

2022年，北京动物园至颐和园的河段通航，游客可乘坐游船体验大运河皇家文化之旅。该航线起点为北京动物园，终点为颐和园南如意码头，途经紫竹院公园、万寿寺、麦钟桥等景点，沿岸景色秀美，浓缩了中国古典园林的水景文化。游客可以沿着当年慈禧太后乘船的巡游路线，搭乘"皇家游船"观赏京城水系景观和颐和园风光（图6-20、图6-21）。为了让更多的市民和来京游客深入了解北京深厚的文脉底蕴，感受运河文化的魅力，北京市文化和旅游局策划了包括"运河慢游，回望历史话千年""银锭观山，闲庭意趣知漕运""华灯映水，落影凌波夜未央"等在内的12条北京大运河休闲旅游精品线路。游客沿规划好的线路可以游览郭守敬纪念馆、宋庆龄故居、鼓楼、烟袋斜街、积水潭、火德真君庙等（图6-22、图6-23）。游客在游览中读运河文化,品京味儿生活。此外，

图6-20 颐和园南如意码头

图6-21 紫竹院公园

图 6-22 烟袋斜街

图 6-23 积水潭

北京市对鼓楼、南锣鼓巷、南新仓、通惠河沿线的文化遗产点进行优化，复原传统建筑风貌，改善公共空间环境，打造多元商业业态，建设了一批具有大运河特色的高品质京味儿文化休闲区。

在大运河具体空间节点改造方面，位于海淀区紫竹院街道、广源闸路与南长河的交会处的广源闸具有代表性。该闸已有 700 多年历史，是元代通惠河上游的首闸，是大运河这条"皇家水上御道"上的重要水闸，被称为"运河第一闸"。广源闸遗址周边将打造一处兼具文化底蕴与现代风采的运河城市广场，打造具有都市人群休闲、运河文化传播、游览氛围烘托作用的"城市公共会客厅"。

紫竹院街道具有"一河一院一馆六遗产，八校七所四团四高端"的特色资源，皇家文化、运河文化和民俗文化在这里交融，区域文化优势突出。"城市公共会客厅"的设计有机结合了河、闸、庙、岸等历史元素，让空间设计与运河文化融合，打造新的运河文化承载地。设计创意结合了地块的实际情况，一条"蜿蜒的长河"从广场的地面延伸到景观墙的立面，灵动地串联起整个空间，河的流淌与变化造就了立体化延伸的空间。设计充分彰显街道的文化艺术气质及科技创新特质。"蜿蜒的长河"主题元素取自大运河河道的形态，互动光影技术提升了场地的视觉效果及互动体验。

项目建成后，"蜿蜒的长河"在夜间将营造出"河水流动"的效果，通过光与人、光与景、光与光的互动，形成特色夜间景观，用科技手段展现对大运河历史文化的传承与创新。景观墙上的河道浮雕和船舶画卷吸引行人驻足，如果用力踩脚下的地板，还能"点亮"景观墙上大小不一的船舶，以趣味体验增强民众对运河历史文化的感知。

未来，北京市将以世界文化遗产为主轴线，对京津冀地区的旅游产业协同发展进行统筹谋划；将大运河与故宫、长城等世界文化遗产结合起来，推进旅游产业的协同发展，让游客可以通过串联起来的文化遗产点更系统、更深入地了解北京的皇家文化、历史遗迹，通过统筹社会资源以创新的方式传承运河文化和古都文化。

（二）北京通州区与大运河资源的协同

北京通州区作为大运河流经的重要区域，正在全力推进大运河文化产业的发展，着力推动大运河文化旅游景区创建国家 AAAAA 级旅游景区，打响运河品牌。在尊重历史文化的基础上，通州区将大运河文化旅游景区划分为 3 个功能区，进行分区管理，布局特色旅游资源。北区位于东关大桥以北，由燃灯塔及其周围的古建筑群、西海子公园和部分运河公园组成。燃灯塔及其周围的古建筑群是北区的核心，传承运河文化，成为游客打卡地，是具有传播功能的区域。中区位于东关大桥至潞阳桥段，有运河文化广场、运河奥体公园，将古通州运河文化和当代运河文化相融，是古今意韵衔接地带。南区位于潞阳桥至甘棠闸段，是森林生态体验区，优美的自然环境、丰富的生物种类是这个区域的主要看点。通州区通过生态营造、

科技创新、艺术助力等方式对大运河资源进行协同开发，部署国家 AAAAA 级旅游景区的建设工作，助推大运河文旅产业的发展。

在生态建设方面，通州区牢牢把握"运河北首"的定位，建设大运河国家文化公园（通州段）；通过建设古城核心展示园、恢复水系、增植绿化植被、设置文化节点等综合手段构建由通州古城墙、古城门和护城河等组成的历史风貌区。通州新城北运河两侧建有大运河森林公园（图 6-24 至图 6-27）。大运河沿线打造了"一河、两岸、六园、十八景"。春花秋月、夏雨冬雪皆成风情。

在植物搭配方面，大运河沿线采用复层、群落种植的方式，形成高低错落、种类多样、趋近自然的景观，营造出"三季有花、四季有景"的效果。大运河森林公园河道沿岸种植芦苇、荷花等湿地植物，形成北京地区典型的草丛沼泽群落。"明镜移舟"景区是水上游运河的终点，此处水面宽达 360 米，波光粼粼，岸边墙上的《潞河督运图》向游人描绘了古时大运河舟楫往来的繁盛图景。"银枫秋实"景区参考了历史图文资料，在漕运码头周边设计了粮仓形式的大棚来展示漕运文化。"枣红若涂"景区取名自乾隆皇帝的诗句"北枣红时树若涂"，展现了古时通州大运河两侧枣树成片的景致。"茶棚话夕"景区源于一个典故。据说，古时大运河北端客船码头曾有一座关帝庙，经大运河北上的文人墨客、商贾行旅都在此祭拜关羽。

图 6-24　通州大运河森林公园 1

图 6-25　通州大运河森林公园 2

图 6-26　通州大运河森林公园 3

图 6-27　通州大运河森林公园 4

庙内的道士在山门前搭起一座大席棚贩卖茶水，供过往行人饮用。"皇木古渡"景区则源自明万历年间洪水将皇家木材冲入运河并沉没在此的历史事件。大运河森林公园在湿地景观中应用了生物浮岛技术，利用植物的自然特性对水质进行净化，将园林造景与水环境的生态修复相融合。

此外，位于大运河北端西侧的西海子公园是大运河文化带上重要的生态景观节点，承载着几代通州人的回忆。西海子公园遵循中国传统山水园林的造园理念，配合自然的水、石、花、木，打造体现各种情趣的园景。公园改建后，以水为魂，以运河文化和通州历史为核心，结合三教庙、燃灯塔、葫芦湖、李卓吾墓等丰富的历史遗存形成大运河通州段"一塔、两湖、四区"的景观架构。西海子公园改造工程把"一枝塔影认通州"作为创意主题，将燃灯塔、葫芦湖、西海湖和亭台楼榭等园林元素和漕运文化元素都植入进去，再配以各种树木景观，体现出西海子公园的园林精髓。同时，公园还以"北方皇家园林"为主题，利用亭（揽月亭、四方亭）、台（牡丹台）、楼（乾水门）、阁（西海阁）、廊（藤花廊）、桥（云曲桥）、榭（名人轩）等具有浓郁北京风格的建筑物，配合水、石、花、木等营造情趣盎然的园景。

在艺术方面，通州区在台湖、宋庄、张家湾3个特色小镇建设与运河文化相关的文化旅游综合体；依托台湖演艺小镇的资源，发挥国家大剧院舞美基地的龙头带动作用，建设特色剧场群落；举办一系列戏剧节、文化节等，发展小剧场原创剧和跨界融合类项目，形成高品质演艺产业生态体系。通州区以世界文化创意交流中心、中国艺术品产业化基地、国家艺术特色小镇典范为发展定位，在宋庄打造艺术生活服务区、艺术产业综合区和原创艺术体验区。此外，围绕张家湾镇运河文化艺术中心、张家湾遗址公园等重大文化旅游项目建设，通州区深入挖掘漕运文化，研究恢复古城墙、古集市，建设漕运客栈、演艺茶楼等住宿及餐饮类设施，建设24小时开放的城市书房等现代化、时尚化的公共服务设施，打造以运河漕运为主题的文化旅游综合体。

在科技产业方面，北京环球度假区是全球第5个环球影城主题乐园，包括七大主题园区，因其主题园区多取材于流行的商业电影元素，深受大众喜欢。北京环球度假区旁便是萧太后河，其是北京大运河文化带的重要组成部分。通州区积极推进大运河与北京环球度假区的水上连通，开通水上巴士，形成通州区特有的水上旅游观光通道，有效引导北京环球度假区的客源到大运河文化带沿线，形成文化和旅游一盘棋总体发展的格局。北京通州大运河智慧景区通过AR（增强现实）、VR（虚拟现实）、MR（混合现实）等数字技术手段，打造漕粮进京、运河风韵、通州八景等一系列场景，让游客沉浸式体验大运河的古与今。同时，通州区还将结合生物多样性、运河文化、活力健身、公园科普与景观交互等专项研究，打造由古遗址体验区、休闲水文化体验区和生态科普体验区组成的多维立体化数字运河游线场景。智慧景区建设将持续提升游客的游园体验，数字化技术正在助力通州大运河文化旅游景区创建国家 AAAAA 级旅游景区。

未来，通州大运河文化旅游景区将实现各类文化遗产资源和新型文旅消费项目统筹规划开发的全覆盖，生态环境将显著改善，文化旅游品牌影响力显著提高，沿线区域协同发展更加深入，推出大运河旅游品牌，提高大运河北京段的文旅影响力。

大运河北京段将深入推进全线发展、融合发展、创新发展、协调发展的战略，打造以大运河文化休闲体验为核心，融都市旅游、时尚休闲、生态观光、文化研学等为一体的大运河文化旅游廊道；形成纵贯古都、新城的标志性旅游带，发展成北京旅游新高地、北京世界旅游的新吸引力核心，成为北京建设世界文化名城的重要支撑。

二、大运河天津段资源的协同利用

天津市是大运河北方段唯一的河海联运枢纽，也是较早启动大运河系统保护的城市。天津市先后编制了《天津境内京杭大运河保护与发展规划（2010—2020）》《大运河天津段遗产保护规划》《大运河（天津段）沿岸乡村产业发展规划》等。天津市的大运河保护从侧重文化遗产保护转向将文化传承与区域发展相融合，关联生态、农业、城镇等资源，进行统筹保护与协同治理。

（一）津门三岔河口的资源协同

天津三岔河口是子牙河（海河支流）、南运河与北运河的交汇之处，自古以来就是天津城市发展的核心。三岔河口附近的三条石地区得益于大运河的交通便利、舟楫辐辏、人员往来、货通南北，成为天津近代机械制造业、铸铁业的发祥地，享有“华北地区民族工业摇篮”之称，见证了天津制造业的起源和发展。天津运河文化体现得最集中的区域就是三岔河口区域。在这里，运河文化集中体现在多种形态的聚落的密集布局上。三岔河口区域包括估衣街历史文化保护区（全部）、古文化街历史文化风貌保护区（全部）、海河历史文化风貌保护区（局部），有天后宫、玉皇阁、大悲院、望海楼教堂、李叔同故居等景点（图 6-28、图 6-29），还逐步增建了永乐桥、“天津之眼”摩天轮等，提升了三岔河口区域的旅游、娱乐、教育等现代服务功能。《天津市国土空间总体规划（2021—2035 年）》提出“不断提升海河两岸现代服务功能”。在三岔河口附近，曾经热闹非凡的大胡同商贸区已搬迁，大运河文化遗产点耳闸公园的生态环境得到了治理，这给居民带来了更宜居的生活环境，给游客带来了更优美的观光

图 6-28　海河边的望海楼教堂

图 6-29　海河边的天后宫戏楼

空间。随着文化、休闲、游艺、观光等多种业态的发展，伴随城市更新与旅游产业的发展，三岔河口恢复了往日的繁华。

天津具有独特的津沽特色，其形成离不开水资源的滋养。三岔河口一带早期发展起几条著名的商贸街巷，带动了这一区域早期的经济发展。三岔河口南侧的锅店街、估衣街都是以商贸为主的街区，是大胡同商贸区的雏形，形成了天津早期的城市商业格局。南运河和北运河在三岔河口处汇合，穿过金钢桥流入海河。解放桥、大沽桥、北安桥、金汤桥、狮子林桥、进步桥、金钢桥、永乐桥等造型巧妙的桥梁和海河两岸亦古亦今、中西合璧的众多建筑，都充满了津味儿文化的独特风情。

天津市统筹区域文化、商业、旅游产业，在活化利用三岔河口资源的同时，完善天后宫、玉皇阁、估衣街、大悲院、金汤桥、金家窑清真寺、北洋大学堂旧址、桃花堤、大红桥、西站主楼等大运河文化遗产点；通过对文化、商业、生产、生活等各方面要素的统筹，在运河带和海河带上打造多样的产业和文化形态；挖掘具有津沽特色的多样包容的河海文化、中西合璧的城市文化、古今交融的民俗文化、历史悠久的漕运文化，提升大运河天津段的文化价值，结合旅游产业增强运河文化的世界影响力。

天津整合文旅资源，提升城市活力。"天津之眼"摩天轮的建成带动了天津的母亲河——海河乃至整个城市的经济、文化和旅游观光业的发展。其配合海河游船线路，形成了新的海河一日游必到打卡处，吸引了许多国内外游客来津观光旅游，展现了天津新的旅游面貌。三岔河口区域借助周边的 "天津之眼"、天津市少年宫和海河假日酒店等，激发区域商业活力，提高旅游吸引力；通过灯光投影、游轮演出等手段发展新的文化产业；串联居住区的沿街商业，从产业、生活、旅游 3 个方面进行升级，提升区域的产业活力（图 6-30 至图 6-32）。

天津重点建设陈官屯运河文化博物馆，同时整合觉悟社纪念馆、三条石历史博物馆、梁启超故居、饮冰室书斋、曹禺故居、李叔同故居等海河沿线文化资源，建设爱国主义教育基地和博物馆、纪念馆、陈列馆、展览馆等文博展示体系，建设完善一批教育培训基地、社会实践基地、研学旅行基地等，形成通过慢行游览就可看、可览的，由历史文化、自然生态、现代文旅优质资源组成的，文化旅游深度融合的发展示范区，打造具有地域特色的、东西文化兼容的天津城市文化名片。

天津按照国家《大运河文化保护传承利用规划纲要》的要求，建设大运河绿色生态廊道，建设河道两岸的生态树林、人行步道亲水平台，保护、修复、优化天津北运河、南运河和海河沿线的自然生态；改善大运河和海河的水生态环境，将大运河天津段打造成有水的河、亲水的河、有旅游价值的河、有文化内涵的河。天

图 6-30 海河游船观光线路 1

图 6-31 海河游船观光线路 2

图 6-32　海河游船观光线路 3

津在保护好、利用好三岔河口历史文化街区的同时，在西沽公园南北两侧规划、修复了西沽历史街区。

天津推进数字工程，再现津门盛景；加强数字基础设施建设，实现大运河天津段相关展示区无线网络和第 5 代移动通信网络的全覆盖；建设天津大运河国家文化公园官方网站和数字云平台，通过对文化资源的数字化展示，打造永不落幕的网上空间；利用 VR 等数字技术，借鉴上海世博会中国馆动态版《清明上河图》的成功经验，制作《潞河督运图》；通过对历史名人、诗词歌赋、典籍文献等关联信息的挖掘和实时展示，再现清代海河两岸的"津门八景"。

三岔河口已不再肩负漕运的使命，但其周边有充满欧陆风情的意式风情街，以小洋楼为主的欧式古典建筑群和现代建筑群交融，展现了中西文化的反差与融合，是天津地标性的风景线。三岔河口区域结合天津的历史文化对大运河、海河进行开发，利用自然景观和区域内的文化资源进行有效的城市更新、旅游文化建设，形成集津沽历史文化、人文精神于一体的标志性区域（图 6-33 至图 6-35）。

图 6-33　临近海河的古文化街

图 6-34　海河边的小洋楼 1

图 6-35　海河边的小洋楼 2

（二）杨柳青大运河国家文化公园的资源统筹

天津市统筹大运河资源，推动文旅融合发展，通过建设杨柳青大运河国家文化公园，重现古色古香、水网纵横的运河风貌，打造具有代表性的特色运河历史名镇（图6-36、图6-37）。杨柳青大运河国家文化公园分为历史名镇、元宝岛、文化学镇 3 个板块。

历史名镇板块采取"再活化"方式，保留现存的 800 余座老宅，按照"城市针灸术"的理念进行历史人文街区修复，发展特色旅游、特色民宿、特色小吃等。天津市西青区与乡伴文旅集团签约，瞄准 80 后、90 后消费群体，建设国潮青年小镇。国潮青年小镇位于杨柳青镇，占地约 35 公顷，规划建设兴华里、长青里、建华胡同、御河坊等 4 个分板块，通过恢复胡同路网、重现文化地标、修补街道序列、构建主题街区、重现繁荣古镇，打造沉浸式国潮文化街区、未来潮生活社区、文艺生活社区和共享社区，全力助推杨柳青大运河国家文化公园的建设。

元宝岛板块采取"再组织"方式，通过恢复过去的杨柳青曲苑堂、运河水街、非遗文化街等，汇集相声曲艺、非遗体验、中华老字号等业态，定期举办年画制作体验、民俗表演、运河游船游览等活动，打造民俗文化小镇。元宝岛是杨柳青大运河国家文化公园的核心区，全域、全时、全景、全要素集中展示明清时期的天津运河文化盛景。

元宝岛恢复以前的胡同，同时恢复两片大院，使杨柳青重要的历史文化载体形成沉浸式体验街区；结合吴承恩七言律诗《杨柳青》中描绘的湿地景色，恢复湿地景观，同时结合水循环处理系统，在内部规划湿地斑块，形成一个可自我更新的湿地系统；为了缓解柳口路面临的交通压力，规划带状地下停车空间，设置

3个出入口。元宝岛打造一个以慢行为主的无车交通系统，以步行线路串联起岛上的重要项目。元宝岛建设体现杨柳青特色文化的中国年画博物馆、崇文书院、玉皇桥，打造民俗文化小镇，恢复运河渡口当年的商业盛景。同时，西青区持续改善杨柳青大运河两岸的生态环境，将大运河水系引入元宝岛，建设生态休闲景观长廊，营造"北方水乡、水景交融、文化交织"的秀美风光；定期举办各类活动，增强古镇的可游性。杨柳青大运河国家文化公园建成后，将被打造成大运河上的闪亮明珠，对打造具有东方意蕴、西青文化的大运河国家文化公园天津示范区具有重要意义。

文化学镇板块秉承"再开发"理念，重点发展教育文化产业。据天津市文化遗产保护中心介绍，该区域发现古代墓穴800余个，涉及宋、金、元、明、清不同朝代的古迹古董，是

图 6-36　杨柳青大运河国家文化公园规划

图 6-37　杨柳青运河古镇

近 70 年来天津考古的重大发现。西青区积极协调市级相关部门，争取使天津运河博物馆、天津民俗文化博物馆落户西青；与清华大学美术学院洽谈建设非遗教育基地；与绿城文化集团洽谈建设集教育培训、文化创意、演艺康养于一体的特色文化小镇。

杨柳青大运河国家文化公园深入挖掘运河文化内涵，全面展现运河文化，立足国际视野、文化传承和区域特色，打造展现大运河历史风貌、呈现时代风采、彰显津沽文化的大运河标志性工程。

（三）大运河沿线乡村产业的多元发展

天津根据大运河不同区域的资源禀赋，确定分区发展定位与目标，统筹整合大运河天津段沿线乡村的产业资源，在大运河全线打造一批特色村庄，推动大运河沿线乡村的振兴。

武清区注重发展以运河商贸文化为主题的智慧农业生态旅游产业，以运河商贸文化和智慧农业为基础，将物联网技术运用到农业中，通过移动平台对农业生产进行智能控制；除了农业生产精准感知、控制与决策管理外，还发展农业电子商务、食品溯源防伪、农业信息服务等方面的技术和农业休闲旅游。武清区大运河沿线既有的成熟商业空间体系向两岸乡村延伸，形成了"智慧农业＋电子商务＋城乡产业融合"的乡村产业发展新模式。

北辰区以运河特色城郊乡村休闲服务产业为重心，以中心城区近邻区的区位优势和高品质的农业发展为基础，发展集生产、研发、销售、交流、教育和旅游为一体的现代化民俗村、农家乐、休闲农庄；大力开发以现代农业体验和农业科普教育为主要内容的乡村休闲旅游模式，对区内的特色风貌小镇、现代农业庄园、生态主题公园等资源进行整合，形成空间连贯、三产联动、景观丰富的城乡融合发展体验区。

西青区依托运河古镇文化，发展特色主题农业及民俗文化旅游产业，以杨柳青古镇文化资源和高品质的农业为基础，坚持高端化、精品化、特色化，坚持科技化、市场化、信息化，走生态优先、严格保护、合理开发、科学经营、永续利用的可持续发展之路，提升精品意识，向高品位要效益，向高质量要市场，向强品牌要竞争力，贯穿以人为本的精神，着力于情景性、归属感、亲和力的增强。

静海区积极建设以运河商贸与田园康养为主题的乡村复合产业，以运河商贸文化、田园文化资源和农业为基础，结合不同区段的特点，发展多元复合产业，如北部独流老醋饮食文化产业、运河两岸花卉果园现代农业、中部西汉古城特色文化产业、南部运河驿站文化产业和田园休闲文化产业等。静海区借助乡村田园生态资源和文化资源打造城市后花园，以大运河为轴线，构建集饮食文化、历史文化、田园休闲、生态观光等于一体的综合性服务载体。

宝坻区以潮白河辽金文化为主题，发展乡村农耕研学休闲服务产业；以潮白河沿岸的辽金文化资源、生态资源和大田农业为基础，将辽金文化融入乡村建设，实现辽金文化保护、传承和产业化发展；充分利用潮白河的生态资源，发展渔家文化体验、亲水休闲等项目，探索乡村的生态保护、经济联合发展和动能创新。

大运河天津段的未来建设目标是建成中国大运河津沽文化的核心承载区、北方运河生态文明的示范区、京津冀文旅融合的引领区；突出文化、生态功能，优化总体功能布局，激活沿线城乡的发展活力，发展以农业休闲、水运观光等为特色的运河旅游业，彰显天津魅力。

三、大运河河北段资源的协同利用——以沧州段为例

河北省按照"河为线，城为珠，线串珠，珠带面"的思路，制定了《河北省大运河文化保护传承利用实施规划》。其中，大运河沧州段的规划范围以大运河流经的吴桥、东光、南皮、泊头、沧县、沧州市区、青县所辖的行政范围为主，构建"一轴一城四片区"的区域协同发展格局。

（一）大运河沧州段文化和旅游融合发展

沧州以大运河为轴线，充分发挥其综合展示和线性串联的功能，打造文化旅游亮点众多、交通便捷畅通、配套服务齐全、生态景观优美的大运河文化带主轴。

沧州加强大运河文化遗产的保护，统筹推进承载着河工文化、漕运文化、商贸文化的重要文化遗产的管控保护，明确并公布管控区域与保护要求，重点做好东光县连镇谢家坝、青县马厂炮台等文化遗产的修复工作；增强文化遗产的活力，以大运河非物质文化遗产核心展示园、连镇谢家坝水工遗产文化核心展示园、捷地分洪设施核心展示园、马厂炮台及军营遗址文化核心展示园等核心展示园和大运河沧州市区段为重点，系统推进沿线主题展示区、文旅融合区和传统利用区的建设发展；结合大运河沿线城镇做好夜间文化和旅游消费聚集区的培育，在突出各地文化特色的基础上，彰显大运河沧州段的整体文化形象。

沧州打造大运河水上文化体验段，推动南运河沧州市区至泊头段的旅游通航，以城镇文化体验为主题，做好捷地分洪设施、肖家楼枢纽等大运河文化遗产保护展示工作；在沧州市区、泊头等大运河沿线区域建设情景化体验码头，开通非物质文化遗产展演、文化创意、数字体验等主题型行进式情景游船活动。

沧州建设大运河风景廊道体系，完成了大运河两侧堤顶路的整体改造提升和全线贯通，完善驿站、自行车道、旅游步道、旅游厕所、旅游标识等旅游公共服务配套设施，建设沿线

主题文化园、景观栈道、亲水平台、活动广场、体育公园、郊野公园等文化游憩配套设施，开展骑行、徒步、健走、马拉松等运动休闲活动，打造集游览、亲水、运动等功能于一体的文化生态休闲走廊，打造全国大运河风景廊道建设的典范。

沧州打造南北两个重要的景观门户区，提升区域生态景观效果，建设青县大运河津冀交界景观门户区和吴桥县大运河冀鲁交界景观门户区；通过生态景观和文化节点的营造，实现生态修复、文化再现、功能完善与形象塑造，打造独具特色的地域标识和大运河沧州段入口印象区。

沧州营造优美的大运河生态景观，整治河道，完善水污染防治长效机制，在沿河两岸合理配置防护林、用材林、经济林、景观林，重点实施主城区段生态修复、沧县捷地减河文化生态提升改造、青县盐碱洼地生态恢复示范区打造等重点工程，加快形成"林水相依、绿廊相连、绿块相嵌、景色优美"的绿色长廊。

（二）沧州突出运河文化名城建设

河北省以沧州为核心打造大运河河北段具有代表性的运河文化名城，以沧州市区内约30千米长的大运河为核心，建设大运河国家文化公园的示范段，满足文化教育、公共服务、旅游观光、科研实践、生态休闲和人文交流等功能需求。大运河沧州市区段将被打造成运河文化的重要承载地、城市生态休闲走廊示范区、城市重要标志和大运河体育赛事举办地。

沧州市建设中国大运河非物质文化遗产公园，基于沧州大运河文化遗产，发挥沧州的武术、杂技等非物质文化遗产的资源优势，结合河北省第六届（沧州）园林博览会，建设大化遗址公园、中国大运河非物质文化遗产展示中心、园博园等项目，划分农耕文化、户外非遗、新潮文创等多个功能区，全面展示沧州的工业文明、大运河非物质文化遗产和园林生态艺术，最终形成大运河沿线8省、市非物质文化遗产的集中展示地、沧州市大运河吸引核。

沧州市按照大运河国家文化公园的建设要求，规划建设特色展示带、核心展示园、特色展示点，重点推进南湖文化街区、大运河生态修复展示区一期工程、南川楼文化街区、文庙清风楼片区等项目（图6-38、图6-39）；结合沿岸绿色生态廊道，完善沿线休闲娱乐设施；举办大运河上的园博会，组织开展运河书画展、非物质文化遗产文化表演、文创商品大赛、大运河国际马拉松、大运河马术赛事等活动。

沧州南部加强捷地分洪设施的展示利用，整合捷地炮楼、捷地清真寺遗址等，丰富捷地御碑苑景区的文化内涵，整体打造大运河御碑苑旅游区。沧州东部以沧州铁狮庙与旧城遗址公园为核心，整合铁狮子、钱库庙、古

图 6-38　南川楼文化街区设计效果图

图 6-39　南川楼文化街区施工现场

城墙、礤石馆、密云寺碑、毛公甘泉古井等沧州旧城遗址，加强考古勘探研究，突出铁狮文化，打造沧州旧城文化旅游区。沧州北部整合大运河沿线非物质文化遗产资源如特色小吃、传统风俗，活态展示兴济作为漕运码头的历史文化、繁荣商贸，做活主题观光、餐饮购物、休闲娱乐等业态，建设兴济古镇。沧州西部以纪晓岚文化园为引领，以金丝小枣为主题，推动农旅融合发展，开发金丝小枣有机种植基地、枣文化体验馆、枣香休闲街、枣乐购产销基地等体验项目，推动金丝小枣种植业向第二、第三产业延伸，开发枣酒、枣片、枣汁等深加工产品，打造金丝小枣田园综合体。

（三）文化遗产点与特色城镇、乡村的融合发展

大运河作为重要的商贸通道影响着其沿线村落、城镇的兴起繁荣过程，带动了区域经济、社会的全面发展。沧州以大运河流经的青县、泊头、东光、吴桥为代表，推动大运河资源与特色村镇旅游的融合，开发具有地域特色的旅游融合发展片区。

沧州注重生态田园休闲文化资源的开发利用，发挥青县的区位优势和盘古文化、红木产业、文物遗迹、田园乡村等的资源优势，通过文旅小镇、特色基地、田园综合体等项目的建设，推进旅游发展与资源整合、产业振兴等有效融合，打造面向京津的生态田园休闲片区。

一是建设盘古文化小镇。青县依托深厚的盘古文化历史资源，整合盘古庙、盘古墓、盘古沟等文化遗产资源，建设盘古文化大景区、盘古文化特色村、盘古文化展示馆、盘古文化学堂，举办盘古庙会、盘古祭祀大典等大型节庆活动，打造集文化体验、遗址探寻、休闲娱乐于一体的盘古文化小镇，做大盘古文化发祥地品牌。

二是建设中古红木文化小镇。青县依托红木产业现有基础，发展红木文化展示、中式生活度假体验、中国古典家具工艺科普、红木原材料种植体验、红木产业创意创新等，加强与建筑、园林行业的融合，全面延伸产业链，培育产业园区、产业集群，打造特色鲜明、产城融合的中古红木文化小镇。

三是打造马厂炮台户外拓展基地。青县利用马厂炮台及军营遗址，马厂减河及广阔的林地空间、场地空间和微地形，以体验式户外拓展为核心，对接企业团建、学生夏令营、专业体能训练等市场，高标准建设中国兵营历史博物馆、炮兵游乐园、户外射击场、真人 CS 私人战场、军事闯关竞技场、极限拓展俱乐部、儿童拓展基地等，打造专业户外拓展训练基地和野战基地。

四是打造"大司马"田园综合体。按照集现代农业、休闲旅游、田园社区于一体的乡村综合发展模式，对司马庄景区进行整合提升，

强化蔬菜果木种植的景观性，发展五彩百果园、果蔬创意工坊、亲子创意乐园、农耕文化体验园等特色业态，延长农业产业链，完善蔬果深加工体系，提升农产品的价值，利用民居民房发展果蔬民宿，建设特色田园综合体。

沧州发挥传统技艺的价值，建设工贸文旅研学旅游基地，突出泊头运河古驿、铸造之城和南皮张之洞故里等文化品牌，整合因大运河而生的文化、工业、商贸、生态等资源，通过重大项目包装、品牌产品打造、主题线路策划等，形成文化多元、特色突出的工贸文旅传承片区。

一是整合资源，打造泊头运河古驿文化之城。泊头以城区为重点，实施运河文化遗址保护展示和创新利用工程，推动泊头清真寺、中共中央华北局城市工作部泊头旧址等的修缮保护和展陈提升，推动大运河民族风情街、运河人家、正太茶楼、泊头火柴文创、运河码头等业态的开发，再现斜阳古渡、运河古驿的繁荣景象；突出泊头铸造和酿酒工艺，高质量推进工艺铸造小镇和十里香文化产业园的建设，促进工艺铸造体验、铸造 3D 打印、工艺铸造书画创作等业态的开发，推动酒文化产业园、酒香美食街区等特色项目开发，打造工旅融合的示范基地。

二是挖掘历史，建设张之洞名人文化旅游区。南皮县依托张之洞故里，以张之洞纪念馆、张之洞出生地双庙村以及张公祠为重点，以张之洞办实业、兴教育、修铁路、固堤防、练新兵的生平事迹和重要贡献为线索，谋划建设张之洞文旅特色小镇、《张之洞传奇》演艺项目、张之洞国学书院等，打造张之洞文化集中展示地和爱国主义教育基地。

三是突出生态，打造大运河两岸绿野文化公园。大运河泊头至南皮段以良好的生态环境为依托，加快推进泊头市河畔花海、大运河畔休闲度假田园综合体、森林公园以及南皮大浪淀湿地公园等项目的建设进程，配合郊野绿道、健身步道、露营公园、休闲驿站等旅游设施，加强大运河沿线的建筑风貌控制和景观环境打造，构建线性的绿野休闲文化公园。

四是开展研学，推出工贸文旅研学精品游线路。沧州市整合区域内的运河古堤观光、运河古驿休闲、六合拳武术研修、南皮文化展览中心历史追溯、张之洞爱国主义教育、工艺铸造小镇文化体验等多元产品，科学设计研学旅游精品线路，推出夏令营、冬令营等研学旅行活动，打造大运河工贸文旅研学旅游示范基地。

东光建设水工生态展示片区，依托东光大运河水工遗产、原生河道景观、特色农业，加强运河文化展示、运河生态景观塑造、运河沿线产品升级，通过谢家坝世界遗址公园、大运河森林公园、南霞口康养小镇、城区码头公园等大片区、大项目的建设，呈现大运河沿线的生态景观、文化风貌。

一是做大连镇谢家坝世界遗址公园。加强谢家坝、给水所等的日常保养、维护整修和监测预警，推进文物本体近距离展示；建设谢家坝堤坝博物馆，设计连镇历史展览馆、家训博物馆等专题展示场馆；智慧化开展水工遗迹观赏、水工科技原理实景展示与体验等活动，打造集科研教育、生态涵养和休闲娱乐功能于一体的人文地标；依托谢家坝周边文化、生态资源，建设连镇古镇、九曲湾森林公园，推进连镇人民大戏院复建，综合演绎谢家坝的历史、传统技艺、故事、人物，让运河文化活起来。

二是推进大运河森林公园氧生园创建国家AAAA 级旅游景区。按照国家 AAAA 级旅游景区标准对标提升，进一步打造天然氧吧、休闲林区、水上乐园、风情街区、观鸟平台等特色产品，加强文化标识、主题游径、健身步道、观景亭等配套设施的建设，开展自然观光、科普研学、康体健身等多样化活动，将运河、园区、森林及公共设施在功能上和景观上有机地结合起来，打造交通便利、生活惬意、健康休闲的森林公园。

三是建设南霞口康养小镇。以林海路为中轴，高标准改造 6 千米长的河田间路和 6 千米长的河堤路，形成 12~20 千米长的小型马拉松环形跑道，沿路建设梯次植物花卉观赏带；以大运河森林公园氧生园为核心，整合霞光渡口、林果之乡、东吴文化等特色资源，建设提升南霞口码头文化公园、东吴文创园、中草药种植基地、桑葚种植基地等，开发特色采摘、康体理疗、实训体验、科普研学、文化休闲等主题产品，打造生态、宜居、美丽的南霞口。

四是建设大运河城区码头公园。整合东光县城及大运河沿线遗产，加强大运河与县城的线路联动，促进一体化发展；建设东光码头沉船遗址公园、大运河油坊口民俗风情园、大运河码头宜居宜游文化小镇、大运河麒麟卧养生园、大运河文化广场，丰富大运河文化体验；对东光铁佛寺进行提档升级，对景区停车场、道路、广场、游客中心、荀慧生纪念馆等进行提升改造，美化 3 个观光湖；发挥荀慧生、马致远等人物文化资源的优势，发展研究阐释、研学教育、演艺娱乐、影视制作、文化创意等业态，打造戏剧文化、元曲文化特色产业集群。

吴桥县突出吴桥杂技的品牌影响力，以千年杂技为核心，以大运河为轴线，以"中国杂技从运河走向世界"为品牌凝聚力，通过杂技文化提升、精品项目打造、城镇乡村联动等，全力打造世界知名的运河杂技文化旅游目的地和中华优秀传统文化传承发展示范区。

一是聚力打造吴桥杂技文化旅游区。优化升级吴桥杂技大世界景区，提升吴桥江湖大剧院、杂技山水小镇、运河公园、大运河民俗文化展馆等的品质；加快推进杂技乐园、吴桥非遗传习园等特色项目的建设，完善区域内旅游基础设施与旅游接待服务体系，整体创建国家

AAAAA 级旅游景区，打造大运河沧州段文化旅游的吸引核心。

二是推动建设安陵运河古镇。深入挖掘安陵文化，以安陵渡口、安陵枢纽、赵家茶棚、窑厂店窑址等文化资源为依托，谋划打造运河古渡、茶棚人家、古韵水街、贡砖文化园、安陵枢纽水利生态公园等，并以雕塑、诗词柱廊、园林景观等营造运河古镇的文化氛围，打造集文化体验和旅游休闲于一体的文化古镇，再现安陵古郡的繁华景象。

三是创新打造孙福友杂技艺术原乡。以孙福友故居为核心，以吴桥杂技名人文化为主题，推动打造孙氏风情庄园、杂技名人园，发展名人纪念、故居游览、异地风情、杂技民俗、主题民宿等业态，让游客深度体验杂技之乡的历史与传承，打造杂技名人朝圣地、杂技民俗体验地。

四是加快建设铁城记忆文化旅游区。突出吴桥铁城镇千年古城、百年县府旧址的历史，以千年唐槐、苦井甘泉、澜阳书院等名胜古迹和众多杂技专业村为依托，加快文化资源的保护传承和创新利用，改造提升澜阳书院，谋划建设南园文化园、文化休闲街区，开发杂耍乡间秀，打造铁城记忆历史文化旅游区。

五是谋划打造梁集康养度假旅游区。依托梁集镇废弃窑厂形成的坑塘水面和其周边良好的生态环境，做"静""养"文章，推动养生小镇、享老庄园、休闲水街、体育运动公园、田园健康园、滨河湿地公园等项目的建设，打造大型滨湖康养度假旅游目的地。

六是全力提升运河杂技文化的影响力。延伸杂技文化产业链，促进杂技服装道具、杂技演艺、杂技培训以及主题住宿、特色餐饮、文创商品等相关产业的发展，持续举办吴桥国际杂技艺术节、吴桥杂技国际灯会等大型节会赛事，不断提升吴桥杂技文化的辐射带动力和品牌影响力。

到 2050 年，河北省将突出大运河河北段挽京通海的区位优势、独具特色的水工遗产和丰富多彩的文化，建设满足人民日益增长的美好生活需要的挽京通海的重要连接带、运河水工精华展示带和中国武术杂技传承创新示范带，形成大运河文化带的精品段、大运河国家文化公园的示范区，统筹建设集文化教育、公共服务、旅游观光、休闲娱乐、科学研究等功能于一体的大运河国家文化公园。

四、大运河京津冀段资源协同发展路径

（一）区域协同发展的问题及难点

针对大运河，京津冀着力推动区域协同发展，联合组织推出了"京津冀运河文化展"，

签订了《北运河开发建设合作框架协议》，携手开展北运河的综合治理。但目前，京津冀三地对于大运河资源还主要以行政区域为分界进行保护，这种状况影响了大运河资源的统筹发展，容易出现破坏运河文化连续性的现实问题。在协同发展工作中，区域联动的难点在于北京、天津、河北 3 省市之间的发展方向、发展策略不同，3 省市对大运河保护的范围也存在较大差异，保护经费投入不一，故出现了多头并管的情况，缺乏统一的协同机制。在三地协同发展过程中，京津冀区域亟须强化旅游系统整体性，打破大运河保护与利用上的区域分离状态，突破行政区域边界整合大运河资源。

（二）区域协同与旅游圈构建

发展旅游业是激发区域经济活力的重要途径，基于区域协同发展旅游业，就要从旅游的经营规律和特点出发，突破行政区划的限制，充分凸显各地区的特色，精心策划旅游线路和产品，共享客源市场，逐步形成相对发达的旅游区域。构建旅游圈这种组团发展的新模式是实现区域协同的有效途径。这种模式有利于开创良好的发展局面，便于形成全区域统一的大市场。另外，从地理文脉角度看，各地区的特色资源对旅游者来说不是排他性的选择，而是组合性的选择。构建优势互补、协同发展的旅游圈，不仅可以带动各个地区的发展，还能提升整个区域的旅游品质，所以构建旅游圈对于区域的深度协同发展十分必要。大运河的发展

也必须和区域的文化特点相结合、和旅游经济相结合、和人民的生活相结合。协调各方面资源构建旅游圈是大运河未来发展的必经之路，对于当下促进大运河京津冀段三地协调发展也十分必要。

加强京津冀三地大运河资源的协同开发与利用，应强调文化遗产点间"点与面"的协同，统筹不同的文化、空间、产业、管理等资源，构建新的组合，形成协同发展的文化旅游圈层。近年来，不少研究者开展了区域旅游合作的相关研究，认为区域旅游合作是旅游圈构建的重要内容，建立区域经济均衡和双赢发展的竞争协作关系是我国未来区域旅游经济研究的核心任务。这些研究成果都为京津冀三地开展大运河区域旅游合作和发展工作提供了有力的理论基础。

京津冀三地基于大运河资源发展旅游业是三地区域协同发展的一部分，重新组合旅游圈的结构时，要注意将各自的主要优势结合起来，并进行合理分工；在区域内要整合大运河旅游产业的吃、住、行、游、购、娱等方面的旅游资源，建成完整的旅游产业链，形成一定的规模经济和集群效应。

在京津冀三地中，北京的旅游资源丰富多样，加上交通便捷、住宿和餐饮设施完善，北京成为众多游客的首选旅游目的地。虽然大运河天津段也拥有丰富的旅游资源，但因天津

紧靠首都北京，旅游业的集聚效应不强，且大运河天津段流经的地区大多在郊区，大运河市区部分被涵盖到海河旅游带中，未能形成具有影响力的运河旅游线路。大运河北段覆盖面积大、旅游资源类型多，但交通、住宿、餐饮等配套设施的综合性不如京津，在三地中处于劣势。

为了更好地实现京津冀三地大运河旅游圈的构建和区域协同发展，优化区域内旅游资源的配置，提高旅游产品的质量显得尤为关键。未来，京津冀应协同开发与利用大运河沿线的文化、空间和产业资源，平衡旅游供需关系与优劣势，实现旅游资源的最佳配置和区域旅游的可持续发展；此外，还应立足城、镇、乡、村不同特点的旅游资源的现状，联动相关的城、镇、乡、村，构建不同层次的旅游圈。

通过梳理京津冀地区大运河旅游资源的数量、等级、位置，可以确定大运河京津冀段的3个主要中心城市——北京市、天津市、沧州市及其旅游圈的半径。北京大运河旅游圈的半径为43千米，共有27个大运河旅游资源点，其中高价值的旅游资源点有3个，可以打造游程为5天的旅游产品；天津大运河旅游圈的半径为30千米，共有15个大运河旅游资源点，其中高价值的旅游资源点有2个，可以打造游程为3天的旅游产品；沧州大运河旅游圈的半径为23千米，共有14个大运河旅游资源点，其中高价值的旅游资源点有3个，可以打造游程为2天的旅游产品。

在明确了大运河旅游圈半径的基础上，可以确定大运河旅游圈的级别。根据现有模型 $\lambda=G/t$（式中：λ 为旅游经济系数；G 为旅游圈内运河旅游资源点的数量；t 为游客的出游时间）进行计算。根据旅游经济系数 λ 的大小，大运河旅游圈可以划分为：一级旅游圈，$\lambda \geqslant 4.00$；二级旅游圈，$2.50 < \lambda < 4.00$；三级旅游圈，$1.00 \leqslant \lambda \leqslant 2.50$。通过计算可得知，京津冀三地大运河旅游圈的级别为：北京大运河旅游圈为一级旅游圈（核心旅游圈），天津大运河旅游圈为二级旅游圈（重点旅游圈），沧州大运河旅游圈为三级旅游圈（重点旅游圈）（表6-1）。因此，结合旅游圈的级别、空间位置，北京的大运河核心旅游圈会对天津、沧州的大运河重点旅游圈产生辐射效应。

北京大运河旅游圈是整个京津冀地区的一级旅游圈。北京是全国的政治、经济与文化中心，以北京为中心的大运河旅游圈经济发达、交通便利、旅游需求量大，因此北京大运河旅游圈可以辐射整个京津冀地区，并成为带动整个地区旅游发展的核心。天津大运河旅游圈为二级旅游圈，位于北京的东侧。天津可将运河环境的改善与运河文化的传播有机结合，充分发掘大运河的历史文化，将丰富的大运河历史文化与城市发展融合起来，在大运河的历史文化与现代文明之间寻找一个新的平衡点，吸引更多的游客。以天津为中心形成的大运河旅游

表 6-1　京津冀地区旅游圈级别

旅游圈级别	旅游经济系数范围	旅游中心城市
一级旅游圈	$\lambda \geqslant 4.00$	北京
二级旅游圈	$2.50 < \lambda < 4.00$	天津
三级旅游圈	$1.00 \leqslant \lambda \leqslant 2.50$	沧州

圈需要提升大运河旅游资源的层次，打造有地方特色的旅游景点，并且要立足于吸引北京大运河旅游圈内的游客来发展天津的旅游市场。沧州大运河旅游圈为三级旅游圈，位于北京的南侧。大运河沧州段沿线的人文景观与民俗文化已形成了沧州最有价值的人文旅游资源，但有计划的、系统性的运河文化游并没有成为沧州代表性的文旅项目。各个景点仍处于独立运营、孤立发展的局面。河北大运河文化的传播水平亟须进一步提高，河北省应整合沧州与其他相关的城、镇、乡、村的大运河资源，构建河北省大运河旅游圈，协同北京、天津发展运河游，进行产业合作、文化共享，打造京津冀大运河旅游文化走廊。

（三）区域协同与文旅线路

结合区域特色发展文化旅游是推动区域文化融合、区域经济发展的重要途径。在运河保护与活化方面，国际上有诸多成功的案例。

里多运河根据地理气候特征，开发了多元化的冬季运河旅游项目，并在此基础上扩展出春、夏、秋 3 季不同主题的旅游观光产品，促进了渥太华和金斯顿区域的发展；开发了"乡村一日游"，带动了周边乡村的发展。小樽运河沿线的发展与当地手工业、旅游业协同，促进了当地经济文化的多样化发展，现今该区域已经成为北海道乃至日本的标志性景观及旅游目的地。米迪运河流经的多个城市构建旅游带，开发多种主题的旅游线路，不仅带动了当地经济的发展，还丰富了居民的文化生活，是当地社会稳定和谐的催化剂。国际上的这些典型案例都表明了区域协同建设对运河活化利用、文旅产业发展的意义和作用。目前，我国也呈现出遗产旅游热的趋势，杭州打造多元休闲运河游产品，扬州、开封等利用自身的古城风貌，古新结合发展运河游，枣庄市台儿庄古城新建仿古景点拓展运河旅游景区。此外，大运河沿线的代表性城市洛阳和扬州分别建设了隋唐大运河文化博物馆（图 6-40 至图 6-43）和中国大运河博物馆，它们从大运河历史、大运河文化、大运河生活、大运河文化遗产、大运河艺术、运河与自然、运河上的舟楫、世界知名运河与

图 6-40　洛阳隋唐大运河文化博物馆 1

图 6-41　洛阳隋唐大运河文化博物馆 2

图 6-42　洛阳隋唐大运河文化博物馆 3

图 6-43　洛阳隋唐大运河文化博物馆 4

运河城市等方面传播运河文化，打造"网红景点"，拉动旅游业的发展。

2022年8月，北京举办了北京（国际）运河文化节，并公布了10条不同主题的运河旅游线路，以推动大运河沿线文化遗产点的协同发展。表6-2列出了10条运河旅游线路的主题、途经的主要点位、特色体验、游程等概况。

表 6-2　2022 年 8 月北京推出的 10 条运河旅游线路的概况

线路	主题	途经主要点位	特色体验	游程
1	京冀运河	北京通州儒林码头—榆林庄闸—和合驿码头—杨洼闸—河北香河中心码头，进入河北	穿越船闸新奇体验，聆听运河古今故事	26 千米 3 小时
2		河北香河中心码头—北京通州杨洼闸—榆林庄闸—甘棠闸—柳荫码头，入京	穿越船闸新奇体验，静赏运河两岸郊野风光	32 千米 3.5 小时
3	溯源运河	大运河源头遗址公园—颐和园—南长河游船—北京动物园—北京展览馆	探北运河源头，游皇家园林，乘坐游船体验大运河皇家文化，欣赏京城水系美景，赏长河垂柳	56 千米 4~6 小时
4	潮流运河	三里屯太古里—凤凰中心—朝阳公园—SOLANA 蓝色港湾—亮马河国际风情水岸	时尚购物，格调生活体验，潮流活动体验	12 千米 3~5 小时
5	走读运河	玉河故道—东不压桥遗址—中法大学旧址—皇城根遗址公园—颜料会馆	寻访胡同里的运河，打卡胡同书院，参观民国时期的大学旧址，品尝欧式下午茶，游皇城根遗址公园，看国粹好戏	8 千米 3~4 小时
6	风华运河	西海子公园—三庙一塔景区—大光楼—土坝码头—通州区博物馆—中仓仓墙遗址	看楼登塔，过桥游园，探寻遗址遗迹，观博物听传说	3 千米 3~5 小时
7	匠心运河	城市绿心森林公园—张家湾设计小镇—唐人坊—玉成轩工作室—台湖演艺小镇	绿心公园漫步，艺术园区体验，近距离观摩玉雕	13 千米 3~6 小时
8	悦动运河	"潞河桃柳"景区—漕运码头—"银枫秋实"景区—北运河新堤路—甘棠大桥	专业骑行体验，北运河畔漫游骑行，赏城郊风光	7 千米 0.5~3 小时
9	欢乐运河	环球城市大道—环球度假区—大运河夜游	看演出、观巡游、玩沉浸、挑极限、看烟火、游运河，体验环球度假区好看、好玩、好吃、好逛的惊奇旅程	两天一夜
10	绿色运河	北运河新堤路—西集沙古堆村—儒林村刘绍棠先生故里—西集公园—耿楼御樽庄园—摩登家庭农场	果蔬采摘、乡村美食品尝、亲子农场体验，体验运河文化体验和乡村旅游有机结合的郊野休闲游	30 千米 3~6 小时

北京（国际）运河文化节上发布的大运河旅游线路以北京为中心城市，整合大运河北京段沿线的文化、旅游、体育等资源，并融入了大运河河北段的部分资源。这充分体现了以北京为中心构建旅游圈、打造多元化旅游线路的政策导向（图6-44、图6-45）。

图6-44　京津冀运河通航

图6-45　北京（国际）运河文化节上的运河龙舫

目前，大运河京津冀段文旅线路的开发仍处于初始阶段，部分线路的游程时间过短，部分点位的文化遗址、传统技艺等大运河资源的开发尚不充分。在大运河沿线各地的生态修复、景点开发、村镇建设过程中，大运河文化元素的融入还不够，市场化运营的博物馆、展览馆，面向游客的中小型演艺、演出项目、文化街区、历史城镇、主题公园、文化创意产业园区等有待于进一步开发。大运河水量不足，虽已实现初步通航，但还没有形成标志性的航运线路。此外，京津冀协同发展大运河文化旅游的体制、机制尚不完善，表现为产品结构呈现出单体多、综合少的问题。京津冀省际旅游线路还以观光为主，区域联动的运河文化深度游少。

京津冀运河游应在文化、空间、产业方面加强协同发展，突破行政区域边界，可基于京城文化圈、津卫文化圈、燕赵文化圈，整合并重构京津冀三地大运河资源体系，根据游客的兴趣点构建系统化的旅游产品，并根据游客的出游时长灵活设定一天游、两天游、三天游等旅游项目。

1.皇家历史文化游线

协同利用北京城市核心区皇家文化资源与周边的大运河资源，将大运河、故宫、长城等世界文化遗产和京津冀地区与皇家文化有关的遗产点结合起来，以皇家历史文化为主题串联旅游线路。

2.绿色生态休闲游线

将北京、天津的大运河国家文化公园、森林公园，河北东光水工生态展示片区、青县生态田园休闲片区等串联起来，打造绿色生态休闲游线，让游客感受绿色生态之美；协同开发大运河沿线乡村与大运河资源，发展绿色乡村休闲游，振兴大运河京津冀段沿线的乡村。

3.中西特色历史建筑体验游线

以天津三岔河口为核心区，协同利用大运河资源与海河文化资源、周边中西合璧的建筑，并结合京津冀同类型的建筑遗产点，构建中西特色历史建筑体验游线，让游客感受城市的发展与更新。

4.非遗文化研学游线

以北京张家湾、宋庄，天津杨柳青，河北沧州等为核心，统筹大运河沿线的传统技艺、文化资源，构建非遗文化研学游线，形成深度融合的运河文化艺术体验游线。

5.红色印记教育游线

整合北京天安门广场、长城、大运河通州段、焦庄户地道战遗址纪念馆、鲁迅博物馆，天津望海楼教堂、平津战役纪念馆、觉悟社纪念馆、梁启超故居，河北献县马本斋纪念馆、沧州市运河区胜利公园、中共中央华北局城市工作部泊头旧址、东光县连镇炮楼等大运河京津冀段沿线的红色资源，构建红色印记教育游线，推动大运河沿线红色旅游的融合发展。

6.市井杂艺美食游线

将京剧、相声、评书、京韵大鼓、武术、杂技等市井杂艺与京津冀美食融合，构建市井杂艺美食游线，让游客沉浸式体验大运河沿线城市的民俗文化、居民的休闲生活。

7.水运驳岸慢行游线

通过游船、骑行线路、漫步线路等，串联起游客感兴趣的遗产点，构建水运驳岸慢行游线。慢行游线可以加深游客对运河文化的了解，使其沉浸式体验大运河沿线的风土人情。

北京、天津、河北三省市应统筹规划大运河文化资源，使大运河京津冀段在文化圈层的影响下整体协调发展；整合并重构多层级旅游圈，打造多元化文旅线路；突破行政区域边界，打破大运河保护与利用上的区域分离发展状态（图6-46、图6-47）。

大运河京津冀段拥有数量众多、类型丰富的文化遗产点，它们是漕运时期历史文化、风土人情、文学艺术、工程技术、生活习惯的记录和再现。京津冀地区已将大运河文化带建设纳入三地协同发展"十四五"规划，并通过了《关于京津冀协同推进大运河文化保护传承利用的决定》。

京津冀三地通过文化、生态、空间、产业4条协同路径，解决京津冀大运河文化遗产点保护利用所面临的现实问题，对文化遗产点展开活态保护，强调协作、和谐、共生的理念，解决文化遗产点发展孤立、与城市更新联系不紧密的问题；传承大运河的历史文化，修复大运河生态环境，将其融入城市更新板块，丰富乡村发展模式，使大运河文化遗产点得到合理有效的保护；同时，营造良好的社会氛围，促进民生经济发展，增加新型消费业态，改善周边城乡生态环境，提高周边居民的生活品质，吸引更多人关注大运河的保护问题，让大众参与到大运河资源整合利用的现实工作中。

笔者在大运河京津冀段沿线选择了8个富有代表性的文化遗产点，创新设计方式，对各文化遗产点的活化利用模式进行研究，将文化资源、产业资源、旅游资源、生态资源等相关资源注入这8个富有特点、形式各异的文化遗产点，以真正实现以文化遗产点的保护与活化利用为目的，通过其自身价值的提升带动周边区域的整体提升为手段，使这8个文化遗产点与周边资源协同联动，以期解决大运河沿线文化遗产点孤立发展的现实问题。

图 6-46　大运河京津冀段文旅游线风光 1

图 6-47　大运河京津冀段文旅游线风光 2

一、水利水工设施的智慧再现——沧州捷地分洪闸景观改造

（一）文化遗产点的形成背景与协同分析

捷地分洪闸位于河北省沧州市捷地减河的始端，即南运河向东的分洪口的位置。捷地减河初建时主要用于分泄南运河的部分洪水，现为沧州市的市级分洪河道。

捷地减河全长83.6千米，起点为捷地回族乡，于黄骅市入渤海。其开挖于明弘治三年（1490年），清雍正、乾隆、嘉庆年间均有整修。清乾隆三十六年（1771年），朝廷立碑于捷地减河与大运河夹角的岸上。

今天的捷地分洪设施主要包括捷地减河、捷地分洪闸、明代滚水坝龙骨石、1933年德国西门子公司制造的分洪启闭机及周边附属文物，如清代宪示碑、乾隆皇帝御书捷地坝工纪事诗碑（以下简称"乾隆碑"）等。捷地分洪闸这一古老的历史遗产至今仍发挥着分洪的重要作用。

2003年，沧州市依托捷地分洪设施建设了水利人文景点——捷地御碑苑。景区总占地面积为6 600多平方米，主要包括"三廊""三园""二河""二闸""两碑"。

捷地分洪闸（图6-48至图6-53）所在的捷地回族乡经济发展相对缓慢，缺少具有竞争力的优势产业，人口流失严重。此外，捷地御碑苑景区位于南运河与捷地减河夹角处的三角洲地带，其东为南运河、西为捷地减河永水道，距最近的城镇约1 000米，在空间上被捷地减河水道隔离开来。该景区入口设计的问题导致其南北、东西方向的交通流线均是断裂的，景区的可达性很差。另外，景区的功能单一，仅作为当地水利部门内部空间使用。该文化遗产点未能体现出捷地分洪闸与其周边文化、环境之间的联动关系，缺乏作为文化遗产景区的开放度和吸引力。

基于以上问题，捷地分洪闸的景观改造应通过生态治理和空间协同，对捷地御碑苑景区进行重新规划，改善交通，满足城市的发展需求，传承历史记忆；恢复周边社区与捷地御碑苑景区之间的联系，激活区域的活力，保护、开发景区的湿地景观，普及水利水工知识；同时，通过游线设计将周边人群自然导入捷地御碑苑景区，形成景区跟周围环境的有机联动，从而真正解决长期影响该区域发展的现实问题（图6-54）。

（二）文化遗产点与周边环境的协同路径

捷地分洪闸景观改造设计通过将文化遗产与河道的生态环境有机结合，使人在优化后的自然环境中得到疗愈。捷地分洪闸景观改造工程融入水资源、水文化，通过美化、量化、净化、

图 6-48　捷地分洪闸鸟瞰

图 6-49　捷地分洪闸鸟瞰

图 6-50　捷地分洪闸周边环境

图 6-51　捷地御碑苑景区中的碑亭

图 6-52　捷地分洪闸文化廊

图 6-53　捷地分洪闸闸坝

图 6-54 沧州捷地分洪闸景观改造设计协同路径（作者自绘）

绿化，确立了"一个闸所一个景点，一个景点一个发展点"的目标；以发展水利经济促进水利工程管理，形成了良性互动，树立了全面、协调、可持续的发展观，使水利枢纽工程与水文化相结合。捷地御碑苑景区把水工程与水文化融为一体，开发建设以历史人文景观为主的旅游观光产业，初步实现了以水利工程管理带动水文化发展、以水文化的发展促进水利工程管理的目的。沧州本属于土地盐碱化程度相对高的区域，捷地减河的开挖既减轻了大运河的水患压力，又促进了捷地减河两岸土地的淤肥，改善了生态环境，减少了捷地减河湿地生态环境的人为扰动，使植物能够自然稳定地成长。景区在生态上与自然联动，在水中和驳岸上植入绿岛，起蓄水、净水及提高绿地率的作用；提高捷地减河植被的丰富度，增大湿地效能，为湿地环境的自然营建提供良好的基础。

景区还针对运河文化与历史，考虑乾隆碑、宪示碑、石老母庙以及三段碑廊的现存问题，重新串联景观节点，将碑廊融入观赏线路，有意识地将历史元素引入游人的视野；利用场地高差形成以乾隆碑为首的碑廊游览路径，打破现有各个文化遗产点的空间孤立现状，同时加强捷地分洪闸和周边的联系；重新梳理交通系统，合理规划文化景观的观赏线路，增强观赏性。在景区与社区、城乡的关联方面，景区进一步改善可达性和交通便利性，促进自身与社区之间的联动，采用人车分流的模式，为社区提供引入捷地减河生态区景观的前视窗；串联人行步道和高空步道，疏导车行流线与人行流线，使场地南部的东西向道路畅通，连通南北方向的交通，为提升景区的可达性提供良好的基础；连接捷地减河人行步道和景区文化观赏线路，形成完整的步行游览系统，拓展景观游览线路，增强动态景观的观赏性。景区内部空间规划还考虑了与捷地减河两岸社区的相互联系，使景区融入捷地回族乡，使景区与社区、城乡交融（图6-55至图6-58）。

捷地分洪闸景观改造激发了区域的生态和人文活力，使这一承载大运河治水功能的文化遗产得以在大运河治理和新农村建设过程中复兴，改善了其周边的空间形态。重新规划后，捷地御碑苑景区空间更为开放，附近社区与景区的融合关系明显改善；将文化遗产重新带回人们的视野，引导人们了解、认识捷地分洪闸所承载的历史文化，感受这一水利设施对沧州、南运河的深刻影响。此外，景区还将生态保护和景观设计结合，在湿地周边设置观景平台，减少游人对湿地的破坏。景观地面铺装采用透水材料，景区内部设置沉水绿地（图6-59、图6-60），整个景区变成这一区域内的蓄水池和净水池。如今，捷地回族乡交通便利，道路通畅，具有优良的人文环境，拥有富有乡野人文特色的文化遗产景观旅游线。

图6-55　历史文化区设计方案1

图6-56　历史文化区设计方案2

图6-57　捷地减河生态区设计方案1

图6-58　捷地减河生态区设计方案2

图 6-59　沉水绿地分析图 1

图 6-60　沉水绿地分析图 2

二、文化遗产点联动文旅开发——沧州古城铁狮子庙、钱库庙规划设计

（一）文化遗产点的形成背景与协同分析

铁狮子庙、钱库庙位于沧州旧城。沧州旧城是沧州市的母体，也是在历史上有影响力的政治、经济、文化区域，曾名狮子城、卧牛城。铁狮子庙中的铁狮子又称"镇海吼"，铸成于后周广顺三年（953 年），是我国现存年代最早、最大的铸铁艺术珍品。1961 年，沧州铁狮子被国务院公布为第一批全国重点文物保护单位。钱库庙紧邻铁狮子庙，里面摆放着从沧州旧城遗址中发现的重达 48 吨的"铁钱疙瘩"。钱库庙后来被改造为仿古院落，作为沧州的旧城文化展览馆使用。铁狮子庙和钱库庙虽然地理位置相邻，文化关系密切，但两个地方呈现孤立的保护状态，且均与周边环境毫无联系，周边交通混乱，游人稀少，整个区域缺乏活力。

基于以上问题，沧州古城铁狮子庙、钱库庙的规划设计围绕文化遗产点进行商业联动和旅游开发，实现两处文化遗产点的联动，改善区域内的交通，新建停车场，形成了完整的交通流线，带动了两庙和周边区域的发展（图6-61至图6-64）。

（二）文化遗产点与周边环境的协同路径

铁狮子代表着古代沧州这块土地上人民的勤劳与智慧，反映了人民对幸福、安宁生活的向往。千百年来，铁狮子已经成为沧州最具代表性的文化遗产点之一，被打造成沧州最绚丽的名片。相传铁狮子是沧州百姓为遏海啸水患而造的，后被迁到如今的沧县进行保护。铁狮子是古人采用一种特殊的泥范铸造法分节叠铸而成的，该技术是我国铸造技术发展史上出现年代最早、应用最为广泛的传统铸造方法之一，体现了我国古代铸造工艺的成就。

图 6-61　铁狮子庙、钱库庙全貌

图 6-62　铁狮子现状

图 6-63　钱库庙场地现状 1

图 6-64　钱库庙场地现状 2

　　铁狮子是古代铸造史上的奇迹，是中国铸造业的象征，也是中国科技史乃至世界科技史发展进程中的标志，其铸造技术对现今的冶炼制造业也有启发和借鉴意义。沧州古城铁狮子庙、钱库庙的规划设计在满足文化遗产保护需求的前提下，以提升文化影响力、促进地方经济的发展、提升沧州人民的精神风貌为出发点（图 6-65）。

　　沧州古城铁狮子庙、钱库庙的规划设计通过复建古典气息浓郁的唐代建筑、景观园林、公园广场等，在现状基础上丰富区域内的旅游资源；在整个区域的周边复建运河商业街区、传统作坊、民居、水系码头等，整治、修缮运河沿岸及其附近的文物古迹、老字号店铺来发展商业；在景观园林旁边建造民宿，从吃、住、行各方面考虑游人的需求，带动周边地区经济发展，形成文化旅游链和商业产业链（图 6-66 至图 6-68）。

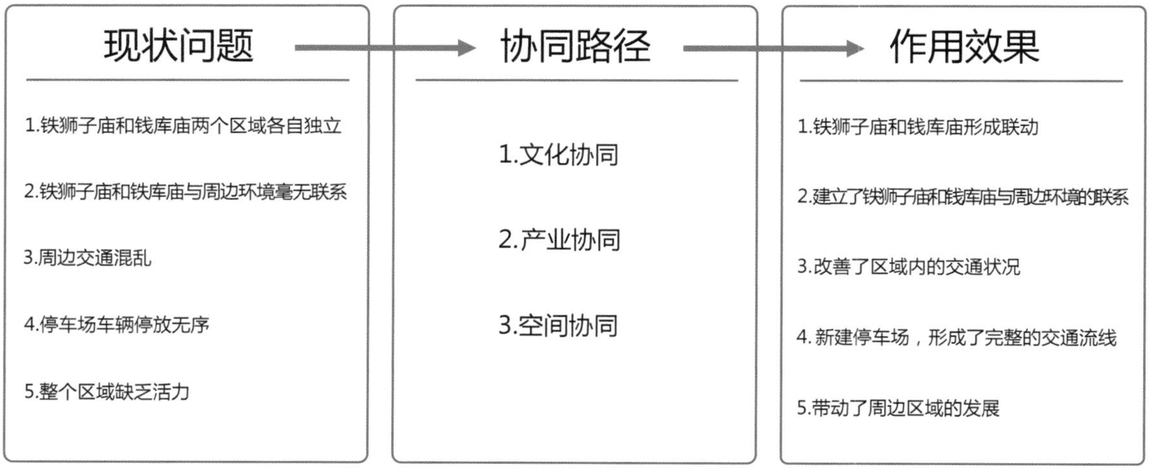

现状问题	协同路径	作用效果
1.铁狮子庙和钱库庙两个区域各自独立	1.文化协同	1.铁狮子庙和钱库庙形成联动
2.铁狮子庙和铁库庙与周边环境毫无联系	2.产业协同	2.建立了铁狮子庙和钱库庙与周边环境的联系
3.周边交通混乱	3.空间协同	3.改善了区域内的交通状况
4.停车场车辆停放无序		4.新建停车场，形成了完整的交通流线
5.整个区域缺乏活力		5.带动了周边区域的发展

图 6-65 沧州古城铁狮子庙、钱库庙规划设计协同路径（作者自绘）

图 6-66 廊桥构造设计方案

图 6-67 围合空间设计方案

图 6-68 仿古步行商业街设计方案

铁狮子庙和钱库庙原本各自孤立存在，它们中间是一片无序的停车场。现停车场被改造为文化馆，并建造骑楼廊桥，将铁狮子庙和钱库庙连接起来，形成联动，实现了这两个文化遗产点的协同。整个区域通过"连木成林"的方式，建造以文化馆为核心的建筑群，在北侧修建景观园林，对南侧道路进行调整、拓宽，兴建仿古步行商业街。针对原来的旅游线路规划不够完善，道路不够宽、不平整的问题，规划设计完善交通线路，加宽主要道路，设置人行道及自行车道，实现人车分流，降低安全隐患。商业街的南侧修建文化广场，两侧的合院得到扩建，不仅能服务游客，还便于人流的集散，也为周边居民提供了休闲空间。南侧的文化广场与北侧的牌楼让整个区域成为一个完整的景区，将原来孤立的文化遗产点与周边场地融合，进行"彼此激活"与"辐射传播"，形成集文物参观、遗产展示、工艺手作体验、特色餐饮民宿、商业售卖功能等于一体的综合性景区，形成闭环式的景区旅游休闲生态群落，打造旅游休闲生态景区，实现了铁狮子庙、钱库庙和周边地块在空间上的协同。

沧州古城铁狮子庙、钱库庙的规划设计形成了完整的交通流线、观光路线，提供了多种旅游体验，使铁狮文化以崭新的面貌再现河北，促进了大运河文化产业链的延伸，使大运河沧州段的文化遗产重新走入人们的视野。

三、多元文化遗产联动与城市更新——天津市河北区耳闸公园景观提升设计

（一）文化遗产点形成背景与协同分析

耳闸位于天津海河沿岸，闸的造型整体看上去和人的耳朵相似，故被称为"耳闸"。耳闸新闸在耳闸老闸下游，为船形现代化敞开式水闸。耳闸新闸建成后，耳闸恢复了原有的水利和旅游通航功能。耳闸不仅具有历史文化价值，还具有典型的时代特征。耳闸公园是以耳闸新闸和老闸为核心的开放式带状滨河空间，拥有天津第一座水利设施、第一家纺织企业恒源毛纺厂遗址等文化遗产点，而且中国第一个地学学术组织中国地学会就在耳闸附近诞生。

耳闸公园的工业遗产保护与活化面临着诸多问题和矛盾。耳闸公园位于城市中心，周边景区众多，但文化旅游产业缺少联动，交通不便；地块被车道割裂，耳闸老闸的功能被耳闸新闸代替，耳闸以及耳闸周边遗产保护不力，遭到严重破坏，工业遗产改造利用不充分；整体生态环境遭到破坏，水泥石堆护坡使水生物失去了生存栖息空间而导致物种减少。为提升耳闸公园的知名度，设计人员对周边旅游资源进行联动，深入挖掘历史文化，激发工业遗产的活力，结合漕运文化，实现文化资源的协同发展，增强耳闸公园的文化性（图6-69、图6-70）。

图 6-69　耳闸现状全貌

图 6-70　耳闸公园的石舫

（二）文化遗产点与周边环境的协同路径

耳闸公园景观提升设计将工业遗产、旅游景点与漕运文化相结合，将功能单一的设计方案改变为复合性的更新设计方案。耳闸公园作为天津重要的城市滨水景观之一，本身就拥有恒源毛纺厂遗址这个文化遗产点，同时连接了天石舫、河北大街立交桥、永乐桥、"天津之眼"摩天轮等，周边旅游资源丰富，可吸引大量人流。

耳闸公园景观提升设计以工业遗产的活化再利用、漕运文化的再现为主，结合区位优势，通过文旅产业的协同发展实现人、城、水之间的联系；充分利用工业遗产打造纪念馆，重现往日景象，唤起城市居民的记忆，展现城市的独特性；针对耳闸公园优越的地理位置，打造地标性景观，利用公园的标志性提升公园的存在感，使耳闸、天石舫、"天津之眼"摩天轮这3处重要的景观节点形成呼应，形成旅游产业点之间的联动；通过注入更丰富的元素促进

公园的可持续发展，借助互联网提升公园的知名度，推进数字化协作，建设网络宣传途径，完善配套服务设施，为游客提供更到位的服务；以文化和旅游资源的协同发展提升公园的功能价值，挖掘旅游产业能力，综合满足现代城市生活的多元空间需求；聚焦时代热点，将其打造成"网红打卡旅游胜地"，焕发公园的生机，以文旅产业的发展带动耳闸公园的更新与转型（图6-71）。

耳闸是天津保存最完整的古代水利工程，属于大运河天津段的一个重要文化遗产点（图6-72、图6-73）。耳闸公园旁的天石舫是一艘仿明代石舫，《天石舫碑记》介绍了天津城市名称的由来和天津悠久的漕运文化。

耳闸公园旁有恒源毛纺厂遗址。该厂是天津第一家纺织厂。耳闸公园景观提升设计借鉴上海杨浦区以及南京秦淮河的改造经验，充分尊重场地的历史文化，通过历史介绍、场景重

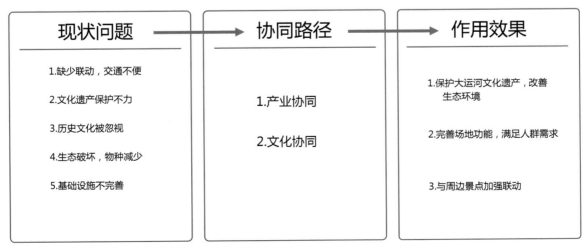

图 6-71　天津市河北区耳闸公园景观提升设计协同路径（作者自绘）

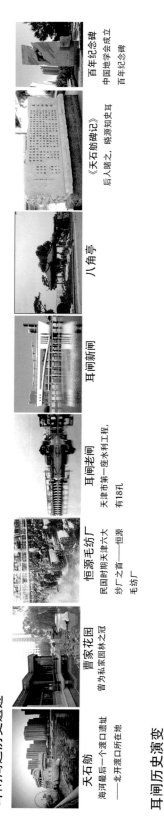

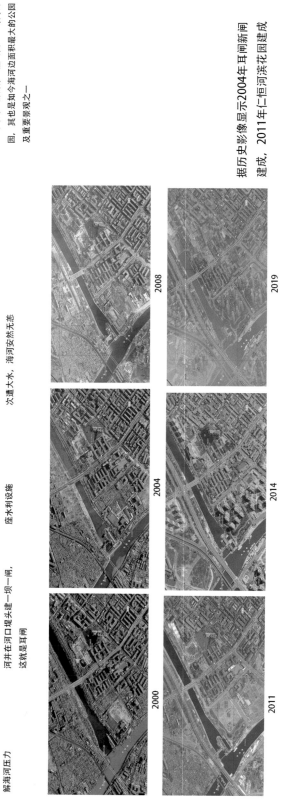

图6-72　耳闸公园周边历史遗迹及历史演变

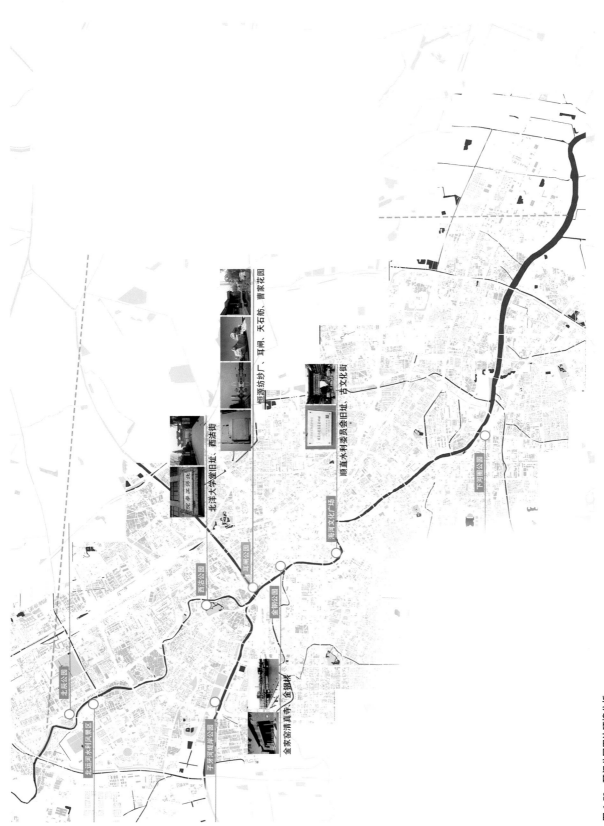

恒源纱纺厂、耳闸、天石坊、曹家花园

北洋大学堂旧址、西沽街

顺直水利委员会旧址、古文化街

海河文化广场

耳闸公园

西沽公园

金钢公园

金家窑清真寺、金钢桥

子牙河滨河公园

北运河水利风景区

北辰公园

下河圈公园

图 6-73　耳闸公园周边环境分析

现、保留展示，将耳闸、代表恒源毛纺厂遗址的3棵杨树、百年纪念碑等文化印记保留下来，结合天津国际重要港口的地位，将漕运文化融入其中，把耳闸公园打造成百年工业文明的展示基地、科普教育基地，延续耳闸所承载的历史文脉，建立其与当下社会的融合关系。景观提升设计通过对交通网络进行重新梳理，连接公园内的重要节点，打造合理的旅游路线。耳闸公园景观提升设计保留了文化印记，延续了文脉，加强了文化交流，让周边居民和游客都能感受到耳闸公园所延续的天津水利文化、工业文化以及漕运文化，从而实现文化协同发展。

耳闸公园景观提升设计最大限度地发挥了这一城市滨水空间在文化、旅游、民生、经济等多方面的作用，创造性地借助公园所具有的

旅游资源、文化资源、生态资源，以文化旅游产业为主导，以工业文化、漕运文化为辅助，营造出宜人的滨水空间。耳闸公园重新进入大众视野，让游人了解大运河，唤醒城市居民以及游客对漕运文化及工业遗产的记忆，将当地的历史文化、民俗特征和时代特征更好地展现出来，实现了产业协同和文化协同。耳闸公园通过城市更新激发场地活力，推动天津文旅产业的发展，同时也为城市更新中的带状滨水空间改造提供了理论和实践上的借鉴（图6-74、图6-75）。

图 6-74　耳闸公园景观提升设计方案 1

图6-75 耳闸公园景观提升设计方案2（组图）

四、水利遗产保护与景观修复——天津筐儿港闸区景观修复设计

（一）文化遗产点的形成背景与协同分析

筐儿港坝是大运河武清段上重要的水利工程枢纽，经历清代、民国、现代3个时期，有320多年的历史（图6-76）。1971年，筐儿港坝改建为筐儿港闸，现在已经变成一处平衡北运河与龙凤河两条河水流量的水利工程，也从单一水坝变为六闸联动的水利枢纽（图6-77）。

目前，筐儿港闸所在区域的活力不足，闸区存在水利功能弱化、河道与土地被污染、生态链断裂、历史文化被遗忘、建筑改造滞后、经济收益低等问题，希望通过多方面的设计优化和改造，形成生态环境改善和产业多元协同的发展路径（图6-78）。基于以上问题，天津筐儿港闸区景观修复设计的核心在于通过对现有水资源的重新整合，恢复筐儿港水利枢纽六闸联动的特殊功能，强化穿运倒虹吸的功能，优化河道的循环系统，在保证北运河和龙凤河排水和排污畅通的情况下减少交叉污染；同时，建立限制性交通系统，避免对生态系统的人为干扰，通过增加动植物种类，重建生态群落，稳定生态系统，恢复基地原有的生态资源；通过整合历史文化资源，构建大运河观光体系，促进当地社会、生态、文化、经济的协调统一发展。筐儿港闸区的水利遗产保护与景观修复

体现在4个方面：水资源再管理、生态资源修复、文化资源重生、经济资源盘活。

（二）文化遗产点与周边环境的协同路径

筐儿港闸区利用景观生态学的修复技术，重新激活水利遗产价值，在水利遗产保护视域下，以水利文化为中心，以激活水利遗产价值为目标，以生态修复和空间重塑为路径，与文旅发展相协同，实现闸区的再发展，使有320多年历史的文化遗产仍能承担泄洪、排洪、蓄水、灌溉的功能。

筐儿港闸区通过对场地的生态资源进行分类，根据污染情况和植物生长条件，将场地的生态恢复分为治理、修复、保育3个阶段；在生态治理区沿线设置硬质驳岸，避免污染水下渗造成二次污染；龙凤河作为排污河，在其河道上设置生态浮岛，同时在北运河和龙凤河上游设置河道自净基质，增强河道的自净能力，为动植物的生长奠定基础；在水质治理、建立生态浮岛、恢复场地绿化率的基础上，通过改善动植物的生存环境，结合引入当地植物种类、培育当地生物种类等人为手段，打造良好的生物栖息地，通过逐级培育的方式，形成自然生态系统微环境；根据不同动植物的特性选择生态链节点，保证动植物的生长、栖息和繁衍，形成丰富的植物群落和种类多样的动物群落，重新打造生物链，最终形成具有长效生长机制的生态体系。闸区利用人车分流的交通系统，

历史价值　工程价值　文化价值　经济价值　生态价值　社会价值　建筑价值

1966年，开挖连接筐儿港新引河，自北运河原八孔闸（今十一孔分洪闸）下起。1971年北京排污河开挖，筐儿港减河被占用，成为北京排污河的一部分

历史上筐儿港减河从清乾隆时期前后建有两条故道，后筐儿港故道废弃还耕

据《直隶河渠志》记载，清康熙三十八年（1699年）筐儿港一带决口；第二年于冲决处建减水石坝二十丈（约66.7米），开挖引河，夹以长堤

图6-76　筐儿港减河发展沿革

筐儿港水利枢纽		结构	孔数	设计流量 m³/s
十一孔分洪闸（原八孔闸）	该闸建于1960年，主要用于分泄北京排污河的洪水、污水	砌石开敞	11孔	237
六孔旧拦河闸	该闸1960年建成，主要用于调蓄洪水。当北运河上游庄窠闸下泄洪水时，关闭此闸，使洪水由十六孔分洪闸下泄	砌石开敞	6孔	65
十六孔分洪闸	该闸1960年建成，主要承泄北运河上游洪水入筐儿港分洪道，经北京排污河入永定新河	砌石开敞	16孔	256
穿运倒虹吸	该闸1970年建成，为北京排放污水专用。	钢筋砼箱形涵	2孔	50
三孔新拦河闸	该闸1972年建成，底板高程比旧闸底板低1m。原主要用于保证密云水库向天津市区输水水流畅通，现主要调节与六孔旧拦河闸相同	钢筋砼开敞	3孔	86
六孔节制闸	该闸1972年建成，位于北运河右岸与北京排污河交汇口，主要调节北京排污河水位。	钢筋砼结构分离式底板两岸斜坡式	6孔	237

主要功能 **该水利枢纽承担拦洪、分洪、排涝、排污和蓄水灌溉等综合任务**

图6-77 筐儿港水利枢纽现状分析

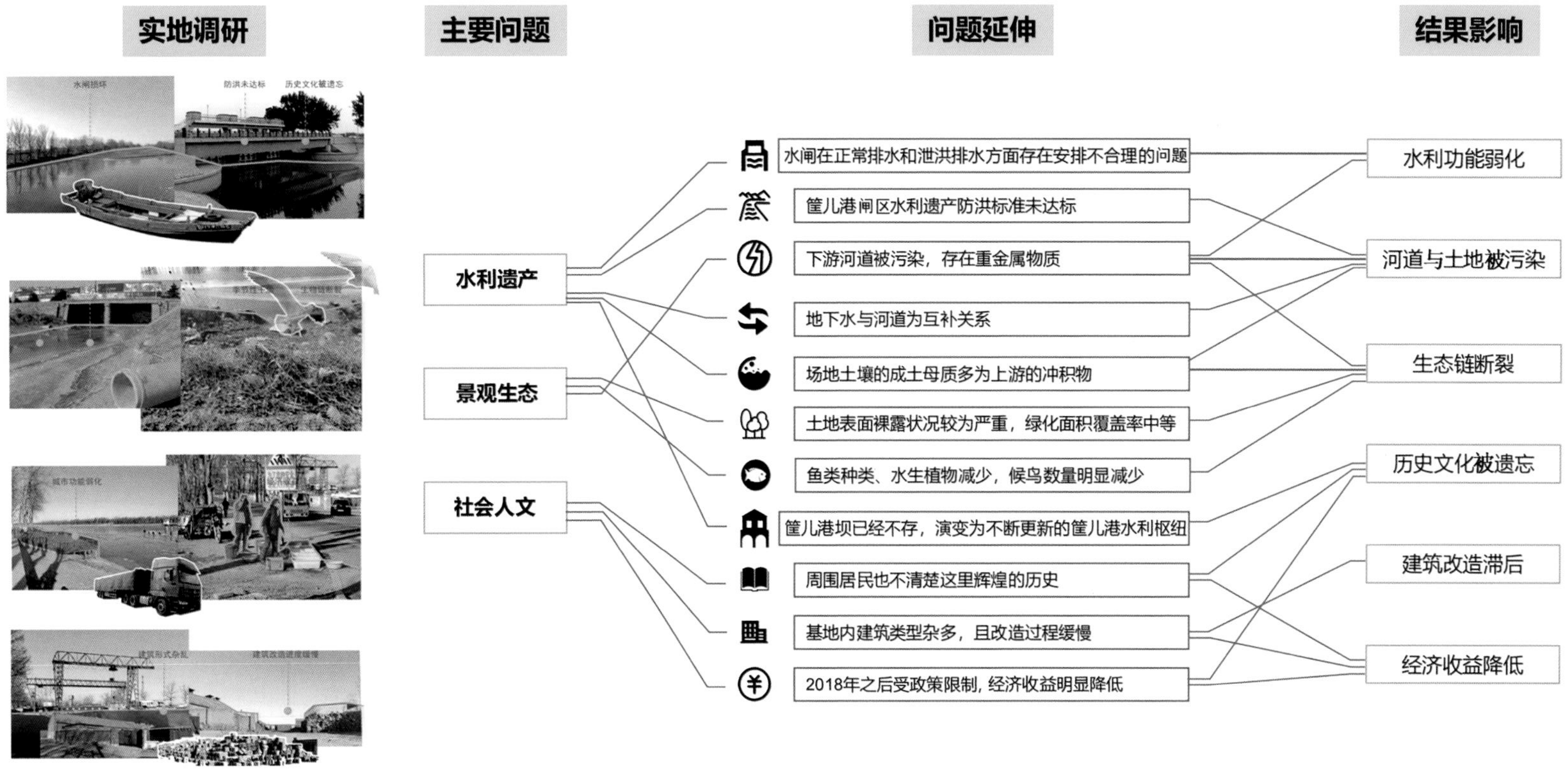

实地调研　　　　　**主要问题**　　　　　**问题延伸**　　　　　**结果影响**

主要问题

- **水利遗产**
- **景观生态**
- **社会人文**

问题延伸

- 水闸在正常排水和泄洪排水方面存在安排不合理的问题
- 筐儿港闸区水利遗产防洪标准未达标
- 下游河道被污染，存在重金属物质
- 地下水与河道为互补关系
- 场地土壤的成土母质多为上游的冲积物
- 土地表面裸露状况较为严重，绿化面积覆盖率中等
- 鱼类种类、水生植物减少，候鸟数量明显减少
- 筐儿港坝已经不存，演变为不清楚这里辉煌的筐儿港水利枢纽
- 周围居民也不清楚这里辉煌的历史
- 基地内建筑类型杂多，且改造过程缓慢
- 2018年之后受政策限制，经济收益明显降低

结果影响

- 水利功能弱化
- 河道与土地被污染
- 生态链断裂
- 历史文化被遗忘
- 建筑改造滞后
- 经济收益降低

图 6-78　筐儿港闸区改造面临的问题

设计单向车行道、森林栈道、地下涵洞、滨水步道等多种类型道路，避免对自然生态系统造成干扰。

筐儿港水利枢纽承载着丰富的文化资源。但随着社会的发展、时代的变迁，闸区的运河文化、防洪事迹、发展历史等逐渐被大众遗忘。设计人员通过对此地历史文化信息的搜集整理，根据其他康乾行宫的格局复原了此地的行宫；再结合石碑、诗词古文等历史文化重现当年场景；根据场地的生态肌理和历史文化构建了"三横一纵"的功能格局，使场地成为一个有机整体（图6-79）。

筐儿港闸区的历史轴线上有团校建筑、十一孔分洪闸、康乾行宫遗迹、穿运倒虹吸、十六孔分洪闸等。在历史上，十一孔分洪闸以北150米处曾有一座行宫，建于清康熙三十九年（1700年）。据史书记载，该行宫主殿顶为黄色琉璃瓦，其上有五脊六兽，门前白石铺地，正殿两侧有耳房、厢房、陪房等建筑。行宫花园内有凉亭一座，并且垒石为山，有藤萝花架，周围绿树成荫，别具一格。行宫正东方有一棵康熙帝亲手种植的槐树。行宫建成后，康熙皇帝和乾隆皇帝曾先后在此居住过。1925年，该建筑被拆除，槐树移种他处。康乾行宫遗迹采用复建的形式，按照宿迁乾隆行宫的规格进行重建。原址及周边场地是一片待拆的工业建筑，工业建筑东侧是群树。在确认行宫遗迹的具体地点后，部分工业建筑被拆除以复建行宫，在

确定交通体系和主要参观出入口后，部分工业建筑的肌理被改造，以建设附属商业街。建筑采用仿清风格，做到风格形式上的协调统一。康乾行宫作为设计方案中历史轴线上的重要聚焦点，与筐儿港闸区共同展现筐儿港闸区水利遗产数百年的辉煌发展（图6-80）。

团校建筑具有结构稳定、灵活性强、风格鲜明等特色。修复设计保留了建筑的梁柱结构和特色节点，通过对建筑外立面进行改建且新建部分空间，将其打造为集休闲、娱乐等功能于一体的文旅空间；引入生态采摘园，同时针对其与河道水面存在的高差，设置了滨水休息区，结合筐儿港闸区已有旅游资源，促进整个区域旅游经济的发展（图6-81）。

此外，在工业建筑区，闸区拆除违章建筑，调整交通系统，根据功能要求，增加视觉景观；根据不同人群的需求，引入多种娱乐空间，如儿童戏水区、滨水跑道以及各类球场、体育馆、太极广场等。场地中的体育馆根据地形进行地块切分和体块转变，建筑内部整体下沉1.4米，使人的视线与外围的静水面平齐，保证室内人群的观景感受。基地保留原来的绿色跑道，增加滨水跑道系统和亲水平台。这样的设计不仅为大众提供了锻炼空间，还可以建立大众与大运河的亲水关系（图6-82）。

筐儿港闸区通过对运河文化、历史文化和生态旅游的协同，建成完整的水利遗产景观区，

① 主出入口
② 次出入口
③ 十一孔分洪闸（原八孔闸）
④ 六孔节制闸
⑤ 穿运倒虹吸
⑥ 三孔拦河闸
⑦ 六孔旧拦河闸
⑧ 十六孔分洪闸
⑨ 停车场
⑩ 娱乐健身区
⑪ 游船码头
⑫ 草坪
⑬ 滨水休息亭
⑭ 滨水步道
⑮ 滨水太极广场
⑯ 密林
⑰ 体育馆
⑱ 球场
⑲ 商店
⑳ 自行车棚
㉑ 停车场
㉒ 公交车站
㉓ 观景平台
㉔ 康乾行宫
㉕ 文化街
㉖ 栈道
㉗ 河漫滩
㉘ 生态河岛
㉙ 生态植物园
㉚ 河闸管理所
㉛ 休息平台
㉜ 餐饮空间
㉝ 水院
㉞ 生态采摘园
㉟ 停车场
㊱ 交通管理中心

图 6-79 篁儿港闸区改造规划方案（组图）

复建行宫鸟瞰图

复建行宫剖向图

图 6-80 窜儿港闸区康乾行宫复建方案（组图）

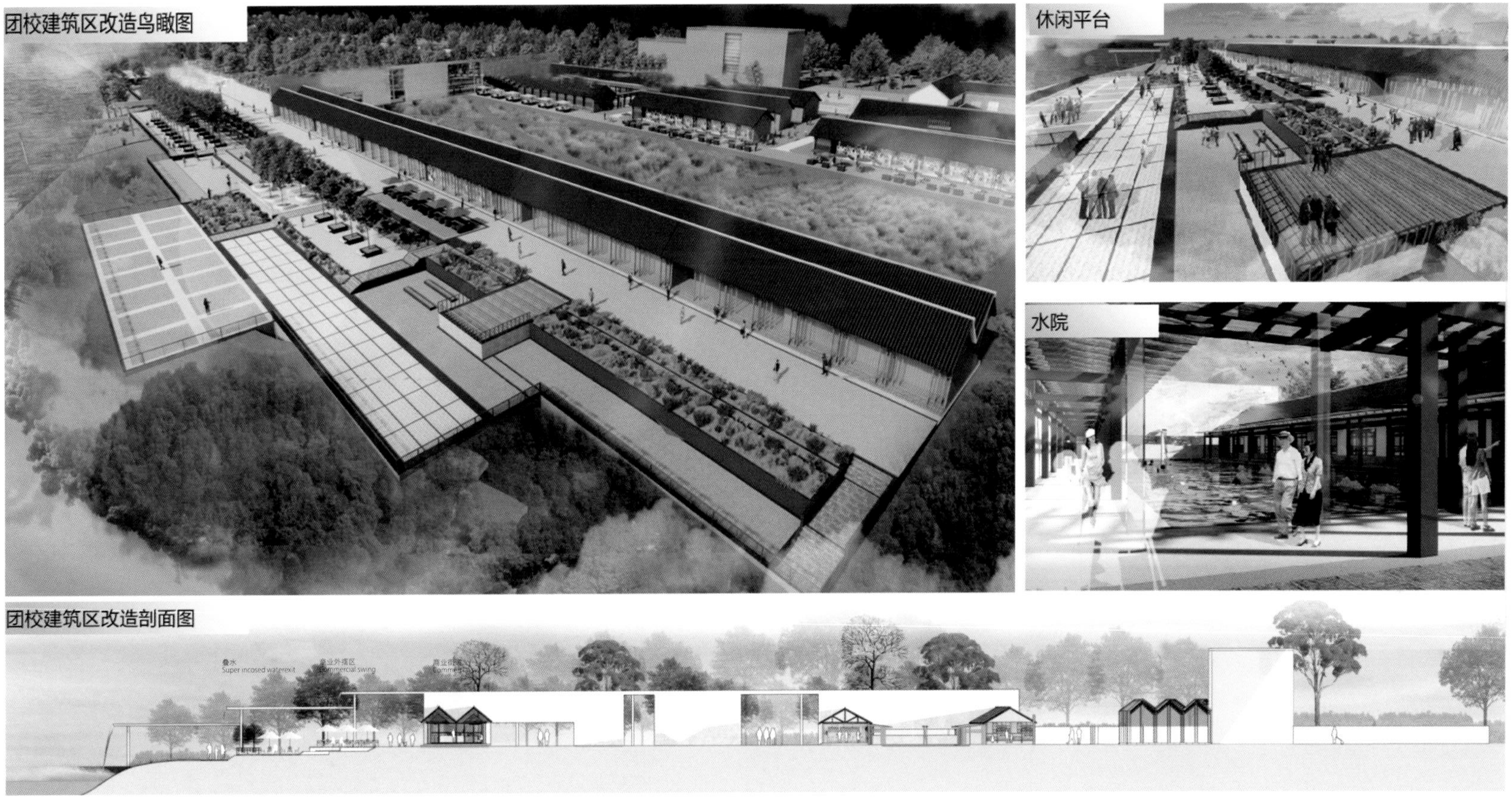
团校建筑区改造鸟瞰图
休闲平台
水院
团校建筑区改造剖面图

图 6-81　筐儿港闸区团校建筑空间改造方案（组图）

附属商业区

体育馆

工业建筑区改造鸟瞰图

图 6-82　筐儿港闸区工业建筑空间改造方案（组图）

弘扬运河文化，促进文旅产业和商业的发展，盘活经济，形成运河历史文化和经济产业共存的水利遗产区。

五、历史街区的商业营造开发——沧州铁佛寺周边商业地块改造设计

（一）文化遗产点的形成背景与协同分析

铁佛寺因寺内的铁佛体形硕大而闻名。铁佛寺景区整体占地面积达 18 余万平方米，有 5 处景点，分别是铁佛寺、二郎岗、荀慧生纪念馆、泰山行宫和马致远纪念馆（图 6-83）。铁

佛寺位于景区正中，占地面积为 7 334 平方米，包括山门、天王殿、大雄宝殿、东西配殿，是一组古朴、典雅的仿宋古建筑。

铁佛寺作为大运河河北段重要的文化遗产点之一，对其进行保护和开发具有一定的社会意义和商业价值。因其周边进行大拆大改时，相关人员忽视了对铁佛寺的保护，导致铁佛寺景区内人流量小。景区内的动线不合理，入口的停车场处人流容易聚集，存在安全隐患，且附近基础设施不完善，周边环境绿化程度低，休憩场地缺失；停车场分散，缺少历史氛围和商业活力（图 6-84）。

二郎岗----

泰山行宫----

荀慧生纪念馆----

马致远纪念馆----

铁佛寺----

设计范围----

图 6-83　铁佛寺景区整体环境

图 6-84　铁佛寺景区周边环境（组图）

通过对以上问题的分析，铁佛寺景区对周边地段进行改造设计，激发周边区域的商业活力，建立铁佛寺和周边居民以及游客之间的联系，完善交通系统，形成完整的游览流线。

（二）文化遗产点与周边环境的协同路径

对于铁佛寺周边商业地段的改造，设计团队运用历史街区营造方法，深入了解当地文化，挖掘地域潜力，将非物质文化遗产和旅游景点结合起来，激发景区活力，以文化产业和旅游业为主，打造一个集文化、休闲、旅游、娱乐等功能于一体的历史街区，在其中引进具有当地文化特色的店铺，以展现当地文化，如这里有售卖雕花陶球、连镇烧鸡等的店铺，也有展现东光吹歌这种东光民间艺术的店铺。设计团队从各个方面考虑人群需求，对历史街区分区细化：前广场主要是服务中心，设置便民设施，开辟停车空间；餐饮区分为地方特色餐饮区、休闲简餐和小吃街等；商业区主要以售卖文创产品的小型零售店、书店、工艺品店、土特产商铺为主，依托当地特色推动经济发展；后广场被设计为居民的活动广场，人们可以在此进行娱乐活动。该项目通过文、旅、商产业协同发展，激发景区活力（图 6-85）。

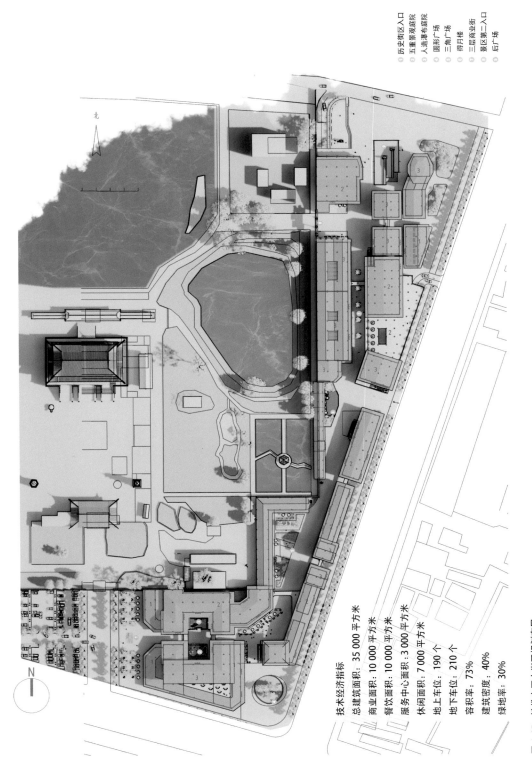

◎ 历史街区入口
◎ 五重景观庭院
◎ 人造瀑布庭院
◎ 圆形广场
◎ 三角广场
◎ 得月楼
◎ 三层商业街
◎ 景区第二入口
◎ 后广场

北

N

技术经济指标
总建筑面积：35 000 平方米
商业面积：10 000 平方米
餐饮面积：10 000 平方米
服务中心面积：3 000 平方米
休闲面积：7 000 平方米
地上车位：190 个
地下车位：210 个
容积率：73%
建筑密度：40%
绿地率：30%

图 6-85　铁佛寺历史街区规划布局

铁佛寺景区周边是待拆建筑和荒地，改造设计重新调整建筑的类型及功能。历史街区的空间协同主要体现在以下几个方面。一是开放景区第二入口，与原有入口相呼应，形成联动，且第二入口距泰山行宫较近，形成一条连贯的游览路线，避免游客走重复路线。二是在街区的功能设置方面，通过空间协同、合理布局，规划文化、餐饮、娱乐等一系列空间，系统规划、设计景观，让建筑和景观相融合，满足居民和游客的不同需求。三是在街区外围，对交通系统进行规划，提倡公共交通出行，在街区头尾处设立公交站台；将地下停车场设于街区中部，这样既能满足当地居民的生活需求，也能为游客提供便利。

临街建筑的立面设计采用新中式风格，对原有文化遗产点的建筑风貌有较强的延续性。面向内街的建筑立面多使用玻璃和木材。面向外街的一面采用斜坡屋顶和灰砖立面，与当地传统建筑相呼应。街区的整体设计高度控制在15米之内，不超过景区内其他建筑，使城市天际线和谐统一。

铁佛寺景区周边地块的改造设计充分挖掘了铁佛寺作为文化遗产点和旅游景区的潜力（图6-86至图6-91）。该项目以铁佛寺这个文化遗产点为核心，从文化遗产保护的角度对其进行有效的利用，同时通过文化遗产点旅游价值的辐射作用，驱动周边荒废地块功能更新、

图6-86　铁佛寺历史街区立面1

图6-87　铁佛寺历史街区立面2

图 6-88　铁佛寺历史街区规划 1

图 6-89　铁佛寺历史街区规划 2

图 6-90　铁佛寺历史街区规划 3

图 6-91　铁佛寺历史街区规划 4

活力焕发，这是文化遗产保护的新思路。这种方式将文化遗产保护和城市更新结合在一起形成合力，促进片区的综合发展，这是未来大运河文化遗产保护的有效方式。

六、历史文化街区的活化再生——泊头清真寺街区设计

（一）文化遗产点的形成背景与协同分析

泊头清真寺街区位于河北省沧州市大运河西岸。大运河给泊头带来了繁荣，更带来了民族交融。泊头清真寺街区是一个典型的回族聚居街区。从街区的发展历史来看，社区居民、

泊头清真寺、大运河三者产生了相互依存的关系，通过大运河传播而来的文化习俗、宗教信仰也渗入泊头清真寺街区里，因此该街区拥有丰富的历史文脉及重要的文化价值。

泊头清真寺街区存在的问题主要体现在两个方面。第一，在空间利用方面，泊头清真寺与大运河之间存在一定的距离，两者在地理位置上的联系较弱，泊头清真寺处于孤立性保护的状态。同时，泊头清真寺也没有与周边区域进行有机结合，其历史文化价值未转化为推动街区发展的动力。第二，在功能上，泊头清真寺主要为穆斯林做礼拜等宗教活动提供场地，而大运河的主要作用体现在促进当地经济发展

和文化交流上，泊头清真寺与大运河在功能上缺乏联系。泊头清真寺街区的现状见图6-92、图6-93。

图 6-92　泊头清真寺街区现状 1（组图）

图 6-93　泊头清真寺街区现状 2（组图）

（二）文化遗产点与周边环境的协同路径

泊头清真寺街区设计人员通过景观轴线来加强空间联动，轴线能对游人的游览形成引导，将空间中的元素串联起来。轴线上有泊头清真寺、泊头清真寺前广场、民居街区、口袋公园和运河滨水休闲空间等。设计方案对泊头清真寺街区内保存较好的单体建筑进行局部修葺和加固，保留最初的建筑风格；对街区内的违章建筑或者危旧建筑进行腾退，由于街区内各座建筑的风格不同，对被腾退的建筑进行不同的功能转化，将它们分别被改造成社区美术馆、图书馆、幼儿园等。运河滨水休闲空间作为泊头清真寺街区轴线上非常关键的节点，可以反映泊头大运河沿岸的空间肌理。

泊头清真寺街区公共空间的改造采用了以下措施：一是保留现有的公共空间，并在此基础上进行环境的提升；二是拓展公共空间，利用街区内的腾退建筑营造街区的公共空间，丰富街区的业态，实现对外引流；三是增加街区内公共绿地、休闲广场、景观小品的数量，提升街区品质，达到惠民目标（图6-94）。

泊头清真寺街区现仅有餐饮、体育健身、商品售卖等基本业态，所以设计人员只有挖掘泊头清真寺街区的历史文化特色并进行合理开发，才能实现街区的活化再生。具体措施包括规划游览路线，利用运河文化展览馆、手工艺制作体验店、民俗文化舞台等吸引游客和当地居民前来，使街区与游客、当地居民形成良好互动，更好地推动街区的发展；同时，构建完整的产业运营服务体系，精准掌握街区内居民与游客的实际需求，带动街区文化和经济的发展，实现泊头清真寺街区旅游业与文创产业的协同（图6-95）。

泊头清真寺街区内的街巷两侧有堆放杂物、

图 6-94　泊头清真寺街区活化设计 1（图中数字代表景观节点）

图 6-95　泊头清真寺街区活化设计 2

乱搭乱建的现象，严重影响街区的环境并存在较大的安全隐患。街区可以构建口袋公园、都市农业节点、街景绿地等景观空间，这样既能改善街区的空间环境，还能给社区居民提供休闲、交流的场所。

七、建筑遗产的适应性再利用——北京南新仓空间环境更新设计

（一）文化遗产点的形成背景与协同分析

南新仓地处于北京市东四十条 22 号，是明清两代北京储藏皇粮、俸米的皇家官仓。其在明永乐七年（1409）在元代北太仓的基础上建造的，距今已有 600 余年历史。南新仓现保留古仓廒 9 座，是北京现存规模最大的、保存最完好的皇家仓廒，是北京史、漕运史、仓储史的历史见证。南新仓无论是在布局上还是在结构上都有自己的独特之处，当年粮仓的管理制度非常严谨，充分展现了中国古代劳动人民的智慧。研究南新仓对了解我国古代的仓储制度有极大的帮助。

南新仓作为大运河"南粮北运"的终点具有十分优越的地理位置。随着时代的变迁，如今南新仓存在许多问题，如建筑内部年久失修、空间凌乱混杂，同时周边新建的写字楼等建筑的风格极为现代，与南新仓的古朴形成了极大反差。已被开发的南新仓粮仓室内空间的应用

也不尽如人意，多由个体公司承包，没有将若干粮仓连点成片，没有形成有文化序列和产业特点的文旅区域（图 6-96）。

（二）文化遗产点与周边环境的协同路径

南新仓建筑规模庞大，而且保存较好，独特的建造工艺和空间形态使其成为独特的建筑遗存。对于南新仓的更新设计，充分体现并保护文化遗产的核心价值，并使其与周边的新建建筑在和谐的语境下融合共生是设计人员关注的重点。

更新设计应注重对粮仓原始建筑构件、材料和其他元素的修复，充分保留其文化和历史信息，使文化遗产与现有的地域环境相融合；在对粮仓内外部空间进行改造时，应注重保护建筑的外在形态和原始的建造工艺。对于内部空间，设计人员则应对原始结构进行适度的改造设计，如适当地加入现代元素，使其与原有空间产生鲜明对比，从而让人清晰地识别出原有建筑结构、材料与新改造方式之间的关系，使新元素反衬出传统粮仓的历史沧桑之感与粗糙厚重之感；应增加富有寓意的图形符号、景观小品、构筑物等设计元素，延续场所精神；应注重将原有建筑的室内形态与新功能进行结合，充分利用粮仓的内部空间开发咖啡餐饮店、文创产品店、阅读书店、艺术展厅等灵活多样的便于调整的小型文化空间。

图 6-96 南新仓现状（组图）

整体规划布局要注重保护南新仓的建筑特点。南新仓的每个粮仓都是单独的个体，彼此之间并未相互连接。更新设计通过空间协同，在相邻粮仓间设置玻璃和钢结构结合的连廊。连廊呈现出强烈的现代感，串联起各空间场所，并与古粮仓的历史感形成鲜明对比。并排的粮仓则可以作为系列文化空间，每个粮仓具有不同的功能，形成商业、文化展示空间，满足不同消费模式的需求，成为整个片区中富有特色的补充业态，营造古今结合的文旅体验，提升南新仓的整体形象，提高这一区域的人流量。

南新仓的更新设计积极转化粮仓的原有功能，遵循开放性和多元性原则，使其成为整个商业片区的文化载体和有效补充，努力做到建筑整体和周边环境的协调融合，既体现了对历史文化的尊重和保护，也体现了传统和现代的交流和碰撞；挖掘古粮仓文化遗产的文化属性，展示其独特的历史价值和背后的文化故事，使其成为整个商业片区乐趣体验和文化感知的重要源泉，并为生活在都市的人们提供丰富的文化体验（图6-97）。

八、历史文化古镇的场域营造——北京通州张家湾古镇文旅重建规划

（一）文化遗产点的形成背景与协同分析

张家湾镇位于北京市通州区。作为北运河、凉水河、萧太后河和通惠河的"四水汇流"之地，张家湾古镇史称"水路会要"。北京开漕起运后，因上游河道水势浅涩，漕船无法继续行驶，物品遂在张家湾卸货暂存，再由陆路转运至京城。张家湾自元代起便成为大运河京城物资转运的重要节点，也是一处繁忙的漕运码头和货物集散地。历史古镇作为大运河沿岸传统聚落形式之一，是在大运河漕运发展过程中受政治需要、经济贸易和人口迁徙等因素影响而形成的，它们是历史文化和传统古建筑文化的重要载体，也是人们回溯历史、研究文化和留住记忆的重要物质载体。但随着漕运的衰落和运河的断流，有的历史古镇已完全消失，有的仅剩极少部分的文物遗迹和大量的废弃荒地。国家和各级政府认识到历史古镇的价值后，对具有重要历史意义和现实价值的张家湾镇进行"急救"复建。在当下，这将对引导文化消费、促进文化交流、推动文化产业振兴、带动周边经济和地方旅游产业发展起到重要的助推作用。

张家湾镇作为大运河沿线典型的历史节点，曾是京味儿文化重要的体现地。但随着漕运水道几番改道，张家湾镇的命运跌宕起伏，原来具有重要战略地位的皇家物资商贸中心逐渐没落，历史文脉断裂，运河文化被忽视，经济活力丧失，基础设施不完善，绿地面积占比较低，游憩场地缺失（图6-98、图6-99）。因此，张家湾镇需要借助协同效应原理，融合多元文化，提高经济效益，打破空间桎梏，借助文化协同、产业协同、空间协同来实现价值最大化，从而

图 6-97　南新仓空间环境更新设计方案

图 6-98　张家湾环境现状

图 6-99　张家湾运河现状

达到延续张家湾漕运文化、提升当地经济效益、提高周边居民生活质量的目的。

（二）文化遗产点与周边环境的协同路径

张家湾镇曾是重要的漕运枢纽和物资中转站，在漕运兴盛的时代，这里是大量物资的集散地，集散的物资多为兴建北京皇宫城垣所需的砖石、木材以及粮食和其他生活用品。这些物资在张家湾大运河两岸等待转运，因这些物资的特殊性，这里发展成皇家专用码头。朝廷在此设立了大大小小的仓场，如皇木厂、砖厂、花斑石厂、盐厂、铁锚厂、江米店……相应的管理机构也随之而生，如巡检司、提举司等。镇内建有房屋若干作为仓库和管理用房。仓场和管理机构保障了皇城的物资供应，在稳固皇城的政治地位方面起到一定作用。以上种种使得张家湾镇有了"大运河第一码头"之称，其主要功能也区别于一般历史古镇，不以居住为

主要功能，而是以物资储备和加工、文化交流和商贸往来为主要功能，促进了多元文化的交融、多方资源的汇聚，形成了独特的历史。

目前，张家湾镇的文化遗产点包括张家湾运河码头遗址、通运桥遗址及张家湾城墙遗址等，特别是曹雪芹曾在此地书写《红楼梦》，留下了大量的红学文化资源，故张家湾镇又被称为"红学发源地"。因此，在对历史文化古城的场域再现的设计中，设计人员需要考虑此地多元文化的协同发展，复现张家湾镇的兴盛景象，使其历史价值达到最大化；研究史料，以史料记载为复原基础，对张家湾镇进行还原设计，在保留周边居民区的前提下，保留历史古镇原有"刀"字形平面的下半部分，并将横、竖两条主要道路打造成镇内轴线，将空间划分为 4 个片区；从瓦片、望板、椽木、梁架、斗拱等传统建筑元素入手，复建镇内的通运仓、福德庙、曹家花园、广福寺、文昌祠、山西会

馆等历史景观节点。

规划人员应考虑对镇外的萧太后河的水位、水质情况的改善，以便推动码头广场的设计，重现张家湾镇曾经繁华一时的"弦歌船号相闻，千帆万樯经过"的场景；为了更好地展现历史景象，对通运桥周边进行重点设计，在其周边设计不同高度和距运河不同距离的观景台，便于游客整体参观和近距离感受，达到传承运河文化的目的（图6-100）。

在对张家湾镇进行规划的过程中，政府指出要以张家湾古镇为中心打造集旅游、文化、休闲、娱乐等功能于一体的古运河文化旅游区。因此，为了再现古镇商贸繁荣的景象，张家湾镇的重建规划应以大力发展文化产业和旅游业为主，围绕历史文化基因的重现展开，强调大运河漕运文化的发扬、非物质文化遗产的传承、工匠精神的延续；按照历史资料的记载和复原的古镇模型进行空间布局，规划交通系统，复建古建筑，植入与城市更新接轨

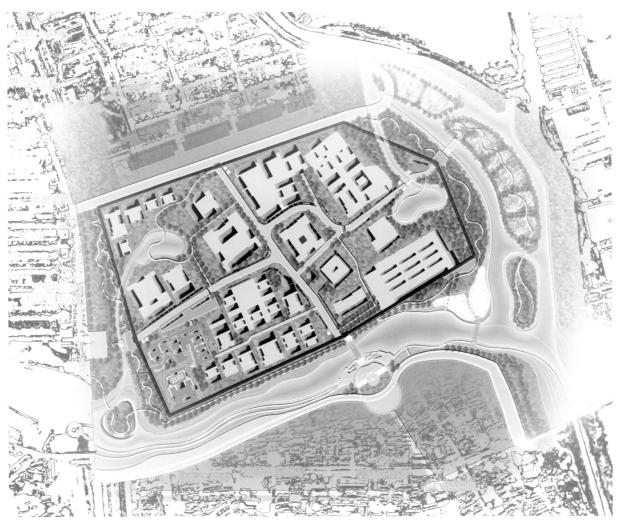

图6-100　张家湾镇规划布局图

的新功能，如将原来的山西会馆打造为乡土博物馆，通过历史发展大事记图文资料、历史遗迹、古镇模型和视频影像等展示大运河和古镇的历史沿革、历史风貌、文化生活、民俗风情，留住历史文化的根。根据城市发展的需要，增设商业街，在提高经济效益的同时，展现张家湾镇商铺林立、市场繁荣的景象；依托首都文化圈，以文旅发展、影拍需求为出发点，打造特色餐饮空间、居住空间、非物质文化遗产体验中心、影视拍摄基地等，提升游客的体验感，打造沉浸式旅游模式；在镇外大运河河畔还原张家湾码头，并提供游船服务，让游客可以亲身体验漕运时期千帆过境的景象（图 6-101、图 6-102）。

图 6-101　张家湾码头观景平台设计方案

图 6-102　张家湾码头复原方案

历史古镇的复原不仅要满足游客的需求，还要与周边环境融合，考虑当地居民的需求，提高居民的生活品质，使古镇成为城市发展新板块中的一块拼图。

目前，张家湾镇与周边环境的融合较为生硬，存在大量问题：一是张家湾现有城墙遗址与周边现有农村环境缺乏过渡空间，从风貌上看不统一；二是两边坡岸未得到利用，造成一定的资源和空间浪费；三是周边存在大量空地未能得到合理利用，导致周边居民缺乏适宜的休闲空间；四是交通路网杂乱，可识别性不强。

张家湾镇的复建工作要考虑空间的协同发展问题，规划出较为开阔的空间，既服务于文旅发展，起到重现历史场景、传播文化、集散游客的作用，又能满足周边居民的生活需要，提供生态绿地、游憩场地、休闲步道等。这样的功能设置使得镇外的空间既具有历史古镇的显著特色，又能与居民生活区相互融合、渗透。因此，镇外空间主要是通过空间协同，在还原张家湾古镇布局的基础上，合理利用剩余空地，规划设计生活广场和生态公园，以满足居民的生活需要和亲近自然的需求（图6-103至图6-105）。

在古镇外，设计人员重新规划交通路网，围绕古镇设置双向单车道，并与周边的双向8车道相连，形成便捷的交通路网，同时在大运河两边坡岸设计亲水步道，在实现人车分流的

图6-103　张家湾古镇复建后的曹家花园效果图

图 6-104　张家湾古镇复建后的商业街效果图

图 6-105　张家湾镇规划布局鸟瞰图

同时，提高交通的可达性和便利性，满足游客亲近运河的需求。

设计人员通过深入挖掘漕运、红学、京郊集镇等文化资源，协同多元文化共同发展，唤醒张家湾镇的历史记忆，延续人文精神，凸显特色风貌，增强文化认同感和凝聚力；同时，对周边现状和居民需求进行深入分析，将张家湾古镇的复建工作与周边环境进行功能匹配，实现景观融合、路网连通，形成区域协同。此种复建模式不仅能促进开放合作，发挥经济辐射作用，推动区域经济整体发展，还能在京津冀一体化和通州被规划为北京城市副中心的影响下，提升首都文化圈的影响力，联动天津、河北文化圈共同发展。

一、专著

［1］俞孔坚等 . 京杭大运河国家遗产与生态廊道［M］. 北京：北京大学出版社，2012.

［2］姜师立等 . 京杭大运河历史文化及发展［M］. 北京：电子工业出版社，2014.

［3］武廷海，王学荣 . 京杭大运河城市遗产的认知与保护［M］. 北京：电子工业出版社，2014.

［4］吴晨等 . 京杭大运河沿线城市［M］. 北京：电子工业出版社，2014.

［5］孙连庆 . 北京地方志 · 古镇图志丛书：张家湾［M］. 北京：北京出版社，2010.

［6］姜师立 . 中国大运河文化［M］. 北京：中国建材工业出版社，2019.

［7］谭徐明等 . 中国大运河遗产构成及价值评估［M］. 北京：中国水利水电出版社，2012.

［8］朱偰 . 大运河的变迁［M］. 南京：江苏人民出版社，2017.

［9］吴欣 . 中国大运河蓝皮书：中国大运河发展报告（2020）［M］. 北京：社会科学文献出版社，2020.

［10］姜师立 . 活在大运河：大运河如何影响老百姓的生活［M］. 北京：中国地图出版社，2021.

二、专著中析出的文献

［1］杨志 . 首都文化的层次结构研究［M］// 北京文化发展研究基地 . 北京文化发展报告：2018 年 · 首都文化卷 . 北京：北京燕山出版社，2019：266-278.

［2］刘洋，王威 . 后申遗时代线性文化遗产保护管理实施对策：基于京杭大运河京津冀段［M］// 天津市社会科学界联合会 . 天津市社会科学界第十六届学术年会优秀论文集：中国特色社会主义制度和国家治理体系显著优势（下）. 天津：天津人民出版社，2021：182-191.

三、期刊论文

［1］刘宇，韩晓旭 . 大运河文化带影响下的清真寺建筑形制汉化演进研究［J］. 艺术与设计（理论），2020(9)：72-74.

［2］刘宇，蒋娟 . 基于城市更新理论下的带状滨水空间设计研究：以天津耳闸公园景观改造为例［J］. 艺术与设计（理论），2021(10)：63-66.

［3］刘毅飞 . 超级 IP 视角下常州运河文化品牌的塑造［J］. 常州工学院学报（社会科学版），2021，39(3)：6-10.

［4］温玉川，时均建 . 解读中国运河的文化史诗：评《中国运河文化史》［J］. 走向世界，2003(2)：70-71.

［5］刘宇，孙雅琪 . 地域文化影响下胜芳古镇体验式旅游设计提升策略研究［J］. 艺术与设计（理论），2022(8)：70-73.

［6］单霁翔 . 我国文化遗产保护的发展历程［J］. 城市与区域规划研究，2008，1(3)：24-33.

［7］付莹 . "文物"概念的法律界定刍论［J］. 中国文物科学研究，2018(1)：48-55.

［8］冯熙 . 对文化遗产整体保护的探讨：以开远市碑格乡为例［J］. 职大学报，2015(3)：87-90.

［9］任泓圩，马斌 . 鞍山钢铁厂工业遗产群的构成与特征探析［J］. 中外建筑，2022(1)：100-106.

［10］张磐，姚宇捷，张勇 . 重庆工业遗产群旅游开发研究［J］. 西南科技大学学报（哲学社会科学版），2021，38(3)：26-36.

［11］潘竟虎，李俊峰 . 中国 A 级旅游景点空间分布特征与可达性［J］. 自然资源学报，2014，29(1)：55-66.

［12］刘宇，何逸群 . 基于遗址公园保护理念的沧州旧城保护设计策略研究［J］. 艺术与设计（理论），2022(7)：54-57.

［13］晋宏逵 . 中国文物价值观及价值评估［J］. 中国文化遗产，2019(1)：24-35.

［14］赵玲 . 浅析文物古迹保护中的价值评估：基于 2015 修订版《中国文物古迹保护准则》［J］. 中国文化遗产，2017(6)：47-53.

［15］刘宇，刘韵佳 . 建筑再循环理论下筒仓类工业遗存改造方式趋势研究［J］. 艺术与设计（理论），2022(10)：67-70.

［16］王鹤，吉航 . 信息技术下的文物建筑遗产保护：以沈阳故宫仰熙斋为例［J］. 沈阳建筑大学学报（社会科学版），2022，24(3)：239-246.

［17］林崇华，夏玉莹 . 浅析天津石家大院院落空间的序列特征［J］. 美术大观，2018(1)：108-109.

［18］米岩璐 . 浅谈中国古代寺院建筑：以天津大悲禅院为例［J］. 天津美术学院学报，2010(3)：48-49.

［19］郭兵义，曹晔，任艺伟，等 . 太谷明清民居门楼类型特征浅析［J］. 青岛理工大学学报，2022，43(3)：101-107.

［20］张存信 . 魅力津门 沧桑老堂：天津望海楼教堂［J］. 中国天主教，2016(4)：56-58.

［21］刘宇，周雅琴 . 古籍整理出版中善本字库建设的重要性研究［J］. 编辑之友，2017(3)：25-28.

［22］王元林．京杭大运河镇水神兽类民俗信仰及其遗迹调查［J］．中国文物科学研究，2012(1)：28-34．

［23］吴坤仪，李京华，王敏之．沧州铁狮的铸造工艺［J］．文物，1984(6)：81-85．

［24］郑民德，李永乐．明清运河文化与区域社会变迁：以河北泊头为视角的历史考察［J］．河北工业大学学报(社会科学版)，2014，6(4)：55-63．

［25］王宁，唐亚岚．难忘家乡戏：河北梆子［J］．音乐生活，2006(10)：42-43．

［26］尹胜太．沧州尚武之风的缘由及影响［J］．少林与太极，2022(3)：10-14．

［27］黄亚琪．民间杂技产生、发展的文化机制［J］．濮阳职业技术学院学报，2006(2)：81-83．

［28］刘宇，张礼敏．民间口头文学的当代保护问题探析［J］．中州学刊，2017(5)：160-163．

［29］姜师立．大运河宗教传播廊道与文化带建设研究［J］．聊城大学学报(社会科学版)，2019(5)：1-10．

［30］赵静媛，郭凤平，戴学来．浅谈天津漕运与地名文化保护［J］．中国地名，2012(1)：74-76．

［31］李绍燕，李少静，叶青，等．自组织：城市风貌研究新视域［J］．建筑与文化，2015(9)：86-87．

［32］马晓男．京津冀协同发展视野下衡水地区大运河文化带"精品"建设研究［J］．邯郸学院学报，2019，29(3)：116-120．

［33］刘宇，李慧敏．大运河文化带视阈下的文化遗产旅游研究［J］．综合运输，2019，41(8)：123-126．

［34］莞馨．魅力古镇：杨柳青青奔小康［J］．环境保护，2005(11)：66-69．

［35］刘宇，王淋．基于运河文化遗产的仿生包装设计研究［J］．包装工程，2021，42(10)：315-322．

［36］任云兰．浅析天津经济发展与商人士绅群体的出现［J］．天津经济，2008(7)：41-43．

［37］常凌．文化产业的概念与分类［J］．新闻爱好者，2013(12)：30-34．

［38］王健．大运河文化遗产的分层保护与发展［J］．淮阴工学院学报，2008(2)：1-6．

［39］孙静，王佳宁．大运河文化带文化产业发展的省际比较与提升路径［J］．财经问题研究，2020(7)：50-59．

［40］刘宇，方静．柯尔尼留·巴巴：现实主义艺术的捍卫者［J］．美术，2015(10)：128-132，157．

［41］张环宙，沈旭炜，吴茂英．滨水区工业遗产保护与城市记忆延续研究：以杭州运河拱宸桥西工业遗产为例［J］．地理科学，2015，35(2)：183-189．

［42］杨淼，王卡，徐雷．建构杭州运河绿道在城市

设计层面的意义：以运河拱宸桥区段为例［J］．建筑与文化，2011(2)：101-103．

［43］刘雪娇，郭嘉盛．城市更新语境下基于价值导向的工业遗产再利用探索［J］．城市发展研究，2022，29(5)：80-85．

［44］侯兵，张慧．基于区域协同视角的大运河文化旅游品牌体系构建研究：兼论"千年运河"文化旅游品牌建设思路［J］．扬州大学学报(人文社会科学版)，2019，23(5)：81-92．

［45］刘宇，周雅琴．文化产业促进资源型城市矿业遗产转型利用的模式研究［J］．河南社会科学，2018，26(6)：92-96．

［46］田德新，周逸灵．加拿大里多运河文化旅游管理模式探究［J］．当代旅游，2021，19(1)：12-20，97．

［47］黄杰．强化大运河文化带建设系统性整体性协同性［J］．群众，2018(10)：33-34．

［48］刘益，柏孝楠，牛伟．大运河(天津段)国家文化公园建设分析［J］．北京印刷学院学报，2022，30(2)：27-30．

［49］刘宇，刘虹．图像的背后：罗伊·利希滕斯坦波普艺术及影响［J］．美术，2014(2)：129-133．

［50］赵建强，张海超．加强区域旅游合作应对金融危机：以秦皇岛为例［J］．中国乡镇企业会，2009(4)：16-17．

［51］蒋丽芹．泛长三角地区旅游协同发展研究［J］．商业时代，2011(22)：124-126．

［52］李晓光．长三角都市旅游圈一体化模式探讨［J］．特区经济，2005(10)：177-178．

［53］蒋丽芹，苏日娅，曹炳汝．巴拉河流域乡村旅游与黔东南旅游圈的协同发展研究［J］．经济研究导刊，2010(6)：141-143．

［54］刘宇．创意产业成为城市发展的新引擎［J］．美术观察，2010(10)：17-18．

［55］白美丽，范瑞春．对区域旅游合作概念及空间范畴的认识［J］．河北北方学院学报(社会科学版)，2013，29(3)：67-70．

［56］闫兴亚．区域旅游合作的概念研究［J］．商场现代化，2007(36)：223．

［57］蒋丽芹，曹炳汝，胡付照．黔东南旅游圈实施一体化进程的战略研究［J］．鸡西大学学报，2010，10(3)：81-82．

［58］李艺玲．构建闽南金三角旅游圈的战略探讨［J］．集美大学学报(哲学社会科学版)，2011，14(3)：55-60．

［59］王雪芳．区域旅游合作理论对广西北部湾旅游

合作发展的启示 [J]. 东南亚纵横，2008(8)：86-90.

[60] 陈烈，沈静. 环北部湾旅游圈协同发展的战略目标与对策 [J]. 热带地理，2002(4)：345-349.

[61] 刘宇. 文脉、语境与公平：低技术新论 [J]. 装饰，2013(1)：86-87.

[62] 于子涵等. 天津市三岔河口区域空间优化策略 [J]. 合作经济与科技，2022(9)：22-24.

[63] 张衍户. 中运河沿线本土戏剧音乐的研究 [J]. 戏剧之家，2021(34)：33-34.

[64] 刘宇，张辰. 城市更新理论推动下的资源型城市矿业遗产活化利用研究 [J]. 青海社会科学，2017(1)：98-102.

[65] 李翔. 挖掘文庙内涵 弘扬优秀儒学文化 [J]. 文化学刊，2019(3)：151-153.

[66] 马卫东. 春秋采邑制度在历史上的进步作用 [J]. 社会科学战线，2012(7)：63-71.

[67] 刘宇，刘虹. 自觉与回应：美国现代艺术转型之间的写实艺术 [J]. 美术，2018(3)：126-131.

[68] 高朝飞，奚雪松，王英华. 英国庞特基西斯特水道桥与运河的遗产保护与利用途径 [J]. 国际城市规划，2017，32(6)：146-150.

[69] 周雅琴，刘宇. 少儿国学读物出版的思路探索与对策研究 [J]. 编辑之友，2019(6)：24-27，56.

[70] 王钊. 沧州铁狮文化的形成与现代意义 [J]. 沧州师范学院学报，2020，36(1)：60-63.

[71] 孙炜. 旅游区域合作研究述评 [J]. 信阳师范学院学报（哲学社会科学版），2018，38(4)：69-74.

[72] 河北省南运河河务管理处. 南运河的水利建设发展历程 [J]. 河北水利，2019，(9)：64-65.

[73] 徐程瑾，钟章奇，王铮. 基于 GIS 的京津冀核心旅游圈构建研究 [J]. 地域研究与开发，2015，34(2)：103-107，130.

[74] 周雅琴，刘宇. 博物馆主题图书装帧设计创新策略研究 [J]. 编辑之友，2020(12)：85-90.

[75] 孙光，张梓晗. 基于老龄化社会问题的无障碍设施应用设计 [J]. 包装工程，2019，40(18)：108-111，117.

[76] 靳润成，刘露. 明代以来天津城市空间结构演化的主要特点 [J]. 天津师范大学学报（社会科学版），2010(1)：22-26.

[77] 刘宇，王璞榕. 文化产业驱动力作用下大运河沿线旅游发展策略研究 [J]. 艺术与设计（理论），2020(7)：32-34.

[78] 孙光，李硕，刘宇. 低影响开发理念下的"绿道"规划设计策略研究：以天津南运河杨柳青段"绿道"

为例 [J]. 艺术与设计（理论），2021(6)：80-82.

[79] 王健. 论我国古代运河在国家统一及疆域发展中的历史作用 [J]. 江苏社会科学，2018(2)：130-143.

[80] 孙光，范晓西，刘宇. 运河文化带视域下妈祖文化资源与文创产业结合的策略研究 [J]. 艺术与设计（理论），2020(10)：29-31.

[81] 刘宇，韩晓旭. 京津冀文化旅游资源开发利用探讨 [J]. 综合运输，2020，42(8)：47-51，74.

[82] 段济秦. 物质文化遗产概念的法律界定 [J]. 中国文物科学研究，2019(1)：26-34.

[83] 孙光，王璞晶，刘宇. 基于大运河建筑遗产背景下南新仓活化设计 [J]. 设计，2021，34(15)：58-61.

[84] 刘立钧，徐洪英. 沧州城市空间发展研究 [J]. 城市，2016(9)：56-60.

[85] 朱颖杰. 河北大运河文化品牌形象塑造与传播策略研究 [J]. 辽宁经济职业技术学院. 辽宁经济管理干部学院学报，2021(4)：22-24.

[86] 刘宇，郑淑亭. 文化基因作用下运河文创产品设计研究 [J]. 设计，2021，34(16)：36-38.

[87] 常晓舟，石培基. 西北历史文化名城持续发展之比较研究：以西北 4 座绿洲型国家级历史文化名城为例 [J]. 城市规划，2003(12)：60-65.

四、学位论文

[1] 张梓晗. 后申遗时代京杭大运河（京津冀段）现状分析及价值研究 [D]. 天津：天津理工大学，2020.

[2] 宋雯. 大运河（京津冀段）典型性建筑遗产特征及保护策略研究 [D]. 天津：天津理工大学，2020.

[3] 李先达. 京杭大运河京津冀段建筑遗产活化利用研究 [D]. 天津：天津理工大学，2019.

[4] 牛放. 文化线路视域下的大运河（京津段）非物质文化遗产传承趋势研究 [D]. 天津：天津理工大学，2020.

[5] 李佩乔. 水利遗产保护视域下天津筐儿港减河闸区景观修复研究 [D]. 天津：天津理工大学，2022.

[6] 范晓西. 妈祖文化建筑典型性装饰元素研究 [D]. 天津：天津理工大学，2021.

[7] 陈志浩. 基于历史街区营造方法下的铁佛寺周边商业地段改造设计研究 [D]. 天津：天津理工大学，2022.

[8] 王璞晶. 基于建筑遗产保护视角下北京南新仓空间环境更新设计 [D]. 天津：天津理工大学，2022.

[9] 李佳宇. 场所记忆视角下扬州湾头古镇避风塘片区活化研究 [D]. 大连：大连理工大学，2020.

［10］郜婷．北京地铁沿线文化遗产资源价值评估［D］．北京：北京交通大学，2017．

［11］李晨星．陕南传统民居保护与开发［D］．西安：西安建筑科技大学，2016．

［12］周军．论文化遗产权［D］．武汉：武汉大学，2011．

［13］张待利．城墙类乡土资源在高中地理课程中的开发应用研究［D］．北京：首都师范大学，2014．

［14］张威．河北省正定古城空间设计文化溯源研究［D］．北京：北京林业大学，2015．

［15］李毓美．区域遗产网络视角下南满铁路文化遗产廊道构建［D］．南京：东南大学，2017．

［16］额尔灯珠拉．现代化进程中蒙古族非物质文化遗产传承研究［D］．内蒙古：内蒙古师范大学，2017．

［17］郭亮宏．利益相关者视角下湘绣非物质文化遗产旅游开发中的冲突与协调［D］．湘潭：湘潭大学，2019．

［18］王哲．北京长城文化展示带构建研究［D］北京：北京建筑大学，2016．

［19］高洁．基于文化视角的中西文化遗产管理比较研究［D］．济南：山东大学，2021．

［20］张程雅．天龙山石窟寺周边环境规划设计研究［D］．太原：太原理工大学，2016．

［21］霍艳虹．基于"文化基因"视角的京杭大运河水文化遗产保护研究［D］．天津：天津大学，2017．

［22］李慧．徐州奎山塔建筑研究［D］．徐州：中国矿业大学，2021．

［23］鲁青青．习近平文化遗产观研究［D］．无锡：江南大学，2020．

［24］赵志鹏．通州南大街回族社区的历史变迁［D］．北京：中央民族大学，2019．

［25］苏雪．回族社区中的汉民族研究［D］．兰州：西北民族大学，2011．

［26］景萌．大运河北京段古桥研究［D］．北京：北京建筑大学，2018．

［27］赵婧言．以天津港为例的码头环境景观设计研究［D］．天津：天津科技大学，2017．

［28］刘俊海．地域文化影响下的天津城市园林发展研究［D］．天津：天津大学，2016．

［29］胡梦飞．明清京杭运河沿线水神信仰研究［D］．南京：南京大学，2015．

［30］秦建军．大运河沧州段文化遗产保护利用研究［D］．武汉：华中师范大学，2020．

［31］李莹．海河及其功能变迁对天津旅游形象的影响研究［D］．天津：天津商业大学，2012．

［32］蒲娇．民间庙会稳态性研究［D］．天津：天津大学，2013．

［33］李琳琳．大运河文化带文化产业效率及影响因素研究［D］．郑州：河南财经政法大学，2020．

［34］孙雪．明清时期北京地区皇木厂研究［D］．北京：北京林业大学，2020．

［35］曹玺武．大运河北京段传统聚落空间特征研究［D］．北京：北京建筑大学，2020．

［36］陈晓晴．"北京（国际）运河文化节"品牌形象设计研究［D］．北京：北京印刷学院，2022．

［37］海湾．中原城市群城市协同创新评价与提升研究［D］．焦作：河南理工大学，2015．

［38］牛会聪．多元文化生态廊道影响下京杭大运河天津段聚落形态研究［D］．天津：天津大学，2012．

［39］李峰．基于熵和耗散结构理论的天津市旅游业竞争力研究［D］．天津：河北工业大学，2011．

［40］侯兵．南京都市圈文化旅游空间整合研究［D］．南京：南京师范大学，2011．

［41］霍丽．东三省区域旅游合作的利益分配研究［D］．哈尔滨：东北林业大学，2011．

［42］李晓光．长三角都市旅游圈形成原因与发展模式探讨［D］．南宁：广西大学，2004．

［43］闫兴亚．我国区域旅游合作的理论与实践探析［D］．南昌：江西师范大学，2005．

［44］陈雅琪．基于游客感知的江南水乡古镇区域旅游文化变迁研究［D］．上海：上海师范大学，2016．

［45］孔庆庆．区域旅游一体化合作模式下无障碍旅游区的构建［D］．杭州：浙江大学，2006．

［46］马倩．沧州铁狮子艺术价值研究［D］．保定：河北大学，2012．

五、报纸

［1］徐雪霏．一条运河 一带文化［N］．天津日报，2018-07-19（10）．

［2］邹兰．从传统工业城市迈向北方经济中心［N］．天津日报，2008-12-10（1，2）．

［3］刘国南，陈雷，张天乐，等．东光县全力打造大运河畔生态名镇［N］．沧州日报，2020-06-10（8）．

［4］周钧平，杨天宇，周汝俊．河海相济 文武沧州［N］．中国旅游报，2019-12-25（A13）．

［5］刘蕾．大胡同的前世今生［N］．中国城市报，2016-08-01（28）．

［6］秦丹华，仇志鹏．大运河是一条流动的文化旅游带［N］．中国文化报，2020-10-21（1）．

［7］沈啸.文化和旅游部、国家发改委联合印发《大运河文化和旅游融合发展规划》［N］.中国旅游报，2020-09-28（1）.

［8］王广禄.无锡：中国工业遗产保护的象征地［N］.中国社会科学报，2015-06-19（A4）.

［9］代金光，高莹超.2025年运河北首盛景再现［N］.北京城市副中心报，2022-01-17（4）.

［10］张丽.数字化技术助力北京（通州）大运河创5A景区［N］.北京城市副中心报，2022-06-09（1）

六、网络图片来源

［1］图2-3 意大利伊奥利亚群岛

来源：https://www.veer.com/photo/345186940.html

［2］图2-4 中国武夷山

来源：https://www.2bulu.com/event/d-3820859.htm

［3］图2-7 美国伊利诺伊运河

来源：https://baijiahao.baidu.com/sid=1618974060519176681&wfr=spider&for=pc

［4］图2-8 美国密歇根运河

来源：http://www.51tietu.net/p/24284561.html

［5］图2-14 天津棉三创意街区

来源：http://paper.0745news.cn/hhrbpc/202106/03/c77867.html

［6］图2-17 津门法鼓仪式用具

来源：https://www.meipian.cn/2oiytyx6

［7］图2-18 津门法鼓表演

来源：https://m.thepaper.cn/newsDetail_forward_4427235

［8］图2-19 荣宝斋木版水印图片1（组图）

来源：https://www.sohu.com/a/480965483_120091738

［9］图2-20 荣宝斋木版水印图片2

来源：https://www.epailive.com/goods/13447261

［10］图3-43 筐儿港水利枢纽局部

来源：https://www.sohu.com/a/418858588_398131

［11］图3-44 北京广源闸

来源：https://www.163.com/dy/article/GMKEF6C605340G59.html

［12］图4-4 手工刻制雕版

来源：https://i.ifeng.com/c/84WbfOo3sux

［13］图4-5 年画雕版

来源：https://www.meipian.cn/2vwoj9eo

［14］图4-6至图4-9 制作步骤组图

来源：http://new.bhwh.gov.cn/home/content/detail/id/14964.html

［15］图4-10 制作步骤—装裱

来源：https://7788sh.997788.com/pr/detail_935_56376209.html

［16］图4-15 杨柳青木版年画人物形象

来源：https://travel.sohu.com/a/698023306_121117452

［17］图4-18《时光十二月斗花鼓》

来源：https://www.epailive.com/goods/11845519

［18］图 4-19《财神接财》

来源：https://m.sohu.com/a/371630146_260616/

［19］图 4-20《沈万山接财神》

来源：https://www.meipian.cn/22fuckjm

［20］图 4-21《九子登科闹学》

来源：https://www.sohu.com/na/470169269_121106842

［21］图 4-22《加官进禄》

来源：https://www.meipian.cn/2b8thpg0

［22］图 4-23 文人雅集类杨柳青木版年画

来源：https://www.zcool.com.cn/work/ZMjMyNjg1OTY=.html?switchPage=on

［23］图 4-24《天津天后宫皇会图》局部（组图）

来源：https://www.sohu.com/na/441086314_120979074

［24］图 4-29 皇会活动场景 4

来源：https://www.ihchina.cn/character_detail/19594.html

［25］图 4-30 花茶制作原料（组图），图 4-32 花茶成品

来源：http://www.hcshangwu.com/product/2414160297.html

［26］图 4-31 花茶制作场景（组图）

来源：https://www.sohu.com/a/442499538_100302947

［27］图 4-36 北京灯彩（李邦华灯彩作品）（组图）

来源：https://zhuanlan.zhihu.com/p/105919151

［28］图 4-58 沧州武术

来源：https://clef.org.cn/ds/2209160e80.html

［29］图 4-59 运河航船

来源：https://www.sohu.com/a/532187429_121124712

［30］图 4-60 运河纤夫雕塑

来源：https://www.thepaper.cn/newsDetail_forward_23206065

［31］图 4-61 运河劳动场景

来源：https://baijiahao.baidu.com/s?id=1759216713125448261&wfr=spider&for=pc

［32］图 4-62 运河船工号子表演

来源：https://www.163.com/dy/article/E037GV660524CMGK.html

［33］图 5-1 临清贡砖

来源：https://www.sohu.com/a/169435297_758436

［34］图 5-8 清嘉庆年间铜胎掐丝珐琅双龙耳尊

来源：https://www.artfoxlive.com/product/2840488.html

［35］图 5-9 景泰蓝制作技艺

来源：https://weibo.com/ttarticle/p/show?id=2309404679528399372410

［36］图 5-11《红楼梦》中的运河场景庭园人物图

来源：https://www.workercn.cn/34187/202012/25/201225131342431.shtml

［37］图 5-12《红楼梦》元妃省亲图（局部）中的运河场景

来源：http://www.360doc.com/content/22/1029/19/9795028_1053785492.shtml

［38］图 5-16　河北梆子经典名剧《宝莲灯》

来源：http://www.hebopera.com/plus/view.php?aid=335

［39］图 5-22 "风筝魏"第四代传人魏国秋展示风筝制作技艺

来源：https://www.163.com/dy/article/F8T2L5SJ05448OCZ.html

［40］图 5-23 杨柳青木版年画代表性传承人霍庆顺彩绘年画

来源：https://baijiahao.baidu.com/s?id=1622822255530629527

［41］图 5-24 杨柳青木版年画（组图）

来源：https://www.artfoxlive.com/product/2944909.html

［42］图 5-31 天津官银号

来源：http://travel.qunar.com/p-oi9505579-guanyinhao

［43］图 5-33 泊头博物馆中五代十国时期的铁佛

来源：https://www.sohu.com/a/440697063_176978

［44］图 5-34 沧州文庙牌楼

来源：https://zhuanlan.zhihu.com/p/45618411

［45］图 5-36 泰山行宫

来源：https://new.qq.com/rain/a/20201030A01QNF00

［46］图 5-37 沧州武术 1，图 5-38 沧州武术 2

来源：https://www.163.com/dy/article/DQQJH5A10514DQI2.html

［47］图 5-39 吴桥杂技顶板凳

来源：https://www.meipian.cn/2ibsuhxh

［48］图 5-40 吴桥杂技转花碟

来源：https://m.sohu.com/a/192774064_187310

［49］图 5-41 河北梆子《卧虎令》

来源：https://www.meipian.cn/26f5j53u

［50］图 5-42 沧州落子

来源：https://www.meipian.cn/1zhd6if7

［51］图 5-47 镇江金山寺

来源：https://baijiahao.baidu.com/s?id=1705240373686408013

［52］图 5-48 扬州高旻寺

来源：https://www.meipian.cn/2hh4npbw

［53］图 5-49 北京南锣鼓巷

来源：https://www.mafengwo.cn/photo/poi/3511_250570864.html

［54］图 5-50 雨儿胡同齐白石旧居纪念馆

来源：https://www.meipian.cn/3ajc6myd

［55］图 5-55 天津估衣街 1

来源：https://www.sohu.com/a/198734863_355365

［56］图 5-56 天津估衣街 2

来源：http://www.360doc.com/content/12/0121/07/8801485_945369334.shtml

［57］图 5-57 天津估衣街 3

来源：http://www.360doc.com/content/23/0318/16/1072559232_1072559232.shtml

［58］图 5-60 杨柳青元宝岛文昌阁

来源：http://www.360doc.com/content/23/0603/04/7105047_1083279713.shtml

［59］图 5-63 杨柳青民俗博物馆 1

来源：https://weibo.com/ttarticle/p/show?id=2309404564958393532514

［60］图 5-70 马头村龙灯会

来源：https://www.sohu.com/a/425584207_120209831

［61］图 5-73 高碑店村踩高跷

来源：https://www.meipian.cn/16dm910g

［62］图 5-74 高碑店村元宵漕运灯会

来源：https://baijiahao.baidu.com/s?id=1593701192753033694&wfr=spider&for=pc

［63］图 5-75 高碑店村彩灯龙船

来源：http://www.360doc.com/content/18/0310/17/7793103_735922013.shtml

［64］图 5-76 里运河文化长廊局部风光

来源：https://www.meipian.cn/2kfn641r

［65］图 5-77 望亭特色农业小镇局部风光

来源：https://baijiahao.baidu.com/s?id=1615807031031358263

［66］图 6-12 小樽运河沿线餐饮业态

来源：https://www.mafengwo.cn/i/5398273.html

［67］图 6-13 小樽运河沿线工艺品店

来源：https://www.meipian.cn/objl87v

［68］图 6-14 小樽运河上的乘船旅游情景

来源：https://www.mafengwo.cn/sales/2602306.html

［69］图 6-15 小樽运河冬季的旅游情景

来源：https://n.sinaimg.cn/sinakd20108/600/w1920h1080/20200613/f503-iuvaazp8489913.jpg

［70］图 6-16 米迪运河风光

来源：https://zhuanlan.zhihu.com/p/91397311

［71］图 6-20 颐和园南如意码头

来源：https://www.meipian.cn/1v0xxflr

［72］图 6-21 紫竹院公园

来源：https://www.meipian.cn/39coohwi

［73］图 6-22 烟袋斜街

来源：https://www.meipian.cn/1y62mbds

［74］图 6-23 积水潭

来源：https://www.meipian.cn/2lnd53ev

［75］图 6-44 京津冀运河通航

来源：https://www.sohu.com/na/474237751_267106

［76］图 6-45 北京（国际）运河文化节上的运河龙舫

来源：https://www.meipian.cn/37o068k4

　　"大运河上的遗产智慧（京津冀段）丛书"之一《大运河文化带（京津冀段）文化遗产的保护与传承》已经进入付梓之际，但该项研究还将持续进行。本书历经 3 年编写而成。本书内容是从研究团队的多次深入讨论、不断思想撞击、持续艰苦工作和大量实践设计中产生的。

　　本书凝聚了整个研究团队的努力，从前期大量的实地调研、文献资料的挖掘整理、理论观点的梳理归纳、评价方法与结果的构建呈现，到典型设计实践的应用转化，无不倾注了研究团队的大量心血。

　　本书在写作过程中得到了钟蕾教授、曹磊教授、王国华教授、马知遥教授、马振龙教授、安从工副教授、孙光副教授、李杨副教授、孙响老师、张礼敏博士等的帮助与指导，黄炎琳老师、杨鹏老师、王森先生在图片资料方面给予了大力支持，李先达、李慧敏、韩晓旭、王炤淋、王璞榕、王璞晶、牛放、范晓西、陈志浩、郑淑亭、李佩乔、蒋娟、刘韵佳、孙雅琪、何逸群、祁佳等同学在资料收集、图片整理、表格绘制等方面做了大量工作，在此一并表示深深的感谢。感谢王智忠教授为本书封面题字，同时，感谢天津大学出版社以及责任编辑朱玉红、董微女士为本书出版所做的辛勤工作。本书在撰写阶段参考各类图书近百种，书中选择的部分图片因为时间久远，未能找到作者，请作者与本人联系，以便奉上稿酬。

　　尽管该书的写作团队尽心竭力，反复雕琢打磨，但是由于水平有限、时间仓促，难免有疏漏之处，恳请同行和广大读者提出宝贵意见，以待后期修正提高。

刘宇

2022 年岁末

Series Editor
丛书主编

刘宇

1978 年 12 月出生于天津，工学博士，现为天津理工
大学艺术学院副院长、教授、博士生、硕士生导师。

中国建筑学会会员，中国美术家协会会员，中国建筑学会
室内设计分会理事，天津市环境装饰协会设计专业委员会
副主任，天津市创意产业协会双创专业委员会主任，天津
市城市规划学会风景环境规划设计学术委员会智库专家。

多年来致力于人居环境与文化遗产保护理论研究、大运河文
化带建筑遗产群保护与传承利用研究、城市工业遗产与创意
产业协同创新设计研究。曾获天津市"五个一批"人才称号，
天津市"五一劳动奖章"，天津市第二届教育科学研究优秀
成果三等奖，第十六届天津市社会科学优秀成果三等奖等奖
项。主持国家社会科学基金面上项目、"十四五"时期国家
重点出版物出版专项规划项目及多项省部级科研项目，在《装
饰》《艺术百家》《美术》《美术观察》《山东社会科学》
等高水平学术刊物上发表论文 63 篇，出版专著 7 部。